普通高等教育数据科学与大数据技术专业教材

Spark 大数据处理技术

主　编　刘仁山　周洪翠　庄新妍

副主编　塔　娜　腰苏图

中国水利水电出版社
www.waterpub.com.cn
·北京·

内 容 提 要

本书面向大数据技术专业，遵循知识性、系统性、实用性、条理性、连贯性和先进性的原则，力求激发读者的兴趣，注重各知识点之间的衔接和实践性环节教学，精心组织内容，做到由浅入深、突出重点。

本书共 9 章，第 1 章为 Spark 基础，主要包括 Spark 的基础知识、应用场景和生态系统等内容；第 2 章为 Scala 语言基础，包括 Scala 编程基础、Scala 数组和集合以及映射、Scala 对象和多继承等内容；第 3 章为 Spark 设计与运行原理，包括 Spark 架构、Spark Core 组成、Spark 编程模型和计算模型等内容；第 4 章为 Spark 环境搭建和使用，包括 Spark 系列软件环境配置（JDK、Hadoop、MySQL-Server、Hive、ZooKeeper、Scala、Kafka、Spark）和 Spark-shell 交互式命令工具使用等内容；第 5 章为 Spark RDD 弹性分布式数据集，包括 RDD 创建方式、RDD 转换算子和行动算子操作方法等内容；第 6 章为 Spark SQL 结构化数据处理引擎，包括 DataFrame 和 DataSet 的创建和操作以及利用 Spark SQL 操作 MySQL 数据源等内容；第 7 章为 Spark Streaming 实时流处理引擎，包括 Spark Streaming 程序开发、DStream 高级数据源使用和数据转换操作等内容；第 8 章为 Spark MLlib 机器学习，包括机器学习基础、Spark MLlib 机器学习库和常用算法等内容；第 9 章为订单交易监控系统，主要完成订单交易实时监控平台的搭建，通过综合案例全面应用 Spark 大数据处理技术中几乎所有知识点，帮助读者运用 Spark 进行大数据技术开发和应用。

本书可作为普通高校或高职院校大数据技术课程的教材，也可供大数据技术领域从业者参考学习。

本书配有电子课件、源代码、课后习题答案、微课视频等，读者可以从中国水利水电出版社网站（www.waterpub.com.cn）或万水书苑网站（www.wsbookshow.com）免费下载。

图书在版编目（CIP）数据

Spark大数据处理技术 / 刘仁山，周洪翠，庄新妍主编. -- 北京 ：中国水利水电出版社，2022.2
普通高等教育数据科学与大数据技术专业教材
ISBN 978-7-5226-0485-5

Ⅰ. ①S… Ⅱ. ①刘… ②周… ③庄… Ⅲ. ①数据处理软件－高等学校－教材 Ⅳ. ①TP274

中国版本图书馆CIP数据核字(2022)第026556号

策划编辑：石永峰　责任编辑：鞠向超　加工编辑：黄卓群　封面设计：梁　燕

书　　名	普通高等教育数据科学与大数据技术专业教材 Spark 大数据处理技术 Spark DASHUJU CHULI JISHU
作　　者	主 编　刘仁山　周洪翠　庄新妍 副主编　塔　娜　腰苏图
出版发行	中国水利水电出版社 （北京市海淀区玉渊潭南路 1 号 D 座　100038） 网址：www.waterpub.com.cn E-mail：mchannel@263.net（万水） 　　　　sales@waterpub.com.cn 电话：（010）68367658（营销中心）、82562819（万水）
经　　售	全国各地新华书店和相关出版物销售网点
排　　版	北京万水电子信息有限公司
印　　刷	三河市航远印刷有限公司
规　　格	210mm×285mm　16 开本　16.75 印张　418 千字
版　　次	2022 年 2 月第 1 版　2022 年 2 月第 1 次印刷
印　　数	0001—3000 册
定　　价	48.00 元

凡购买我社图书，如有缺页、倒页、脱页的，本社营销中心负责调换

前　言

随着大数据时代的到来，无论是传统行业、互联网行业还是 IT 行业都将应用大数据技术。大数据技术可以帮助企业进行数据整合分析并降低生产成本，比如，互联网公司可以在广告业务方面进行大数据应用分析、效果分析和定向优化等，在推荐系统方面能实施大数据优化排名、热点分析和日志监控等。

Spark 是一种基于内存的、分布式的大数据处理框架，凭借着快速、简洁易用以及支持多种运行模式而成为很多企业的大数据分析框架。本书不仅介绍 Spark 基础理论和运行原理，还深入浅出地讲解与 Spark 学习相关的编程语言、环境搭建、编程模型、数据处理技术、存储原理和机器学习等内容，所涉及的技术都结合代码进行讲解并实现具体功能，读者可以通过实例更加深入地理解 Spark 的运行机制。

本书内容主要包括 Spark 基础、Scala 语言基础、Spark 设计与运行原理、Spark 环境搭建和使用、Spark RDD 弹性分布式数据集、Spark SQL 结构化数据处理引擎、Spark Streaming 实时流处理引擎、Spark MLlib 机器学习、订单交易监控系统等，最后通过综合案例全面应用 Spark 中几乎所有知识点，帮助读者运用 Spark 进行大数据技术开发和应用。

本书融入了丰富的教学和实际工作经验，内容安排合理、结构组织有序，能够让读者循序渐进地学习，通过精讲多个实例激发读者学习兴趣，图文并茂、直观易懂，适合初学者快速学习 Spark 编程；本书实例丰富，突出该课程操作性强的特点，每章由思维导图、要点、正文、小结和习题组成，重点内容配有微课视频讲解，课后习题配有答案，便于学生课后巩固相关知识，并且提供完整源代码。

本书首先讲解理论基础知识，然后围绕理论知识点进行编程实践，最后通过综合案例结合工作实践培养分析和解决问题的能力，用贴合实际的应用场景提升编程水平，充分巩固各个知识点的应用；源代码全部经过测试，能够在 Linux 操作系统下编译和运行。

本书编者均从事大数据技术相关课程一线教学，如 Spark、Hadoop、Java、Python 等，具有丰富的教学经验和较强的实际项目开发能力，主持或参与多个系统开发项目，部分教师具有企业软件开发工作经历。

本书由刘仁山、周洪翠、庄新妍任主编，塔娜、腰苏图任副主编，主要编写分工如下：庄新妍编写第 1 章和第 2 章，塔娜编写第 3 章和第 4 章，周洪翠编写第 5 章和第 6 章，刘仁山编写第 7 章并负责全书统稿、修改、定稿工作，腰苏图编写第 8 章和第 9 章。本书编写得到了北京华晟经世有限公司的大力支持，在此表示感谢。

尽管编者在编写过程中力求准确、完善，但书中不妥之处在所难免，恳请读者批评指正。

编　者

2021 年 9 月

目　录

前言

第1章　Spark 基础 1

1.1　初识 Spark 2

1.1.1　Spark 简介 2

1.1.2　Spark 发展 2

1.2　Spark 应用场景 3

1.3　Spark 生态系统 4

1.4　Spark 与 Hadoop 对比 7

1.5　Spark 多语言编程 8

本章小结 9

练习一 9

第2章　Scala 语言基础 11

2.1　Scala 语言概述 12

2.1.1　Scala 语言简介 12

2.1.2　Scala 编译器安装 12

2.2　Scala 命名规范 18

2.2.1　基本语法 18

2.2.2　Scala 关键字 18

2.2.3　Scala 注释 19

2.3　变量 20

2.3.1　val 变量 20

2.3.2　var 变量 20

2.4　数据类型和运算符 20

2.4.1　数据类型 20

2.4.2　运算符 21

2.5　Scala 控制结构 23

2.5.1　if...else 语句 23

2.5.2　循环语句 24

2.6　函数的定义和调用 26

2.6.1　内置函数和自定义函数 26

2.6.2　函数的参数 27

2.7　Scala 的 lazy 值 29

2.8　异常 Exception 的处理 30

2.9　数组 31

2.9.1　定长数组和变长数组 31

2.9.2　遍历数组 32

2.9.3　数组转换 32

2.9.4　数组常用方法 33

2.10　元组 33

2.10.1　创建元组 33

2.10.2　元组的访问和遍历 34

2.10.3　拉链操作 34

2.11　集合 34

2.11.1　列表（List） 34

2.11.2　集合（Set） 37

2.11.3　映射（Map） 38

2.12　类 40

2.12.1　类的定义 40

2.12.2　get 方法和 set 方法 41

2.12.3　构造器 41

2.12.4　内部类 42

2.13　单例对象和伴生对象 43

2.13.1　单例（object）对象 43

2.13.2　伴生对象 44

2.13.3　apply 方法 44

2.14　Scala 中的继承 45

2.14.1　父类具有无参构造器的继承 46

2.14.2　父类具有带参构造器的继承 46

2.15　抽象 47

2.16　Scala 中的特质 48

2.16.1　将特质作为接口使用 48

2.16.2　在特质中定义具体的方法 49

2.16.3　混合使用特质的具体方法和抽象方法 49

2.17　Scala 包和引用 50

2.17.1　创建包 50

2.17.2　引用 50

2.17.3　包重命名和隐藏方法 51

本章小结 51

练习二 52

第3章 Spark 设计与运行原理 53
  3.1 Spark 架构设计 54
    3.1.1 Spark 相关术语 54
    3.1.2 Spark 架构 55
    3.1.3 Spark 运行流程 56
  3.2 Spark 核心功能 57
    3.2.1 Spark Core 组成 57
    3.2.2 Spark 编程模型 58
    3.2.3 Spark 计算模型 59
  3.3 Spark 运行模式 60
    3.3.1 Local（本地）模式 60
    3.3.2 Standalone（独立）模式 61
    3.3.3 Mesos（Spark on Mesos）模式 62
    3.3.4 Yarn（Spark on Yarn）模式 63
  本章小结 66
  练习三 66

第4章 Spark 环境搭建和使用 67
  4.1 Spark 开发环境概述 68
  4.2 操作系统及其网络环境准备 68
    4.2.1 操作系统环境 68
    4.2.2 远程登录 79
    4.2.3 Linux 系统软件源配置 82
    4.2.4 安装和配置第二台和第三台虚拟机 84
  4.3 Spark 环境搭建 88
    4.3.1 安装 JDK 88
    4.3.2 安装 Hadoop 90
    4.3.3 安装 MySQL Server 100
    4.3.4 安装 Hive 102
    4.3.5 安装 ZooKeeper 109
    4.3.6 安装 Scala 111
    4.3.7 安装 Kafka 112
    4.3.8 安装 Spark 114
  4.4 Spark 集群环境测试 116
    4.4.1 使用 Spark-submit 提交任务 116
    4.4.2 使用 Spark-shell 交互式命令工具 120
  本章小结 122
  练习四 122

第5章 Spark RDD 弹性分布式数据集 123
  5.1 RDD 简介 124
    5.1.1 RDD 的特征 124
    5.1.2 词频统计（WordCount）案例实现过程 124
    5.1.3 RDD 的创建 126
  5.2 常用操作 130

    5.2.1 常用的转换 131
    5.2.2 常用的动作 137
    5.2.3 实例操作 141
  5.3 RDD 的分区 145
    5.3.1 分区的概念 145
    5.3.2 分区原则和方法 146
  5.4 持久化 146
    5.4.1 持久化存储级别 147
    5.4.2 持久化存储级别的选择 147
  5.5 容错机制 148
  5.6 综合实例 148
  本章小结 154
  练习五 154

第6章 Spark SQL 结构化数据处理引擎 155
  6.1 Spark SQL 的基础知识 156
    6.1.1 Spark SQL 简介 156
    6.1.2 Spark SQL 数据抽象 156
    6.1.3 程序主入口 SparkSession 156
  6.2 DataFrame 157
    6.2.1 DataFrame 简介 157
    6.2.2 创建 DataFrame 158
    6.2.3 DataFrame 查看操作 165
    6.2.4 DataFrame 查询操作 168
    6.2.5 DataFrame 输出操作 174
  6.3 DataSet 175
    6.3.1 DataSet 简介 175
    6.3.2 创建 DataSet 176
  6.4 Spark SQL 操作数据源 178
  本章小结 181
  练习六 182

第7章 Spark Streaming 实时流处理引擎 184
  7.1 离线计算与实时计算 185
    7.1.1 离线计算 185
    7.1.2 实时计算 185
    7.1.3 离线计算与实时计算比较 185
  7.2 初探 Spark Streaming 186
    7.2.1 Spark Streaming 简介 186
    7.2.2 Spark Streaming 工作原理 186
    7.2.3 Spark Streaming 入门程序 188
  7.3 Spark Streaming 程序开发 190
    7.3.1 Spark Streaming 环境准备 190
    7.3.2 Spark Streaming 项目搭建 190
    7.3.3 Spark Streaming 核心代码 191

7.3.4 Spark Streaming 启动及测试 193

7.4 DStream 输入 194

    7.4.1 离散流（DStream） 194

    7.4.2 DStream 输入源 194

    7.4.3 文件流数据源 196

    7.4.4 RDD 队列流 197

    7.4.5 Spark Streaming 整合 Flume 197

    7.4.6 Spark Streaming 整合 Kafka 201

7.5 DStream 操作 203

    7.5.1 无状态操作 204

    7.5.2 有状态操作 204

    7.5.3 DStream 窗口操作 205

    7.5.4 DStream 输出操作 206

本章小结 208

练习七 208

第8章 Spark MLlib 机器学习 210

8.1 机器学习概述 211

    8.1.1 机器学习简介 211

    8.1.2 大数据与机器学习 211

    8.1.3 机器学习与人工智能 212

    8.1.4 机器学习与深度学习 212

    8.1.5 机器学习发展过程 213

    8.1.6 机器学习应用 213

8.2 机器学习分类 214

    8.2.1 监督学习 215

    8.2.2 无监督学习 215

    8.2.3 半监督学习 215

    8.2.4 强化学习 216

    8.2.5 机器学习的基本任务 216

8.3 机器学习基本流程 216

    8.3.1 机器学习基本步骤 216

    8.3.2 Spark 机器学习流程 217

8.4 Spark MLlib 机器学习库 220

    8.4.1 MLlib 介绍 220

8.3.2 MLlib 数据类型 221

8.3.3 MLlib 统计工具 224

8.5 Spark MLlib 常用算法 227

    8.5.1 算法的选择 227

    8.5.2 分类算法 228

    8.5.3 回归算法 229

    8.5.4 聚类算法 231

    8.5.6 协同过滤算法 231

本章小结 233

练习八 233

第9章 订单交易监控系统 234

9.1 系统介绍 235

    9.1.1 项目背景 235

    9.1.2 相关技术介绍 235

9.2 系统设计 236

    9.2.1 流程设计 236

    9.2.2 系统架构 237

    9.2.3 技术选型 237

9.3 基础环境配置 238

    9.3.1 MariaDB 数据库部署 238

    9.3.2 ZooKeeper 集群部署 241

    9.3.3 Kafka 集群部署 243

    9.3.4 Canal 安装配置 244

    9.3.5 HBase 安装配置 246

9.4 系统功能开发 248

    9.4.1 订单交易数据表设计 248

    9.4.2 订单 Mock 数据生成 249

    9.4.3 订单交易数据采集 253

    9.4.4 订单交易数据分析 254

本章小结 258

练习九 259

参考文献 260

第 1 章　Spark 基础

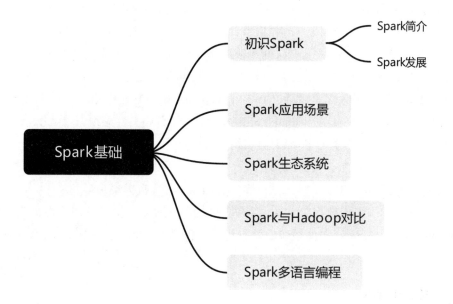

初识Spark ——— Spark简介
　　　　　　 Spark发展

Spark基础 ——— Spark应用场景

Spark生态系统

Spark与Hadoop对比

Spark多语言编程

本章导读

　　Spark 是专为大规模数据处理而设计的快速通用计算引擎，它更适用于数据挖掘和机器学习中需要迭代的算法。本章带领读者走进 Spark，了解 Spark 的发展历史、应用场景和生态系统；比较 Spark 与 Hadoop，体会 Spark 的优点和特点；简单对比 Spark 的三种编程语言，了解 Scala 语言的优势。

本章要点

- Spark 产生背景
- Spark 发展
- Spark 应用场景
- Spark 生态系统
- Spark 与 Hadoop 对比
- Spark 多语言编程

1.1 初识 Spark

1.1.1 Spark 简介

Spark 是一种基于内存计算的框架，是一种通用的大数据快速处理引擎。Spark 是加州大学伯克利分校的 AMP 实验室（UC Berkeley AMP Lab）开发的，可用来构建大型的、低延迟的数据分析应用程序。

Spark 是一种与 Hadoop 相似的开源集群计算环境，二者之间有很多相似之处，但也存在诸多差异。由于 Spark 启用了内存分布数据集，所以 Spark 在某些工作负载方面表现得比 Hadoop 突出，除了能够提供交互式查询外，还可以优化迭代工作负载。Spark 具备 Hadoop MapReduce 的大多数优点，不同的是，Spark 的 Job 中间输出结果可以保存在内存中，不再需要读写 HDFS（Hadoop Distributed File System，分布式文件系统），因此 Spark 能更好地适用于数据挖掘与机器学习等需要迭代算法的场景。

Spark 是基于 Scala 语言实现的，Scala 是 Spark 的应用程序框架，二者能够紧密集成，Scala 可以像操作本地集合对象一样轻松地操作 Spark 分布式数据集。

Spark 和 Hadoop 作为大数据处理的两种关键技术，Spark 支持在分布式数据集上进行迭代作业，也可以在 Hadoop 文件系统中并行运行，但需要通过名为 Mesos 的第三方集群框架支持。

1.1.2 Spark 发展

2009 年，Spark 诞生于美国加州大学伯克利分校的 AMP 实验室。

2010 年，Spark 通过 BSD 许可协议正式对外开源发布。

2012 年，Spark 第一篇论文发表，第一个正式版本发布。

2013 年，Spark 加入 Apache 孵化器项目，之后获得迅猛的发展，并于 2014 年正式发布；增加了 Spark Streaming、Spark MLlib、Spark on Hadoop。

2014 年，Spark 成为 Apache 软件基金会的顶级项目；5 月底 Spark 1.0.0 发布；发布 Spark Graphx、Spark SQL，Spark on Hadoop 被 Spark SQL 取代。

2015 年，Spark 1.3.0 发布，该版本的最大亮点是新引入的 DataFrame API，对于结构型的 DataSet，它提供了更方便更强大的操作运算。除了 DataFrame 之外，还值得关注的一点是 Spark SQL 成为了正式版本，在国内 IT 行业得到普遍应用，许多公司开始重点部署或者使用 Spark 来替代 MapReduce、Hive、Storm 等传统的大数据计算框架。

2016 年，Spark 1.6.0 发布，该版本主要在三个方面实现提升：新的 Dataset API 带来的性能提升（streaming state management 性能提升十倍）、大量新的机器学习和统计分析算法、推出 Dataset（具有更强的数据分析手段）。

2017 年，Spark 2.2.0 发布，它是 2.x 系列的第三个版本，其更新内容主要针对的是系统的可用性、稳定性和代码润色。

2018 年，Spark 2.4.0 发布，成为全球最大的开源项目。

1.2　Spark 应用场景

在实际应用中，大数据处理场景一般有复杂的批量处理、基于历史数据的交互式查询、基于实时数据流的数据处理等。

目前大数据在互联网公司主要应用在广告、报表、推荐系统等业务上，在广告业务方面需要大数据做应用分析、效果分析、定向优化、实时的市场推荐等，在报表方面可无缝对接各类云数据库和自建数据库，大幅提升数据分析和报表开发效率，让业务人员轻松实现海量数据可视化分析；在推荐系统方面则需要大数据优化相关排名、个性化推荐，以及热点分析、网络安全分析、机器日志监控等。

Spark 在许多领域得到广泛的应用，具有通用性；Spark 适用于需要多次操作特定数据集的应用场合；Spark 是基于内存的迭代计算框架，其操作的次数、读取的数据量、对应受益情况见表 1-1。此外，Spark 也适合数据量不是特别大，但需要实时统计分析的需求。

表 1-1　Spark 受益情况

反复操作的次数	读取的数据量	受益情况
多	密度大	相对大
少	密度大	相对小

不同的企业根据其不同目标和业务案例，使用 Spark 的方式也不同，但其主要场景包括：

- 数据仓库的 ETL（Extract-Transform-Load）：在将数据推入存储系统之前对其进行清洗和聚合。
- 捕获并处理异常：检测异常行为并触发相关逻辑处理过程。
- 数据浓缩：将实时数据与静态数据浓缩成更为精练的数据，以用于实时分析。
- 复杂会话和持续学习：将与实时会话相关的事件组合起来进行分析，例如对用户登录网站或者相关端点之后的行为进行组合分析。

目前，很多国内外大型互联网企业在使用 Spark，例如：

Uber（一款全球即时用车软件）通过 Kafka、Spark Streaming 和 HDFS 构建了持续性的 ETL 管道，该管道首先对每天从移动用户收集到的 TB 级事件数据进行转换，将原始的非结构化事件数据转换成结构化的数据，然后再进行实时的遥测分析。

Pinterest（最大的图片社交分享网站）的 ETL 数据管道始于 Kafka，通过 Spark Streaming 将数据推入 Spark 中实时分析全球用户对 Pinterest 的使用情况，从而优化推荐引擎，显示更符合用户需求的推荐。

Netflix（简称网飞，一家会员订阅制的流媒体播放平台）也是通过 Kafka 和 Spark Streaming 构建了实时引擎，对每天从各种数据源接收到的数十亿事件进行分析，完成电影推荐。

国内使用 Spark 的代表性企业有腾讯、淘宝和优酷等。

在 2015 Spark 技术峰会上，时任腾讯高级工程师的王联辉分享了主题为《腾讯在 Spark 上的应用与实践优化》的报告，主要介绍了 TDW-Spark 平台的实践情况，以及平台上部分典型的 Spark 应用案例及其效果，分享了腾讯在 Spark 大规模实践应用过程中遇到的一些问题以及如何解决和优化这些问题，使得 Spark 在腾讯的应用实践中取得显著的效果。王联辉表示，早在 2013 年腾讯就开始使用 Spark 实现了广告模型的实时训练和更新，并在广告推荐业务上取得显著的效果。而在 2014 年，更将原有涉及迭代计算、图计算、DAG-MapReduce 和 HiveSQL 等的多种计算任务利用 Spark 来实现，并且取得了良好的性能和应用效果。

下面是在 2015 Spark 技术峰会前，CSDN 对王联辉进行的会前采访实录的一部分，可以从中体会 Spark 在企业中的相关应用。

CSDN：您所在的企业是如何使用 Spark 技术的？带来了哪些好处？

王联辉：我们的 Spark 平台是部署在 Gaia（基于 YARN 进行了大量的优化）资源管理系统之上。在我们的实际应用案例中，发现 Spark 在性能上比传统的 MapReduce 计算有较大的提升，特别是迭代计算和 DAG 的计算任务。

CSDN：您认为 Spark 技术最适用于哪些应用场景？

王联辉：具有迭代计算的数据挖掘和图计算应用，以及具有 DAG 的 ETL/SQL 计算应用。

CSDN：企业在应用 Spark 技术时，需要做哪些改变吗？企业如果想快速应用 Spark，应该如何去做？

王联辉：企业需要有了解 Spark 的工程师，如果想做一些 Spark 任务的调优工作，还需要对 Spark 内核有一定了解的工程师。如果想快速应用 Spark，企业一方面需要培养或招聘懂 Spark 的工程师，另一方面需要在实际应用中使用和实践 Spark。

CSDN：您所在的企业在应用 Spark 技术时遇到了哪些问题？是如何解决的？

王联辉：前期我们的业务工程师在 Spark 的使用和调优上遇到了一些困难，以及在 Scala 的学习上花了一些时间。我们通过实际应用实例给业务工程师指导编写 Spark 计算任务，使得业务工程师通过一个应用实例学会使用 Spark，后续他们可以独立地完成编写 Spark 业务计算任务的工作。

CSDN：作为当前流行的大数据处理技术，您认为 Spark 还有哪些方面需要改进？

王联辉：目前 Core 部分相对已经比较稳定和成熟，但是其上面的几个组件如 MLlib、SparkSQL、GraphX、Streaming 在稳定性或性能上还有优化和改进的空间，另外 Spark 的参考资料比较少，熟练使用 Scala 语言的程序员也比较少。

1.3 Spark 生态系统

Spark 生态系统

随着大数据技术的发展，实时流计算、机器学习、图计算等成为 Spark 技术的热点研究领域，Spark 作为大数据处理的利器有着较为成熟的生态系统，它能够一站式解决（One Stack to Rule them All）类似场景的问题。

Spark 生态系统以 Spark Core 为核心，能够读取传统文件、HDFS、Amazon S3、Alluxio 和 NoSQL 等数据源，利用 Standalone、YARN 和 Mesos 等集成管理模式完成应用程序分析与处理。这些应用程序来自 Spark 的不同组件，如 Spark Shell 或 Spark Submit 交互式批处理方式、Spark Streaming 的实时流处理应用、Spark SQL 的即席查询、采样近似查询引擎 BlinkDB 的权衡查询、MLbase/MLlib 的机器学习、GraphX 的图处理和 SparkR 的数学计算等。Spark 生态系统结构如图 1-1 所示。

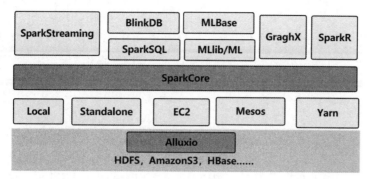

图 1-1　Spark 生态系统结构

1. Spark Core

Spark Core 是整个 Spark 生态系统的核心组件，是一个分布式大数据处理框架，它提供了多种资源调度管理，通过内存计算、DAG（有向无环图）等机制保证分布式计算的高效性，并引入了 RDD 的抽象保证数据的高容错性。

Spark Core 支持多种运行模式，如 Local、Standalone、YARN、Mesos 等，其中 YARN 和 Mesos 属于第三方资源调度框架。相比较而言，第三方资源调度框架能够更细粒度地管理资源。

【长知识】Spark 是一个典型的粗粒度资源调度。每个应用程序的运行环境由一个 Driver 和若干个 Executor 组成，其中每个 Executor 占用若干个资源，内部可运行多个 task。应用程序的各个任务正式运行之前，需要将运行环境中的资源全部申请好，且运行过程中要一直占用这些资源（即使不用），程序运行结束之后释放这些资源。

MapReduce 是一个典型的细粒度资源调度。与细粒度模式一样，应用程序启动时，先启动 Executor，但每个 Executor 仅占用自身运行所需的资源，不需要考虑将来要运行的任务所占的资源。Cluster Manager 会为每个 task 根据其自身需求动态分配资源，单个 task 运行完成后就马上释放对应的资源，每个 task 完全独立。这样的优点是便于资源控制和隔离，缺点是作业运行延迟大，因为重新分配 task 的资源相对耗时要大一些。

Spark Core 提供了 DAG 的分布式并行计算框架，并提供内存机制来支持多次迭代计算或者数据共享，大大减少迭代计算之间读取数据的开销，这对于需要进行多次迭代的数据挖掘和分析性能有极大提升。

2. Spark Streaming

Spark Streaming 是 Spark 核心 API 的一个扩展，是 Spark 平台上针对实时数据进行流式计算的组件。Spark Streaming 可以实现对具备高吞吐量和容错机制的实时流数据处理，适用于对实时数据的流式计算有着强烈需求的应用领域，比如分析网络环境中的网页服务器日志或用户实时状态消息队列等。

Spark Streaming 按照一定时间间隔将接收到的实时流数据进行拆分，交给 Spark Engine 引擎，最终得到一批批的结果，过程如图 1-2 所示。

图 1-2　Spark Streaming 数据处理过程

3. BlinkDB

BlinkDB 是一个用于在海量数据上运行交互式 SQL 查询的大规模并行查询引擎。它允许用户通过权衡数据精度来提升查询响应时间，其数据的精度被控制在允许的误差范围内。

4. SparkSQL

SparkSQL 是 Spark 用来操作结构化数据的组件，用户可以使用它来查询数据。通过 SparkSQL，用户可以使用 SQL 或 Apache Hive 版本的 SQL 语言（HQL）来查询数据。SparkSQL 支持多种数据源类型，例如 Hive 表、Parquet、JSON 等。SparkSQL 能够与 Spark 所提供的丰富的计算环境紧密结合，Scala、Python 和 Java 等语言都支持 SparkSQL 相关操作，用户可以在多个应用中同时进行 SQL 查询和复杂的数据分析。

5. MLBase

MLBase 是 Spark 生态系统中专注于机器学习的组件，其目标是让机器学习的门槛变得更低，让一些可能并不了解机器学习的用户能方便地使用 MLBase。

MLBase 的核心是其优化器（ML Optimizer），它可以把声明式的任务转化成复杂的学习计划，最终产出最优的模型和计算结果。

MLBase 使用的是分布式内存计算的、自动化处理的组件，它提供了不同抽象程度的接口，可以由用户通过该接口实现算法的扩展。

6. MLlib

MLlib 是 Spark 提供的一个机器学习算法库，其中包含了多种经典、常见的机器学习算法，主要有分类、回归、聚类、协同过滤等，开发者只需要有 Spark 基础并且了解数据挖掘算法的原理和算法参数的含义，就可以调用相应的算法 API 来实现基于海量数据的挖掘过程。

7. GraphX

GraphX 是 Spark 面向图计算提供的框架与算法库，它提出了弹性分布式属性图的概念，并在此基础上实现了图视图与表视图的有机结合与统一；同时针对图数据处理提供了丰富的操作，例如取子图操作 subGraph、顶点属性操作 mapVertices、边属性操作 mapEdges 等。GraphX 还实现了与 Pregel 的结合，可以直接使用一些常用图算法，如 PageRank、三角形计数等。

【长知识】Pregel 是 Google 提出的大规模分布式图计算平台，专门用来解决网页链接分析、社交数据挖掘等实际应用中涉及的大规模分布式图计算问题。

PageRank 是一种链接分析算法，目前很多重要的链接分析算法都是在 PageRank 算法基础上衍生出来的。

8. SparkR

SparkR 是一个 R 语言开发包，提供了 Spark 中弹性分布式数据集（RDD）的 API，用户可以在集群上通过 Rshell 交互运行 job。

这些 Spark 核心组件都以 jar 包的形式提供给用户，这意味着在使用这些组件时，与 Hadoop 上的 Hive、Mahout、Pig 等组件不同，无需进行复杂烦琐的学习、部署、维护和测试等一系列工作，用户只要搭建好 Spark 平台便可以直接使用这些组件，从而节省了大量的系统开发与运维成本，这些组件放在一起就构成了一个 Spark 软件栈。基于这个软件栈，Spark 可同时对大数据进行批处理、流式处理和交互式查询，用户可以简单而低耗地把各种处理流程综合在一起，实现了一站式应用的问题。

Spark 与 Hadoop
比较

1.4 Spark 与 Hadoop 对比

1. 解决问题的方式

Hadoop 实质上是一个分布式数据基础设施，它将巨大的数据集分派到一个集群中的多个节点进行存储，Hadoop 会索引和跟踪这些数据，从而实现大数据处理和分析。

相比之下，Spark 是专门用来对分布式存储的大数据进行处理的工具，它侧重的是处理，而不是存储。

2. 文件系统方面

Hadoop 拥有 HDFS 分布式文件系统，可以直接使用其自身的 MapReduce 来完成数据的处理。

Spark 自身没有文件管理系统，它必须和其他的分布式文件系统集成才能运作；Spark 只是一个计算分析框架，专门用来对分布式存储的数据进行计算处理，它本身并不能存储数据；Spark 可以选择 Hadoop 的 HDFS 分布式文件系统，也可以选择其他的文件系统。

3. 数据处理速度方面

Hadoop 是磁盘级计算，计算时需要在磁盘中读取数据，它采用的是 MapReduce 的逻辑，把数据进行切片计算，处理大量的离线数据。

Spark 会在内存中以接近"实时"的速度完成所有的数据分析。Spark 的批处理速度比 MapReduce 快近 10 倍，内存中的数据分析速度则快近 100 倍。

Spark 支持 DAG 图的分布式并行计算编程框架，相比 Hadoop 的 MapReduce DAG 在大多数情况下可以减少 Shuffle 的次数。

Spark 的执行流程是将默认情况下迭代的中间结果放在内存中，后续的运行作业利用这些结果进一步计算。而 Hadoop 的计算结果都需要存储到磁盘中，后续的计算需要从磁盘中读取之前的计算结果。由于从内存中读取数据要比从磁盘读取数据快，所以 Spark 运行速度会快得多，尤其是需要多次迭代计算的情况，Spark 基于 JVM（Java Virtual Machine）进行了优化。Hadoop 中的每次 MapReduce 操作是基于进程的，启动一个 Task 就会启动一次 JVM；而 Spark 的每次 MapReduce 操作是基于线程的，只在启动 Executor 时启动一次 JVM。内存的 Task 操作是在线程复用的，因此 Task 的运行时间要远大于线程运行时间，而 Task 每次启动 JVM 大约需要几秒甚至十几秒，这就导致 Hadoop 比 Spark 运行时间更长，如图 1-3 所示。

实时的市场活动、在线产品推荐等需要实时对流数据进行分析的场景，更推荐使用 Spark。

【长知识】Map 是映射，负责数据的过滤和分发，将原始数据转化为键值对；Reduce 是合并，将具有相同 key 值的 value 进行处理后再输出新的键值对作为最终结果。为了让 Reduce 可以并行处理 Map 的结果，必须对 Map 的输出进行一定的排序与分割，然后再交给对应的 Reduce，而这个将 Map 输出后进一步整理并交给 Reduce 的过程就是 Shuffle。

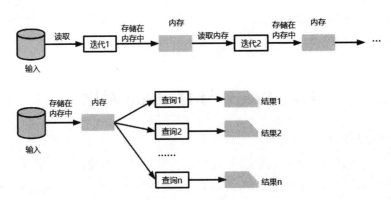

图 1-3　Spark 执行 MapReduce 过程

4. 灾难恢复方面

Hadoop 将每次处理后的数据直接写入磁盘中，相对于内存交互式的存储过程，这种方式的隐患更低一些。另外，Hadoop 中的 MapReduce 使用 TaskTracker 节点，它为 JobTracker 节点提供了心跳（heartbeat）。如果没有心跳，那么 JobTracker 节点重新调度所有将执行的操作和正在进行的操作，交给另一个 TaskTracker 节点。这种方法在提供容错性方面很有效，可以大大延长某些操作的完成时间。

Spark 引进了弹性分布式数据集 RDD 的概念，它是分布在一组节点中的只读对象集合，这些集合是弹性的，如果一部分数据集丢失，则可以根据数据衍生过程对它们进行重建。另外，为了避免缓存丢失重新计算带来的开销，Spark 引入了检查点（checkpoint）机制来实现容错：在计算完成后，重新建立一个 Job 来计算。为了避免重复计算，推荐先将 RDD 缓存，这样就能保证检查点的操作可以快速完成。

5. 操作类型方面

Hadoop 只提供了 Map 和 Reduce 两种操作。Spark 的计算模式也属于 MapReduce 类型，提供的操作除了 Map 和 Reduce 外，还有 Filter、FlatMap、Sample、GroupByKey、ReduceByKey、Union、Join、Cogroup、MapValues、Sort、PartionBy 等多种转换操作以及 Count、Collect、Reduce、Lookup、Save 等行为操作。

1.5　Spark 多语言编程

Spark 对多语言的支持，不是指 Spark 可以操作各个语言写的程序，而是各种语言可以使用 Spark 提供的编程模型来开发 Spark 应用程序，连接 Spark 集群运行开发好的 APP，其目前支持 Scala、Python、Java 三种编程语言。

Spark 提供了 Python 的编程模型 PySpark，使 Python 可作为 Spark 开发语言之一。现在 PySpark 还不能支持所有的 Spark API，随着技术的发展，如果 Python 将 NoSQL 和 Spark 结合，那么以后的支持度会越来越高。

Java 是 Spark 的开发语言之一，因为 Java8 很好地适应了 Spark 的开发风格。

Scala 作为 Spark 的原生语言，代码优雅、简洁而且功能完善，被很多开发者认可，它是业界广泛使用的 Spark 程序开发语言。相对于 Python 和 Java 两种语言，Scala 有较好的性能，它具有如下特性：

（1）Spark RDD 的方法都是由 Scala 集合 API 的 RDD 中的方法抽象得到，包括 map、

flatMap、filter、reduce、fold 和 groupBy 等，这样使用 Scala 处理就更为方便，开发者只需要学习标准集合就可以迅速上手其他工具包。

（2）Scala 融合了静态类型系统、面向对象、函数式编程等语言特性，其中函数式编程逻辑清晰、简洁，更适合用于 MapReduce 和大数据模型。

（3）Scala 编译器和类型系统非常强大，它的目标是尽量把软件错误消灭在编写过程中。

（4）Scala 是面向对象的编程语言，所有的变量和方法都封装在对象中，可以把信息封装起来供外部使用。

（5）Scala 能无缝集成已有的 Java 类库，用户可以使用已经存在的非常庞大且稳定的 Java 类库。

上述特点能够反映出 Scala 的强大和多样化，它提供大量的原生方法和数据结构，可以很轻松地写出比较复杂的操作。当需要写简单的代码时，它可以像 Python 一样当脚本语言使用；当需要速度的时候，它可以通过重构来获取数十倍甚至上百倍的速度，通过 Miniboxing 一类的编译器增强器获得超过 Java 的操作速度。Scala 多样性的特点让 Spark 具备了更多的应用场景，也让其有了更好的未来发展前景。

本章小结

本章对 Spark 进行了概述，对 Spark 的发展历程和目前的应用进行了解。通过 Spark 应用场景的介绍，体现了 Spark 在国内外大数据平台的重要性。Spark 作为一个开源的数据分析处理，需要与不同的框架结合才能发挥更好的性能，随着大数据技术的发展，实时流计算、机器学习、图计算等成为 Spark 技术的热点研究领域，Spark 也逐渐形成了较为成熟的生态系统，它能够被一站式广泛应用于工业界各领域解决问题。

Spark 和 Hadoop 的对比分析说明其具有内存计算、实时性高、容错性好等突出特点。同时引入 Spark 有关编程语言，重点介绍 Scala，为后续章节的学习做了知识铺垫和导入。

练习一

一、填空题

1. Spark 是一种 _____ 的、_____ 的大数据处理框架，在 Hadoop 的强势之下，Spark 凭借着 _____、_____、_____ 和 _____ 四大特征，打破固有思路，成为很多企业标准的大数据分析框架。

2. Spark 应用程序目前支持 _____、_____、_____ 三种编程语言。

二、判断题

1. 下列选项中，（　　）不是 Spark 生态系统中的组件。

  A．Spark Streaming   B．MLlib

  C．Graphx   D．Spark R

2. 以下选项中（　　）不是 scala 的特性。

    A. 命令式编程   B. 函数式编程

    C. 静态类型   D. 不可扩展性

3. 大数据处理主要包括三个类型，不包括（　　）。

    A. 复杂的批量数据处理   B. 基于历史数据的交互式查询

    C. 基于实时数据流的数据处理   D. 集成数据

三、简答题

1. 简述什么是 Spark。

2. Spark 的特点有哪些？

3. Spark Core 是什么？

4. Scala 有较好的性能，它具有哪些特性？

第2章 Scala 语言基础

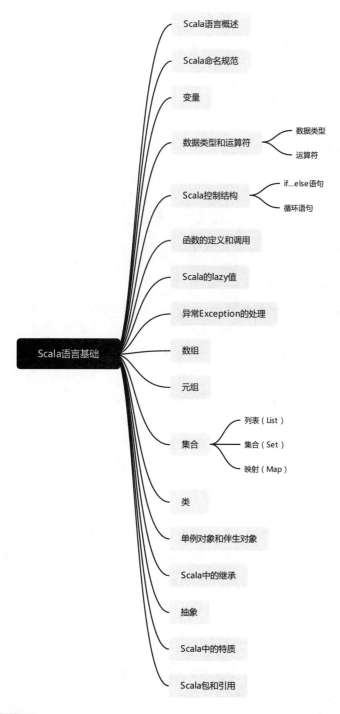

了解 Scala 语言；熟悉并安装 Scala 编译器，调试 Scala 代码；掌握 Scala 的基本语法和控制结构；理解 Scala 的函数式编程语言及 Scala 的 lazy 值；理解 Scala 的异常处理机制；

通过实例理解 Scala 的数组、元组、集合和映射；掌握 Scala 类的定义及其属性的 get 方法和 set 方法、Scala 的主构造器、辅助构造器及 Scala 的嵌套类；掌握 Scala 的单例对象和伴生对象；掌握类的继承和抽象，利用 Scala 中的 trait 特质实现多继承。

本章要点

- 安装 Scala 编译器
- Scala 的函数式编程语言
- Scala 的异常处理机制
- Scala 的数组、元组、集合和映射
- Scala 的主构造器、辅助构造器及 Scala 的嵌套类
- Scala 的单例对象和伴生对象
- Scala 的 trait 特质

2.1 Scala 语言概述

2.1.1 Scala 语言简介

Scala 是 Scalable Language 的简写，它是一门多范式的编程语言，由洛桑联邦理工学院（EPFL）的马丁·奥德斯基（Martin Odersky）于 2001 年基于函数式编程思想和面向对象思想相结合的编程语言 Funnel 开始设计。马丁·奥德斯基先前设计了 Generic Java 和 Javac（Sun Java 编译器）。Java 平台的 Scala 于 2003 年底发布，.NET 平台的 Scala 于 2004 年 6 月发布；该语言第二个版本 v2.0 发布于 2006 年 3 月；截至 2021 年 3 月，其最新版本是 Scala 3.0.1。

Scala 语言是一种把面向对象和函数式编程理念加入静态类型语言的混合体。它的特性是简洁、兼容性强、高层级的抽象（设计和使用接口的抽象级别来管理复杂性高的代码，能避免代码重复、保持程序简短和清晰）和静态类型变化（包括程序抽象的可检验属性、安全性的重构）。

Scala 可以借助 Java 平台重新开发，只需要将 Scala 的插件导入到配置 jdk 的编译器中即可。它的代码都需要经过编译为字节码，然后交由 Java 虚拟机来运行。所以 Scala 和 Java 是可以无缝互操作的，Scala 可以任意调用 Java 的代码。

Spark 和 Kafka 等大数据组件是用 Scala 开发的，能更好地融合到 Hadoop 生态圈。

2.1.2 Scala 编译器安装

本章为了介绍 Scala 语言基础方便，所以下文的编译器都是在 Windows 环境下的安装，后面章节会详细介绍 Linux 环境下的搭建。

1. 安装 JDK

因为 Scala 是运行在 JVM 平台上的，所以安装 Scala 之前要安装 JDK，目前最新的是 JDK 15，但是 JDK 8 还是很常用，也非常适合教学，因此本书安装环境使用的是 JDK 8。

2. 基于 Windows 的 Scala 编译器

访问 Scala 官网 http://www.Scala-lang.org，下载 Scala 编译器安装包（Scala-2.12.8.msi 版本），目前最新版本是 3.0.1。由于目前大多数的框架都是用 2.10 以上版本编写开发的，考虑到它的稳定性和 Spark 的兼容性，这里推荐 2.12.8 版本。

下载成功后，根据向导直接单击下一步即可，在 path 环境变量中，配置 $SCALA_HOME/bin 目录。按照以下步骤检查 Scala 是否安装成功。

● 在 windows 命令行输入 scala -version 命令检查版本信息，如图 2-1 所示。

```
C:\Users\dianzi008>scala -version
Scala code runner version 2.12.8 -- Copyright 2002-2018, LAMP/EPFL and Lightbend
, Inc.
```

图 2-1　检查版本信息

● 在命令行中输入 Scala，进入 Scala 的 REPL，在 Scala> 提示符下直接写程序 Scala> print("Hello Scala")，屏幕显示 hello Scala。

3. Scala 的运行环境及两种开发工具的简介和安装

（1）REPL 环境。安装好 Scala 并配置好 path 环境变量之后，就可以在终端中输入 scala，该命令打开 Scala 解释器，可以使用 Tab 补全、Ctrl+R 搜索、上下方向键切换历史命令等；退出 Scala 解释器，可以使用命令 :q 或者 :quit。

解释器是输入一句执行一句，也常称为 REPL。REPL 一次只能看到一行代码，要在其中粘贴代码段的话，可能会出现问题。键入 :paste 进入粘贴模式，它相当于 vi 编辑器，可粘贴代码，再按下 Ctrl+D，REPL 就会把代码段当作一个整体来分析。在粘贴模式下，输入几条简单 Scala 语句，运行界面如图 2-2 所示。

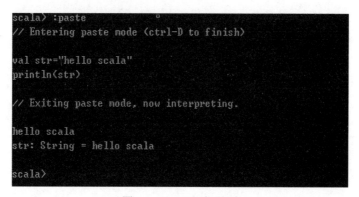

```
scala> :paste
// Entering paste mode (ctrl-D to finish)

val str="hello scala"
println(str)

// Exiting paste mode, now interpreting.

hello scala
str: String = hello scala

scala>
```

图 2-2　Scala 运行界面

（2）Scala IDE。基于 Eclipse 的 IDE 是主流开发工具之一，在官网下载 Eclipse（本书下载的版本适合 Windows 10 系统），下载后安装完成，打开其应用程序，创建第一个 Scala 项目。

● 单击 File → New → Scala Project，弹出对话框 New Scala Project，选择项目名称和项目存放位置，如图 2-3 所示。

● 单击 Next 按钮，单击 Finish 按钮完成项目的创建，如图 2-4 所示。

● 单击 Scala 项目 WorkSpace 左侧的 src → New → Scala Object 可以创建 Scala 文件，如图 2-5 所示。

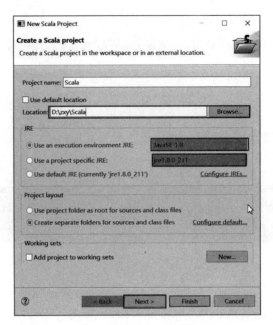

图 2-3 新建 Scala 项目

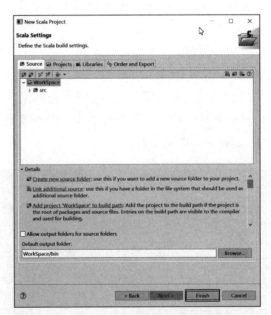

图 2-4 New Scala Project 对话框

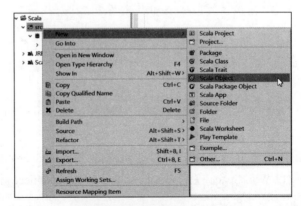

图 2-5 创建 Scala Object 文件

● 在 Test.Scala 文件中书写简单的 Scala 语句，实现输出 Hello World，如图 2-6 所示。
编写 Scala 语句后，在文件空白处右击，在弹出的菜单中单击 Run AS → Scala
Application 运行文件，在工作区底部的 Console 处可以看到程序结果 "Hello
World!"，工作区的左侧查看 JRE 及 Scala 类库的版本。

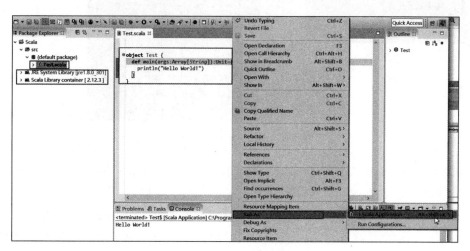

图 2-6　Scala 的简单程序

（3）IntelliJ IDEA：是 Scala 主流开发工具的另外一种，相对而言它更强大，代码提醒
功能和插件方面都更优秀。

● 下载 IDEA 安装包，打开安装包，然后进行单击 Next 按钮进行安装，直到出现
Welcome to IntelliJ IDEA 界面则安装结束。

● 访问 https://plugins.jetbrains.com/plugin/1347-scala 下载 Scala 插件，教材采用的
IDEA 版本是 2018.3.6，所以在网站上选择和版本对应的插件，下载界面如图 2-7
所示。

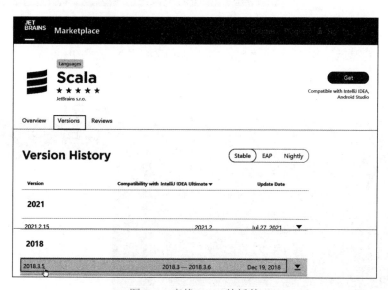

图 2-7　查找 Scala 的插件

● 下载插件后，单击 IDEA 主界面右下角的 Configure → Plugins → Install plugin
from disk，安装如图 2-8 所示。在出现的路径对话框中选择插件所在的位置，单
击 OK 按钮，然后单击 Restart 按钮重启 IDEA 工具，安装结束。

图 2-8　IDEA 安装 Scala 插件

IDEA 的 Scala 插件安装好以后，可以创建一个简单的 Scala 项目，以熟悉 Scala 的基本语法，步骤如下：

● 启动 IDEA，新建一个项目（单击 Create New Project → Scala → IDEA），在弹出的对话框中选择创建工程的路径（路径最好不要有空格和中文）和输入工程的名称，查看创建的项目需要先设置 JDK 依赖和 Scala 依赖，单击 Finish 按钮完成创建 Scala 项目，如图 2-9 所示。

图 2-9　新建 IDEA 的 Scala 项目

● 创建工程后，接下来创建包，右击 src 后单击 New → Package，在出现的 New Package 对话框中输入包名，然后单击 OK 按钮，如图 2-10 所示。

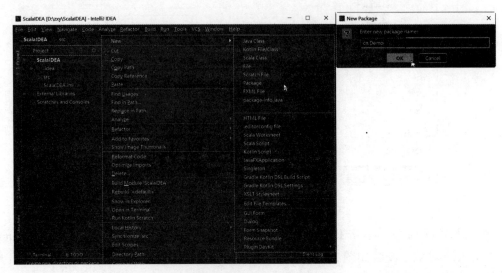

图 2-10　新建 Scala 包

● 创建 Scala 包后，在包上右击后单击 New → Scala Class，在出现的 Create New Class 的对话框中选择 Object（特殊的 Scala 类），输入类名，单击 OK 按钮，创建了 Scala 文件，如图 2-11 所示。

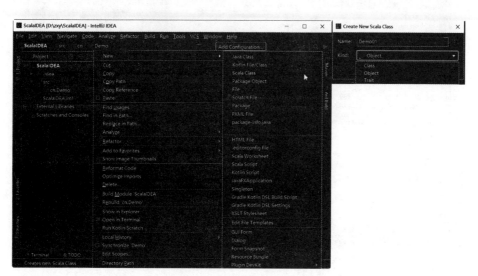

图 2-11　新建 Scala 类

● 在 Demo1.Scala 文件中输入 Scala 语句，单击 Run Demo01，在窗口下边的控制台出现语句的运行结果 "Hello, world!"，如图 2-12 所示。

图 2-12　Scala 简单代码和运行

Eclipse 和 IntelliJ IDEA 的编辑环境，在设置上会有一些差异，下述步骤可以修改 IntelliJ IDEA 编辑器的背景。

● 打开 IDEA 编辑器，单击 File → Settings → Editor → Color Scheme，在出现的 Color Scheme 对话框中选择编辑器背景样式，这里选择了 Default，如图 2-13 和图 2-14 所示。

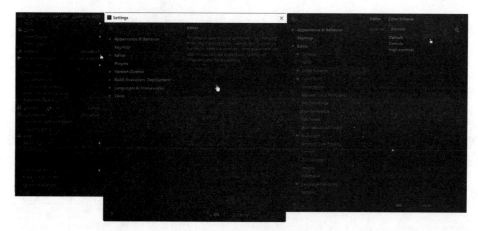

图 2-13　修改 IDEA 编辑器环境

图 2-14　将 IDEA 编辑器背景修改为 Default

2.2　Scala 命名规范

2.2.1　基本语法

1. 区分大小写

Scala 对大小写是敏感的，这意味着标识 A 和 a 在 Scala 中有不同的含义。

2. 类名

类名的第一个字母建议要大写。如果需要使用几个单词来构成一个类的名称，每个单词的第一个字母要大写，如 MyFirstScalaClass。

3. 方法名称

方法名称建议第一个字母用小写。如果使用几个单词用于构成方法的名称，则每个单词的第一个字母应大写，如 myMethodName()。

4. 标识符

Scala 的命名规则采用 camel 方式命名，使用字母或下划线开头，后面可以接字母或数字，首字符小写，如 toString、newList。

避免使用符号标志符和以下划线结尾的标志符，以避免冲突。符号标志符包含一个或多个符号，如 +、:::、<、?、>、:-> 等。

避免使用 Scala 中的关键字作为命名标识符。

Scala 内部实现时会使用转义的标志符 ":->"，使用 "$" 来表示这个符号。Scala 采用 "$colon$minus$greater" 方式在代码中访问 ":->" 方法。

2.2.2　Scala 关键字

Scala 的保留关键字见表 2-1。

表 2-1　Scala 保留关键字

abstract	case	catch	class
def	do	else	extends
false	final	finally	for
forSome	if	implicit	import
lazy	match	new	null
object	override	package	private
protected	return	sealed	super
this	throw	trait	try
true	type	val	var
while	with	yield	
-	:	=	=>
<-	<:	<%	>:
#	@		

2.2.3　Scala 注释

Scala 注释方式类似于 Java，支持单行和多行注释。多行注释可以嵌套，但必须正确嵌套，一个注释开始符号对应一个结束符号，注释在 Scala 编译中会被忽略。下面给出注释的编写规则。

（1）多行注释以 / * 开始，以 * / 结束。

```
/*
   This is a multiline comment:
*/
```

（2）单行注释开始于 // 并继续到行的结尾。

（3）嵌套多行注释。

```
/* 这是一个 Scala 程序
     /* 这是一个注释里面的嵌套注释    * /
*/
```

在 Eclipse 工作区中新建一个 Scala Object 文件，命名为 HelloWorld.scala，编写代码输出"Hello world!"，可以看出注释语句并不执行，如图 2-15 所示。

图 2-15　简单代码加注释

2.3 变量

2.3.1 val 变量

关键字 val 声明的变量存放表达式的计算结果，用 val 声明的变量结果为常量，值是不可变的。

```
val result = 1 + 1
2 * result  // 后续这些常量是可以继续使用的
```

声明多个变量：将多个变量放在一起进行声明。

```
val num1, num2 = 10
```

注意：常量声明后，是无法改变它的值的。

result = 3，会返回 error: reassignment to val 的错误信息。

2.3.2 var 变量

关键字 var 声明变量可以看作是引用，该引用的值可以改变。

```
var result = 1
result = 2  // 改变 result 的值
```

【长知识】val 和 var 声明变量的判断根据是内容是否可变，val 修饰的是不可变的，var 修饰的是可变的。Scala 程序中，通常建议使用 val，也就是常量，在 Spark 的大型复杂系统中，需要大量的网络传输数据，使用 var 方法声明值可能会被错误地更改。

无论是声明 val 变量，还是声明 var 变量，可以指定其类型，不指定的话，Scala 的类型推断机制会根据变量值进行类型的推导。

下面两种方式可把变量 num 定义为 Int 类型。

```
val  Int:num=1 ,val num=1
```

2.4 数据类型和运算符

2.4.1 数据类型

Scala 与 Java 有着相同的数据类型，Scala 支持的数据类型见表 2-2。

表 2-2 Scala 的数据类型

数据类型	描述
Byte	8 位有符号补码整数，数值区间为 -128 ～ 127
Short	16 位有符号补码整数，数值区间为 -32768 ～ 32767
Int	32 位有符号补码整数，数值区间为 -2147483648 ～ 2147483647
Long	64 位有符号补码整数，数值区间 -9223372036854775808 ～ 9223372036854775807
Float	32 位，IEEE 754 标准的单精度浮点数
Double	64 位，IEEE 754 标准的双精度浮点数

续表

数据类型	描述
Char	16 位无符号 Unicode 字符，区间值为 U+0000 ～ U+FFFF
String	字符串列表
Boolean	true 或 false
Unit	表示无值，和其他语言中的 void 等同，用作不返回任何结果的方法的结果类型
Null	null 或空引用
Nothing	Nothing 类型在 Scala 类层级的最底端，它是任何其他类型的子类型
Any	Any 是所有其他类的超类
AnyRef	AnyRef 类是 Scala 里所有引用类（reference class）的基类

【长知识】在 Scala 中，对字符串有一个特殊操作，即利用 $ 进行插值操作。

```
val s1="Hello World"
s"My name is ${s1}" // 在下面的字符串中引用上面的 s1，注意前面要利用字母 s
```

在 REPL 命令行中输入上述两句简单的字符串代码运行得到结果 res0: String = my name is hello World，如图 2-16 所示。

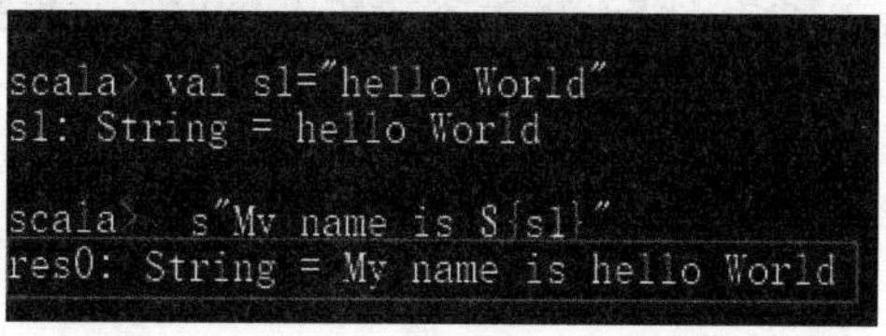

图 2-16　REPL 命令行输入代码运行结果

2.4.2　运算符

一个运算符是一个符号，用于告诉编译器执行指定的数学运算和逻辑运算。

Scala 有丰富的内置运算符，包括算术运算符、关系运算符、逻辑运算符、位运算符、赋值运算符。

1. 算术运算符

假定变量 A 为 20，B 为 30，算术运算符描述及实例见表 2-3。

表 2-3　算术运算符描述及实例

运算符	描述	实例
+	加号	A + B 运算结果为 50
-	减号	A - B 运算结果为 -10
*	乘号	A * B 运算结果为 600
/	除号	B / A 运算结果为 1
%	取余	B % A 运算结果为 0

【长知识】Scala 中没有提供 ++、-- 操作符，我们只能使用 + 和 -，比如 counter = 1，counter++ 是错误的。

2. 关系运算符

假定变量 A 为 20，B 为 30，关系运算符描述及实例见表 2-4。

表 2-4　关系运算符描述及实例

运算符	描述	实例
==	等于	(A == B) 运算结果为 false
!=	不等于	(A != B) 运算结果为 true
>	大于	(A > B) 运算结果为 false
<	小于	(A < B) 运算结果为 true
>=	大于等于	(A >= B) 运算结果为 false
<=	小于等于	(A <= B) 运算结果为 true

3. 逻辑运算符

假定变量 A 为 2，B 为 0，逻辑运算符描述及实例见表 2-5。

表 2-5　逻辑运算符描述及实例

运算符	描述	实例
&&	逻辑与	(A && B) 运算结果为 false
||	逻辑或	(A || B) 运算结果为 true
!	逻辑非	!(A && B) 运算结果为 true

4. 位运算符

如果指定变量 A=10，B=3，位运算符描述及实例见表 2-6。

表 2-6　位运算符描述及实例

运算符	描述	实例
&	按位与运算符	(A & B) 输出结果 2，二进制解释：0000 0010
|	按位或运算符	(A | B) 输出结果 11，二进制解释：0000 1011
^	按位异或运算符	(A ^ B) 输出结果 9，二进制解释：0000 1001
~	按位取反运算符	(~A) 输出结果 -11，二进制解释：1000 1011
<<	左移运算符	A << 2 输出结果 40，二进制解释：0010 1000
>>	右移运算符	A >> 2 输出结果 2，二进制解释：0000 0010
>>>	无符号右移	A >>>2 输出结果 2，二进制解释：0000 0010

5. 赋值运算符

假设有变量 A、B 两个变量对应的运算结果 C，赋值运算符描述及实例见表 2-7。

表 2-7　赋值运算符描述及实例

运算符	描述	实例
=	简单的赋值运算，右边操作数赋值给左边的操作数	C = A+B 指将 A+B 的运算结果赋值给 C
+=	相加后再赋值，将左右两边的操作数相加后再赋值给左边的操作数	C += A 相当于 C = C + A

续表

运算符	描述	实例
-=	相减后再赋值，将左右两边的操作数相减后再赋值给左边的操作数	C -= A 相当于 C = C - A
*=	相乘后再赋值，将左右两边的操作数相乘后再赋值给左边的操作数	C *= A 相当于 C = C * A
/=	相除后再赋值，将左右两边的操作数相除后再赋值给左边的操作数	C /= A 相当于 C = C / A
%=	求余后再赋值，将左右两边的操作数求余后再赋值给左边的操作数	C %= A 相当于 C = C % A
<<=	按位左移后再赋值	C <<= 2 相当于 C = C << 2
>>=	按位右移后再赋值	C >>= 2 相当于 C = C >> 2
&=	按位与运算后赋值	C &= 2 相当于 C = C & 2
^=	按位异或运算符后再赋值	C ^= 2 相当于 C = C ^ 2
|=	按位或运算后再赋值	C |= 2 相当于 C = C | 2

2.5　Scala 控制结构

2.5.1　if...else 语句

1. 行 if...else 语句

Scala 中 if...else 语句是通过一条或多条语句的执行结果（true 或 false）来决定执行的代码块，基本语法和 Java 一样。不过在 Scala 中 if...else 可以看作是一个条件表达式，条件表达式比较简洁，也有表达式的值。

注意：后面代码的编写环境均为 Eclipse 中的 Scala Worksheet 文件，文件扩展名为 .sc。运行该类型文件后如果没有语法错误，直接保存对应就可得到运行结果；有错误则会出现提示，对应语句没有运行结果。

【例 2-1】行 if...else 语句（根据变量 x 值得到相应变量的结果）。

```
object exam01 {
1:    val x = -10
2:    val y = if (x > 0) 1 else -1
      // 根据 x 的值，利用 if 语句，将判断结果赋给 y
3:    println(y)
4:    val z = if (y> 0) 1 else "error"
      /*Scala 支持混合类型表达式，根据 y 的值，z 可以是整型 1，也可以是字符串 "error"
      如果省略 else，相当于 if (x > 0) 1 else ()*/
5:    println(z)
      // 打印 z 的值
6:    val m = if (x > 0) 1
7:    println(m)
8:    val n = if (x > 0) 1 else ()
      // 在 Scala 中每个表达式都有值，Scala 中有个 Unit 类，写作 () 相当于 Java 中的 void
9:     println(n)
10:   val k = if (x < 0) -1        //if 和 else if
```

```
        else if (x >= 1) 1 else 0
11：    println(k)
        }
```

例 2-1 代码运行结果如图 2-17 所示。

```
● Exam01.sc ⌕
  object Exam01 {
    val x = -10                              //> x : Int = -10
      //根据x的值，判断结果赋给y
    val y = if (x > 0) 1 else -1             //> y : Int = -1
      //打印y的值
    println(y)                               //> -1
      //Scala支持混合类型表达式
    val z = if (y > 0) 1 else "error"        //> z : Any = error
      //打印z的值
    println(z)                               //> error
    val m = if (x > 0) 1                     //> m : AnyVal = ()
    println(m)                               //> ()
    val n = if (x > 0) 1 else ()             //> n : AnyVal = ()
    println(n)                               //> ()
    val k = if (x < 0) -1
    else if (x >= 1) 1 else 0                //> k : Int = -1
    println(k)                               //> -1
  }
```

图 2-17 例 2-1 代码运行结果

2. 块 if...else 语句

Scala 中 {} 块包含一系列表达式，块中最后一个表达式的值就是块的值。

【例 2-2】多分支块 if...else 结构（根据变量 x 值得到相应变量的结果）。

```
object exam02 {
1：    val x = 10
2：    val y = {
       if (x < 0){
        -1
       } else if(x >= 1) {
        1
       } else {
        "error"
        }
       }
3：    println(y)
       }
```

例 2-2 中第 2 句代码表示块 if...else 结构的写法，运行结果如图 2-18 所示。

```
● Exam02.sc ⌕
  object Exam02 {
    val x = 10                               //> x : Int = 10
    val y = {
      if (x < 0){
        -1
      } else if(x >= 1) {
        1
      } else {
        "error"
      }                                      //> y : Any = 1
    }
    println(y)                               //> 1
  }
```

图 2-18 例 2-2 代码运行结果

2.5.2 循环语句

Scala 中有 for 循环、foreach 循环、while 循环和 do...while 循环进行迭代，其中 for 循环语句应用较多，下面分别进行简要介绍。

1. for 循环语法结构：for (i <- 表达式 / 数组 / 集合)

（1）<- 表示 Scala 中的提取符。for(i <- 表达式)，表达式 1 to 10 返回一个区间。

```
for (i <- 1 to 10)
    println(i)      // 每次循环将区间中的一个值赋给 i 输出
```

（2）for(i <- 数组)。

```
val arr = Array("a", "b", "c")     // 数组初值 arr： Array[String] = Array(a, b, c)
for (i <- arr)
    println(i)    // 每次循环将数组中的一个元素赋给 i 输出
```

（3）for(i<- 集合)。

```
val list = List("Mary","Tom","Jack","Peter")
// 集合初值：list : List[String] = List(Mary, Tom, Jack, Peter)
for(i <- list)
println(i)      // 每次循环将数组中的一个元素赋给 i 输出
for (s <- list if s.length > 3)
println(s)     // 每次循环输出长度大于 3 的集合元素
```

（4）for 推导式。如果 for 循环的循环体以 yield 开始，则该循环会构建出一个集合，每次迭代生成集合中的一个值。

```
val list = List("Mary","Tom","Jack","Peter")
var newList = for {
    s <- list
s1 = s.toUpperCase      // toUpperCase 变成大写字母的方法
} yield (s1)
```

代码运行结果为 newList : List[String] = List(MARY, TOM, JACK, PETER)。

（5）高级 for 循环。每个生成器都可以带一个条件，if 语句设置条件，此处注意 if 前面没有分号。

```
for (i <- 1 to 3; j <- 1 to 3 if i != j)
    print((10 * i + j) + " ")
```

该语句中 if i != j 为 for 循环中的条件，从代码的运行结果 "//> 12 13 21 23 31 32" 可以看出 i !=j 条件设置生效。

2. foreach 循环

```
val arr1 = Array("a", "b", "c")
arr1.foreach(println)
```

语句 foreach 循环中，foreach 接收了函数（println）作为值，输出 arr1 数组的结果是 arr1: Array[String] = Array(a, b, c)。

3. while 循环和 do...while 循环

while 和 do...while 循环语句的表达式为 true，循环体就会重复执行，while 语句和 do...while 语句的主要区别是，do...while 语句的循环体至少执行一次。

（1）while 循环。

```
1：   var i = 0
2：   val list= Array("a", "b", "c")
3：   while (i < list.length) {
```

```
        println(list(i))
        i += 1
    }
```

（2）do while 循环。

```
1:   var j = 0
2:   val  list= Array("a", "b", "c")
3:   do {
     println(list(j))    // 这里是小括号
     j += 1
4:   } while (j < list.length)
```

函数的定义和调用

2.6 函数的定义和调用

Scala 是函数式编程语言，Scala 中的方法更类似其他语言中的函数，Scala 中的函数则是为实现函数式编程而特有的设计，它可以像任何其他数据类型一样被传递和操作。

Scala 中可以使用 def 语句和 val 语句定义函数，定义方法只能使用 def 语句，在类中定义的函数就是方法。

函数和方法的区别如下：

- 函数必须包括参数列表（参数可以为空，但小括号不可省略），而方法则可以省略参数列表甚至小括号。
- 方法可以指定返回值类型，也可以缺省，而函数则不支持指定返回值类型。
- 函数与其他对象一致，可以赋值给一个变量，也可作为一个方法的参数或返回值。

2.6.1 内置函数和自定义函数

1. 内置函数

【例 2-3】利用内置函数求两个数的最大值和最小值。

```
import scala.math._        // 导入需要的类库
object exam03 {
1:    val mi=min(5,9)
2:    val mx=max(5,9)
}
```

Scala 中一些内置函数可以直接调用，如例 2-3 中第 1 句和第 2 句分别求两个数的最小值和最大值，这两个函数的成功调用需要导入 math 类库，math 类库包含需要数值计算的一些函数。

2. 自定义函数

利用关键字 def 自定义函数。

【例 2-4】求两个数的和。

```
object exam04 {
1:    def sum(x:Int,y:Int):Int = x + y
2:    sum(2,3)
}
```

例 2-4 中第 1 句是两个数求和函数的定义，第 2 句是该函数的调用。其中第 1 句也等价于 def sum(x:Int,y:Int):Int = {x+y}。简单的函数也可以利用 val 定义，比如 val sum={2+3}，调用方式不变。

【长知识】函数的返回值不写 return 关键字，Scala 中可利用定义函数的最后一条语句表达式的类型作为函数的返回值。

【例 2-5】递归函数求整数的阶乘。

```
object exam05 {
1:    def factor(f:Int):Int = {
          if(f <= 1) 1  else  f * factor(f-1)
      }
2:    factor(6)  // 调用
}
```

通过例 2-5 可以看出，Scala 函数编写程序代码非常简洁。

【长知识】Scala 中函数的返回值类型可以不写，编译器可以自动推断出来，但是递归函数必须要指定返回值类型。

2.6.2　函数的参数

1. 函数参数值的求值策略

（1）call by value：对函数的实参求值，仅求一次，先计算参数的值，然后再传递给被调用的函数。

定义：def callByValue(x:Int,y:Int):Int = x + x。

调用：callByValue (2+3,6)。

（2）call by name：函数的实参每次在函数体内部被调用时都会求值。

定义：def callByName (x: => Int,y: => Int): Int = x + x。

调用：callByName (2+3,6)。

把（1）和（2）代码一起运行，可以看到运行结果相同，如图 2-19 所示。

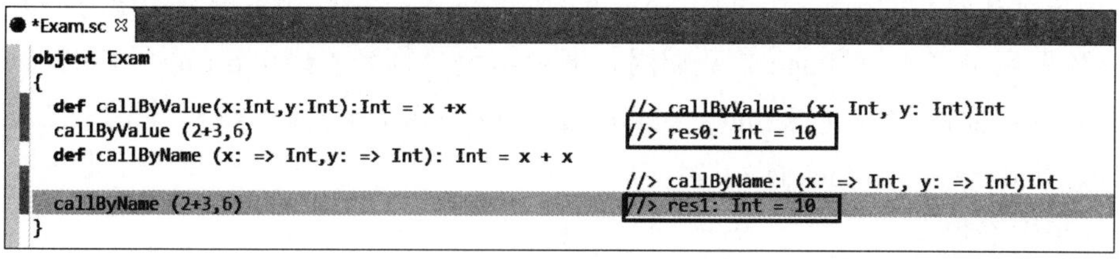

图 2-19　两种调用方式的代码运行结果

（1）和（2）的运行结果虽然一样，但是执行的过程却是不一样的，call by value 方式先计算参数的值，然后再传递给被调用的函数；call by name 函数的实参是传递表达式，在函数体内部被调用到的时候再进行计算求值，执行过程的区别如图 2-20 所示。

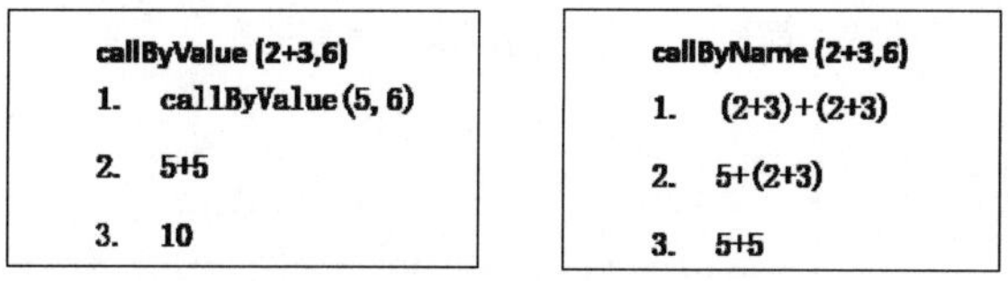

图 2-20　两种方式调用对比

为了更好理解 call by value 和 call by name 的执行方式,再来解释稍微复杂一点的例子:
参数 x 是 call by value,参数 y 是 call by name,第 3 句和第 4 句不同的调用结果会不一样。

```
1:  def fun(x:Int,y: => Int):Int = 1
2:  def loop():Int = loop        // 定义一个死循环
3:  fun (1,loop)                 // 调用:输出是什么
4:  fun (loop,1)                 // 调用:输出是什么
```

第 3 句 fun (1,loop) 调用时,loop 为 call by name 方式,并没有参与运算,所以返回值为 1。

第 4 句 fun (loop,1) 调用时,loop 为 call by value 方式,会对 loop 进行求值,求值过程中会进入死循环。

因此,在实际的使用中,call by value 方式在进入函数体之前就对参数表达式进行了计算,这避免了函数内部多次使用参数时重复计算其值,在一定程度上提高了效率。

而 call by name 的优势在于,如果参数在函数体内部没有被使用,它就不用计算参数表达式的值了。在这种情况下,call by name 的效率会高一点。

2. 函数的参数类型

(1)默认参数。

```
1:  def func1(name: String="Jack"): String = "Hello " + name
2:  func1()    // 调用
3:  func1("Rose")
```

调用带默认参数的函数时,第 2 句不带参数调用,第 3 句带参数调用。调用结果分别为 res0: String = Hello Jack 和 res1: String = Hello Rose。

(2)带名参数。

```
1:  def func2(str:String="Hello ", name:String="Jack",age:Int=18):String
    =str + name + ", and the age of " + name + " is " + age
2:  func2()        // 调用
3:  func2(name="rose")
4:  func2(age=20)
```

调用带默认参数的函数时,可以加上参数的变量名,第 2 句不带参数调用,第 3 句带 name 参数调用,第 4 句带 age 参数调用。调用结果分别为"res0: String = Hello Jack, and the age of Jack is 18""res1: String = Hello rose, and the age of rose is 18"和"res2: String = Hello Jack, and the age of Jack is 20"。

(3)可变参数。

【例 2-6】可变参数求多个数的乘积。

```
object exam06 {
1:  def factor(args:Int*) =
    {
2:      var result =1
3:      for(arg <- args) result *= arg
        result           // 函数的最后一句话,也是函数返回值
    }
4:  factor(1,2,3,4,5)
5:  factor(1,2,3,4,5,6,7)
}
```

调用带默认可变参数的函数时，第 4 句和第 5 句的参数类型相同、个数不同，运行结果如图 2-21 所示。

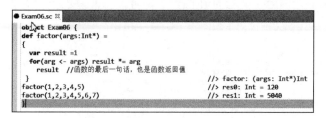

图 2-21　例 2-6 代码运行结果

Scala 的 lazy 值（懒值）

2.7　Scala 的 lazy 值

当变量被声明为 lazy 值（懒值）时，它的特点是会延时加载，首次调用时才会对它进行赋值，该种方式也称为 Scala 的懒加载。

【例 2-7】简单的 lazy 变量。

```
object exam07 {
1.    val x:Int=1
2.    println(x)
3.    lazy val y:Int=x
4.    println(y)
}
```

例 2-7 中的第 3 行代码，变量 y 用 lazy 声明的时候，y 的值并没有参与运算 y=x，当第 4 行代码对变量 y 进行引用时才进行运算，可以看出变量 y 的初始化被推迟了，如图 2-22 所示。

图 2-22　例 2-7 代码运行结果

【例 2-8】利用 lazy 变量用来读取文件。

```
object exam08 {
1：    val str = scala.io.Source. fromFile("D:\\temp\\file1.txt").mkString
2：    println(str)
3：    lazy val str1 = scala.io.Source. fromFile("D:\\temp\\file1.txt").mkString;
4：    println(str1)
5：    lazy val str2 = scala.io.Source. fromFile("D:\\temp\\file2.txt").mkString;
6：    println(str2)
}
```

例 2-8 需要新建文本文件 file1.txt，存放路径是 D:/temp/file1.txt，文件的内容是 "Hello Scala"，该例题分别读取文件 file1.txt 和一个不存在的文件 file2.txt。

例 2-8 中第 1 行代码，变量 str 声明同时读取文件，该变量的值为文件 file1.txt 里面的内容。第 2 行代码，变量 str1 用 lazy 声明的时候，文件并没有读取，可以看到运行结果

str1: => String = <lazy>；第 4 行代码，对变量 str1 进行引用时才读取文件，看到运行结果 //> Hello Scala；第 5 行代码，声明 str2 并读取一个并不存在的文件时并不会报错；第 6 行代码，对 str2 变量进行调用时，会对其进行文件读取，此时会出现异常错误，错误代码如图 2-23 所示。

```
//> java.io.FileNotFoundException: E:\temp\file2.txt (系统找不到指定的文件)
//|    at java.io.FileInputStream.open0(Native Method)
//|    at java.io.FileInputStream.open(Unknown Source)
//|    at java.io.FileInputStream.<init>(Unknown Source)
//|    at scala.io.Source$.fromFile(Source.scala:91)
//|    at scala.io.Source$.fromFile(Source.scala:76)
//|    at scala.io.Source$.fromFile(Source.scala:54)
//|    at test8$.str2$lzycompute$1(test8.scala:7)
//|    at test8$.str2$1(test8.scala:7)
//|    at test8$.$anonfun$main$1(test8.scala:8)
//|    at org.scalaide.worksheet.runtime.library.WorksheetSupport$.$anonfun$$ex
//| ecute$1(WorksheetSupport.scala:76)
//|    at org.scalaide.worksheet.runtime.library.WorksheetSupport$.redirected(W
//| orksheetSupport.scala:65)
//|    at org.scalaide.worksheet.runtime.library.WorksheetSupport$.$execute(Wor
//| ksheetSupport.scala:76)
//|    at test8$.main(test8.scala:2)
//|    at test8.main(test8.scala)
```

图 2-23　例 2-8 错误代码

2.8　异常 Exception 的处理

Scala 异常处理的工作机制类似 Java 或 C++，直接使用 throw 关键字抛出异常，使用 try...catch...finally 语句进行捕获和处理异常。

注意：本章自 2.8 节开始的代码编写环境为 IntelliJ IDEA，安装方法已经在 2.1 中介绍，它具有较好的代码补全功能。例题的调试和 Eclipse 相似，利用新建 Scala Worksheet 生成扩展名为 .sc 的文件。

【例 2-9】读取不存在的文件捕获和处理异常。

IntelliJ IDEA 创建
Scala Worksheet 文件

```
1:  try{
      val str = scala.io.Source.fromFile("D:\\temp\\file2.txt").mkString
    }
2:  catch{
      case ex1:java.io.FileNotFoundException=>{
      println("File Not found")
      }
3:  case ex2:IllegalArgumentException=>{
      println("IllegalArgumentException")
    }
4:  case _:Exception=>{
      println("Other Exception")
      }
    }
5:  finally{
      println("end")
    }
```

运行例 2-9 有 File Not found 和 end 输出，表明捕获了文件没有找到的异常，代码第 3 句 "case _:" 表示捕获所有的异常，"_" 表示除了上面以外的所有异常。Scala 的异常运行机制和 Java 非常相似，在异常处理中必须要有 finally，程序执行会有 end 输出。程序运行结果如图 2-24 所示。

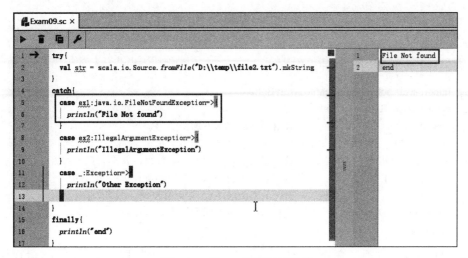

图 2-24　例 2-9 代码运行结果

2.9　数组

2.9.1　定长数组和变长数组

1. 定长数组

使用关键字 Array。

【例 2-10】定长数组的几种方式。

```
1:   val arr1 = new Array[Int](4)
2:   println(arr1)
3:   println(arr1.toBuffer) //toBuffer 会将数组转换成数组缓冲
4:   val arr2 = Array[Int](5 )
5:   println(arr2(0))        // 使用下标访问元素
6:   val arr3 = Array(2,3,5)
7:   println(arr3(2))
```

例 2-10 中定义了数组的几种方式，第 1 行定义初始化长度为 4 的定长数组，其所有元素均为 0，如果直接打印定长数组，内容为数组的 hashcode 值；第 3 行将数组转换成数组缓冲，可以看到原数组中的内容；第 4 行声明使省略 new 关键字，相当于调用了数组的 apply 方法直接为数组赋值，定义初始化长度为 1 的定长数组，数组元素初值为 5；第 6 行定义一个长度为 3 的定长数组，数组元素长度由声明时元素的个数决定。运行上述程序代码的输出如图 2-25 所示。

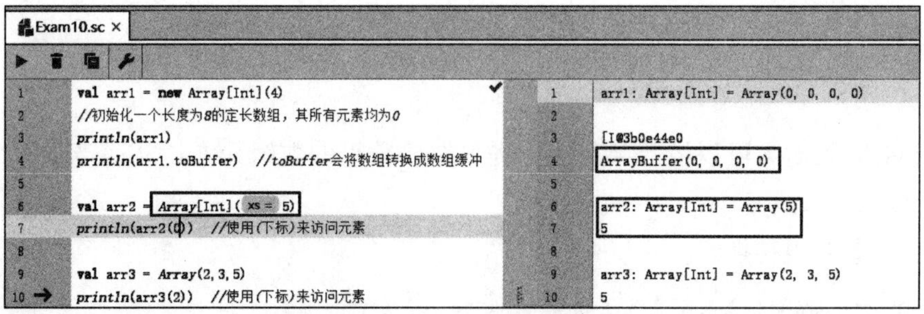

图 2-25　例 2-10 代码运行结果

2. 变长数组

使用关键字 ArrayBuffer。

【例 2-11】变长数组的几种操作方式。

```
1:   import scala.collection.mutable.ArrayBuffer
2:   var arr=ArrayBuffer(1,2,3)
3:   arr+=4                      // 向数组缓冲的尾部追加一个元素
4:   arr+=(5,6,7)                // 向数组缓冲的尾部追加多个元素
5:   arr++ArrayBuffer(8,9)       // 向数组缓冲的尾部追加一个数组，并不会把该数组值保存
6:   arr.insert(0,-1)            // 在数组 0 个位置插入元素用 insert，追加的数组并没有显示
7:   println(arr)
8:   arr.remove(5,2)             // 删除数组某个位置的元素用 remove
9:   println(arr)
```

例 2-11 中语句实现了变长数组的一个或多个数组元素的添加和删除，其运行程序代码的输出对照如图 2-26 所示。

图 2-26　例 2-11 代码运行结果

2.9.2　遍历数组

（1）增强 for 循环，代码简洁地实现遍历。

```
val arr = Array(1,2,3,4,5,6,7,8)
for(a <- arr) // 增强 for 循环
  print(a)
```

（2）用 until 生成一个范围，如果是 0 until 10，下标包含 0 但不包含 10。

```
val arr = Array(1,2,3,4,5,6,7,8)
for(i <- (0 until arr.length).reverse) //reverse 是将前面生成的 Range 反转
  print(arr(i))
```

上面代码运行结果为"arr: Array[Int] = Array(1, 2, 3, 4, 5, 6, 7, 8)""8 7 6 5 4 3 2 1"。

（3）使用 foreach，调用 print 方法实现数组遍历。

```
val arr = Array(1,2,3,4,5,6,7,8)
arr.foreach(print)
```

2.9.3　数组转换

利用 yield 关键字可以按照某种规则提取原始数组的数组元素，从而产生一个新的数组，原始数组并未改变。

【例 2-12】数组转换。

```
1:   val arr = Array(1, 2, 3, 4, 5, 6, 7, 8, 9)
     // 将数组的奇数项取出乘以 5 后再生成一个新的数组
```

```
2:    val s = for (a <- arr if a % 2 == 1) yield a * 5
3:    println(s.toBuffer)
```

例 2-12 运行后得到的结果如图 2-27 所示。

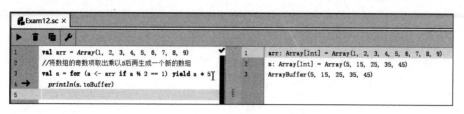

图 2-27　例 2-12 代码运行结果

【长知识】yield 关键字也可以使用 filter 和 map 函数，代码替换如下：

```
val s = arr.filter(_ % 2 == 1).map(_ * 5)
println(s.toBuffer)
```

2.9.4　数组常用方法

在 Scala 中，用数组上的某些方法对数组进行相应的操作非常简便，利用 min、max、sum 及 sorted 等方法可实现最大值、最小值、求和及排序等运算过程，体现出数组操作的代码简洁，代码如下：

```
1:    val arr = Array(6, 3, 4, 5, 8, 9,2)
2:    arr.min              // 最小值
3:    arr.max              // 最大值
4:    arr.sum              // 求和
5:    arr.sorted           // 排序，默认升序
6:    arr.sortWith(_ > _)  // 降序
```

2.10　元组

元组可以理解为一个容器，用于存放各种相同或不同类型的数据，也就是把多个无关的数据封装为一个整体。元组的特点是灵活，对数据没有过多的约束，它与数组或列表不同，可以容纳不同类型的对象，但也是不可变的。

映射是 K/V 对偶的集合，对偶是元组（Tuple）的最简单形式。

注意：元组中最多只能有 22 个元素。

2.10.1　创建元组

【例 2-13】创建并显示元组。

```
1:    val t1=new Tuple3("hadoop",3.14,100)
/*Tuple 是类型，3 表示元组中有三个元素，分别为不同的类型
    t1: (String, Double, Int) = (hadoop,3.14,100) */
2:    val t2=("haddoop",3.14,100)
3:    val t3,(a,b,c)=("hadoop",3.14,100)
```

创建元组利用关键字 Tuple，第 1 行表示创建 1 个元组，里面包含三个不同类型的元素；创建时也可以省略 Tuple，如第 2 行和第 3 行的创建方式。例 2-13 其运行结果为：

```
t1: (String, Double, Int) = (hadoop,3.14,100)
t2: (String, Double, Int) = (hadoop,3.14,100)
t3: (String, Double, Int) = (hadoop,3.14,100)
a: String = hadoop b: Double = 3.14 c: Int = 100
```

2.10.2　元组的访问和遍历

访问 Tuple 中的组员：获取元组中的元素可以使用下划线加下标的方式。需要注意的是元组中的第一个元素的下标是从 1 开始的（数组和列表等下标默认从 0 开始）。比如访问例 2-13 中 t1 元组中的元素，可以采用 t1._1、t1._2、t1._3 这样的方式。

遍历 Tuple 的每个元素，则需要通过 foreach 进行遍历，比如遍历例 2-13 的 t1 元组的每个元素，采用 t1.productIterator.foreach(print) 的操作即可。

2.10.3　拉链操作

在 Scala 的元组中，可以通过使用 zip 命令（也称为拉链操作）将两个数组对应的值绑定在一起。若两个数组的元素个数不一致，操作后生成的数组的长度为较小的数组的元素个数。两个数组分别是 scores 和 names，利用简单的语句进行拉链操作，将这两个数组捆绑在一起，代码非常简洁。

```
1:    var scores=Array(88,95,80)
2:    var names=Array("Amy","lisa","jack","joson")
3:    names.zip(scores)
```

第 3 句代码为拉链操作命令，代码运行结果如图 2-28 所示。

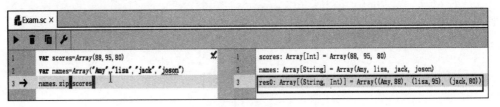

图 2-28　拉链操作代码和运行结果

2.11　集合

Scala 中的集合有 mutable（可变）和 immutable（不可变）两种类型，可变集合可以在适当的地方被更新或扩展，这意味着随时可以修改、添加、移除一个集合的元素。不可变集合永远不会改变，可以模拟添加、移除或更新操作，但这些操作将在每一种情况下都返回一个新的集合，同时使原来的集合不发生改变。

Scala 的集合有三大类：列表（List）、集合（Set）、映射（Map）。

2.11.1　列表（List）

列表操作

列表为可变和不可变两种，底层是链表结构。它的特点是元素插入有序、可重复、查询慢、增加和移除快。列表的常用操作如下：

（1）+: (elem: A): List[A] 在列表的头部添加一个元素。

（2）:: (x: A): List[A] 在列表的头部添加一个元素。

（3）::: (prefix: List[A]): List[A] 在列表的头部添加另外一个列表。

（4）:+ (elem: A): List[A] 在列表的尾部添加一个元素。

（5）++[B](that: GenTraversableOnce[B]): List[B] 从列表的尾部添加另外一个列表。

Scala 也提供了很多操作 List 的方法，具体见表 2-8。

表 2-8　Scala 操作 List 的常见方法

方法名称	相关说明
head	获取列表第一个元素
tail	返回除第一个之外的所有元素组成的列表
isEmpty	若列表为空，则返回 true，否则返回 false
take	获取列表前 n 个元素
contains	判断是否包含指定元素

1. 不可变列表（List）

Scala 中不可变列表就是列表的元素、长度都是不可变的，列表默认为空 Nil。

注意：:: 操作符是右结合的，如 7 :: 5 :: 3 :: Nil 相当于 7 :: (5 :: (3 :: Nil))。

【例 2-14】操作不可变列表（头 / 尾添加元素）。

```
1:    val lst1 = List(1,2,3)
2:    val lst2 = 0 :: lst1
3:    // 将元素 0 插入到 lst1 的前面生成一个新的列表 lst2
      val lst3 = lst1.::(0)
4:    val lst4 = 0 +: lst1
5:    val lst5 = lst1.+:(0)
      // 将一个元素添加到 lst1 的后面产生一个新的列表 lst5
6:    val lst6 = lst1 :+4
7:    val lst0 = List(7,8,9)
8:    val lst7 = lst1 ++ lst0
      // 将 lst1 和 lst0 合并成一个新的列表 lst7
9:    val lst8 = lst1 ++: lst0
      // 将 lst1 插入到 lst0 前面生成一个新的列表 lst8
10:   val lst9 = lst1.:::(lst0)
      // 将 lst0 插入到 lst1 前面生成一个新的集合 lst9
```

例 2-14 运行结果如图 2-29 所示。

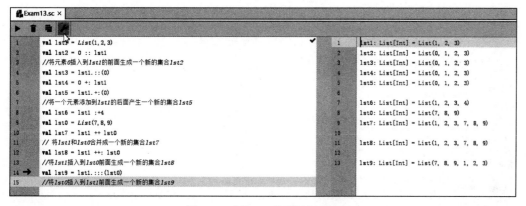

图 2-29　例 2-14 代码运行结果

两个列表为 left = List(1,2,3)，right = List(4,5,6)，通过列表 left 和 right 的操作对列表操作进行进一步的解释。

```
1:   left ++ right        // 生成新的 List(1,2,3,4,5,6)
2:   right.:::(left)       // 生成新的 List(1,2,3,4,5,6)
3:   0 +: left            // 生成新的 List(0,1,2,3)
4:   left.+:(0)           // 生成新的 List(0,1,2,3)
5:   0 :: left            // 生成新的 List(0,1,2,3)
6:   left.::(0)           // 生成新的 List(0,1,2,3)
7:   left :+ 4            // 生成新的 List(1,2,3,4)
8:   left.:+(4)           // 生成新的 List(1,2,3,4)
```

上述代码中第 1 句和第 2 句等价，++ 和 ::: 用于连接两个列表；第 3 句、第 4 句、第 5 句和第 6 句等价，+：和 :: 是向列表的头部追加数据；第 7 句和第 8 句等价，:+ 是向列表的尾部追加数据。

2. 可变列表（ListBuffer）

【例 2-15】操作可变列表（添加/删除元素）。

```
1:   import scala.collection.mutable._
     // 操作可变列表需要引入类库
2:   val lstb = ListBuffer(1,2,3,4,5)
     // 定义可变列表关键字为 ListBuffer，和不可变列表的 List 有区别
3:   lstb += 11
4:   lstb -= 1
     // += 或 -= 后面只能跟一个单个的元素
5:   println(lstb)
6:   lstb ++= List(21)
7:   lstb ++= ListBuffer(22)
     // ++= 或 -- 后面只能跟一个列表 List 或 ListBuffer
8:   lstb.append(31,32)
     //append 方法添加一个或多个元素
9:   println(lstb)
10:  lstb.remove(0)
     // 移除指定下标标的元素
11:  lstb.remove(1, 2)
     // 从指定下标开始，移除元素，移出 lstb 中从下标 1 开始的 2 个元素
12:  println(lstb)
```

例 2-15 代码运行结果如图 2-30 所示。

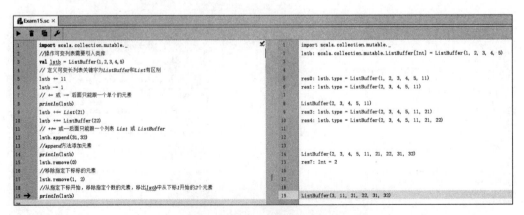

图 2-30　例 2-15 代码运行结果

　　列表除了可以添加和删除元素外，还可以对列表应用求和、最大值、查找等常用操作方法，以不可变列表 val lst = List(1, 2, 3, 4, 5) 的操作简单列举如下：

```
1:  println(lst.sum)                       // 列表求和
2:  println(lst.max)                       // 列表求最大值
3:  println(lst.min)                       // 列表求最小值
4:  println(lst.head)                      // 列表第一个元素
5:  println(lst.last)                      // 列表最后一个元素
6:  println(lst.reverse)                   // 反转列表，形成一个新的 List(5, 4, 3, 2, 1)，原来的 lst 不会改变
7:  println(lst.mkString("[", ",", "]"))   // 拼接列表，生成 List[1,2,3,4,5]
8:  val lst1 = List(4,6,7,8)
9:  lst1.map(_ * 2).filter(x => x > 10).distinct.reverse.foreach(println(_))
    /* 列表和映射的转换操作，第 9 句操作是把 lst1 的每个元素 ×2 后过滤出大于 10 的元素，再
    进行列表反转操作 */
```

2.11.2　集合（Set）

　　集合（Set）代表一个没有重复元素的集合。Scala 提供了很多操作集合的方法，方法和列表非常相似。在 Scala 将重复元素加入集合是没有用的，而且集合不保证元素的插入顺序，即集合中的元素是无序的。默认情况下，Scala 使用的是不可变集合，如果用户想使用可变集合，需要引用 import scala.collection.mutable._。

　　1. 不可变的集合

【例 2-16】不可变集合的常用操作方法。

```
1:   val set1 =Set(1,2,3,4,5,6,7)          // 声明不可变的 set1
2:   set1 + 8                               // 将元素 8 和 set1 合并生成一个新的 set，原有 set1 不变
3:   val set2=Set(7,8,9)                    // 声明一个集合 set2
4:   set1 & set2                            //set1 和 set2 的交集
5:   set1 ++ set2                           //set1 和 set2 的并集
6:   set1 -- set2                           // 在 set1 基础上去掉 set2 中存在的元素
7:   set1 &~ set2                           // 返回 set1 中不同于 set2 的元素集合
8:   set1.count(_ >4)                       // 计算 set1 中符合条件的元素个数
9:   set2.diff(set1)                        // 返回 set1 不同于 set2 的元素集合
10:  set1.slice(2,4)                        // 取 set1(2,4) 作为新的 set
11:  set2.subsets(2).foreach(x=>println(x)) // 遍历 set2 中所有的子 set，取两个元素组成新的 set
```

例 2-16 代码运行结果如图 2-31 所示。

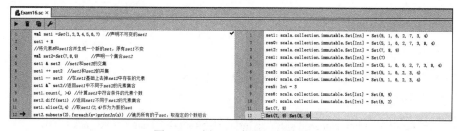

图 2-31　例 2-16 代码运行结果

　　2. 可变集合

【例 2-17】可变集合的常用操作方法。

```
1:   import Scala.collection.mutable._
2:   val set1=new HashSet[Int]()           // 定义一个可变的 set1
```

```
3:  set1 += 1                    //set1 添加元素
4:  set1.add(2)                  // 用 add 方法添加元素等价于 +=
5:  set1 ++=Set(1,3,5)           //set1 集合中添加新元素集合
6:  set1 -=5                     // 删除 set1 中的一个元素
7:  set1.remove(2)               // 用 remove 方法删除 set1 中的一个元素，返回结果为 Boolean
```

例 2-17 代码运行结果如图 2-32 所示。

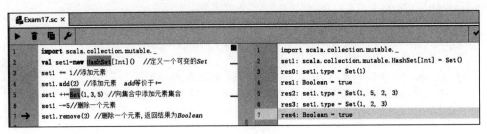

图 2-32　例 2-17 代码运行结果

2.11.3　映射（Map）

映射（Map）也叫哈希表（Hash tables），是一种可迭代的键值对（key/value）结构。映射中所有元素的键（key）与值（value）都存在一种对应关系，这种关系即为映射。键是唯一的，值不一定是唯一的，可以通过键来获取所有的值。

映射也有两种类型，即可变映射与不可变映射，默认情况下 Scala 使用不可变映射，如使用可变映射，需要引入 import scala.collection.mutable_ 类。

Scala 也提供了很多操作映射的方法，见表 2-9。

表 2-9　Scala 操作 Map 的常用方法

方法名称	相关说明
()	根据某个键查找对应的值，类似于 Java 中的 get()
contains()	检查 Map 中是否包含某个指定的键
getOrElse()	判断是否包含键，若包含返回对应值，否则返回默认值
keys	返回 Map 所有的键（key）
values	返回 Map 所有的值（value）
isEmpty	Map 为空时，返回 true

1. 创建映射（Map）

（1）操作符"->"来创建映射。

```
val grade=Map("tom"->80,"amy"->90,"jack"->70)
```

语句运行结果为：

```
grade: scala.collection.immutable.Map[String,Int] = Map(tom -> 80, amy -> 90, jack -> 70)
```

（2）元组方式创建映射。

```
val score=Map(("tom",80),("amy",90),("jack",70))
```

语句运行结果为：

```
score: scala.collection.immutable.Map[String,Int] = Map(tom -> 80, amy -> 90, jack -> 70)
```

（1）和（2）两种方式创建的映射都是不可变的，运行结果中的 immutable 体现了其不可变。

2. 不可变映射（Map）

由于是不可变映射，所以不能向其添加、删除、修改键值对，主要操作为遍历。

【例 2-18】遍历映射。

```
1:    val  grade=Map("tom"->80,"amy"->90,"jack"->70)        // 声明 grade，类型是 Map
2:    grade.keys               // 显示所有的 key
3:    grade.keySet             // 显示所有的 key
4:    grade("tom")             // 通过 key 获取 value，tom 的 value 为 80
5:    grade.getOrElse("amy",0)
6:    grade.getOrElse("marry",0) // getOrElse 方法有 key，则返回对应的值，没有就返回默认值 0
```

例 2-18 代码运行结果如图 2-33 所示。

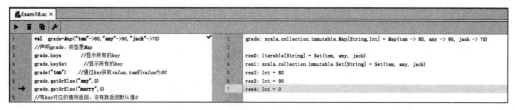

图 2-33　例 2-18 代码运行结果

【长知识】在映射中可以采用 map(key) 获取 value 值，如果没有 <key>，会出现错误提示；利用 getOrElse 获取值，如果映射有值，则返回映射的值，没有则返回默认值。

3. 可变映射（Map）

【例 2-19】可变映射添加和删除键值对。

```
import scala.collection.mutable._
// 声明一个可变映射，需要引入 import scala.collection.mutable.
val grade=HashMap("tom"-> 80,"amy"-> 90,"jack"-> 70)
// 声明 grade 为 HashMap 键值对
grade +=("marry" -> 60)              // 添加一个键值对
grade+= ("rose" -> 70,"lisa" -> 50)   // 添加两个键值对
grade("lisa") = 60                    // 更新 lisa 键对应的值
grade += ("tom" -> 90, "amy" -> 100)  // 更新多个键值对
grade -=("lisa")                      // 删除 lisa 键和对应的值
grade.remove("rose")                  // 用 remove 方法删除 key
```

例 2-19 代码运行结果如图 2-34 所示。

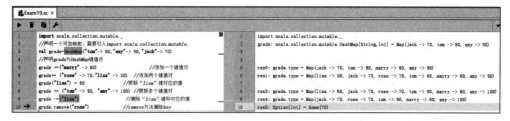

图 2-34　例 2-19 代码运行结果

4. 获取映射（Map）的值

下面语句以例 2-18 的映射为例。

（1）通过键（key）值遍历（Value）值。

```
for(x<- grade.keys) print(x+"->"+grade(x)+" ")
```

（2）模式匹配方式遍历。

```
for((x,y) <- grade) print(x+"->"+y+" ")
```

（3）foreach 方式遍历。

```
grade.foreach{case (x,y) => print(x+"->"+y+" ")}
```

这 3 种方式都能够遍历 Map，运行结果都是 jack->70 tom->90 marry->60 amy->100。

2.12 类

Scala 具有面向对象的基本概念，在 Scala 中一切皆为对象，函数是对象，数字也是对象，具有封装、继承和多态的这些面向对象的特征。

2.12.1 类的定义

Scala 中把数据和操作数据的方法放到一起作为类，类中包含了方法、常量、变量、类型、对象、特质等，统称为成员，类主要用于创建对象。

最简单的类的定义的语法格式：class 类名 [参数列表]。类名的首字母建议大写，参数列表用来指定参数构造器，可以省略。

```
class Student                    // 声明 Student 类
val  stu = new Student           // 创建 Student 类的实例对象
```

关键字 new 被用于创建类的对象，Student 由于没有定义任何构造器，因而只有一个不带任何参数的默认构造器。定义类的成员默认是公有 public 的，使用 private 修饰符可以实现属性或方法在类的封装。

成员属性和成员方法进行测试时，需要将 main() 方法定义该类的伴生对象 (object)（2.13 介绍），代码调试在 Scala class 文件中，文件扩展名为 .scala。

IDEA 创建 Scala 项目
调试 Student 类

【例 2-20】定义 Student 类。

```
class Student {
1:    private var stuName:String="Jack"   // 成员属性
2:    private var stuAge:Int=20
3:    def getStuName():String=stuName     // 成员方法
4:    def setStuName(newName:String)=this.stuName=newName
5:    def getStuAge:Int=stuAge
6:    def setStuAge(newAge:Int)=this.stuAge=newAge
      }
      object Student{
         def main (args: Array[String] ): Unit = {
7:    var s1=new Student     // 定义 Student 类型对象 s1，测试数据
8:    println(s1.getStuName()+"\t"+s1.getStuAge)
9:    s1.setStuName("Tom")
10:   s1.setStuAge(21)
11:   println(s1.getStuName()+"\t"+s1.getStuAge)
       }
      }
```

例 2-20 代码编辑文件的界面和运行结果如图 2-35 所示。

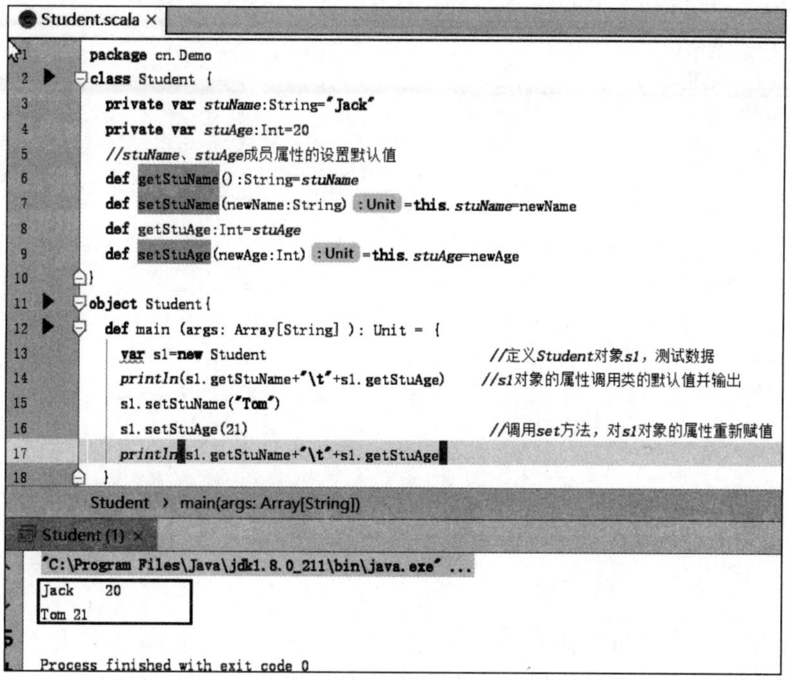

```scala
package cn.Demo
class Student {
    private var stuName:String="Jack"
    private var stuAge:Int=20
    //stuName、stuAge成员属性的设置默认值
    def getStuName() :String=stuName
    def setStuName(newName:String) :Unit =this.stuName=newName
    def getStuAge:Int=stuAge
    def setStuAge(newAge:Int) :Unit =this.stuAge=newAge
}
object Student{
    def main (args: Array[String] ): Unit = {
        var s1=new Student                          //定义Student对象s1，测试数据
        println(s1.getStuName+"\t"+s1.getStuAge)    //s1对象的属性调用类的默认值并输出
        s1.setStuName("Tom")
        s1.setStuAge(21)                            //调用set方法，对s1对象的属性重新赋值
        println(s1.getStuName+"\t"+s1.getStuAge)
    }
}
```

Student › main(args: Array[String])

```
"C:\Program Files\Java\jdk1.8.0_211\bin\java.exe" ...
Jack    20
Tom 21

Process finished with exit code 0
```

图 2-35　例 2-20 代码编辑和运行结果

2.12.2　get 方法和 set 方法

当定义类中成员属性是 private 时，Scala 会自动为其生成对应的 get 和 set 方法。

在例 2-20 中第 1 句和第 2 句，分别生成了公有的 get 方法，第 8 句类外调用 s1.stuName 和 s1.stuAge 不会报错。

定义属性：如果希望某个成员只有 get 方法，没有 set 方法，则定义为 val（常量）。

例如，private val className:String="Class-C1"，className 属性只有 get 方法。

private[this] 用法：对应的该属性就属于对象私有，不会自动产生对应的 set 和 get 方法，private[this] var stuName:String="Jack"，s1.stuName 在类外调用则会报错。

2.12.3　构造器

Scala 的构造器分为主构造器和辅助构造器。

1. 主构造器

语法格式：class 类名 (参数列表) {}。

类名后面的内容就是主构造器，如果参数列表为空的话，() 可以省略，只能有一个主构造器。主构造器参数不加 val 或者 var，为 private。

例 2-20 中类的定义改为主构造器代码如下所示。

```scala
class Student(val stuName: String, val stuAge: Int) {
    ···// 定义其他方法
}
```

2. 辅助构造器

Scala 的类有且仅有一个主构造器，可以有辅助构造器，通过关键字 this 来实现。

【例 2-21】辅助构造器定义和调用。

```scala
class Student1(val stuName: String, val stuAge: Int) {
// 定义辅助构造器
  def this(stuAge:Int){
      this("stuName",18) // 调用辅助构造器
  }
}
object Student1{
  def main(args: Array[String]): Unit = {
var s=new Student1("tom",20)
    println(s.stuName+"\t"+s.stuAge)
    var s1=new Student1(18)
    // 创建 Student1 对象 s1，同时调用辅助构造器
    println(s1.stuName+"\t"+s1.stuAge)
  }
}
```

2.12.4 内部类

在 Scala 中，一个类可以作为另一个类的成员。在一些类似 Java 的语言中，内部类是外部类的成员，而 Scala 正好相反，内部类为了是绑定到外部对象的。

【例 2-22】定义一个班级类 Classes 和内部类 Student。

```scala
1.    import scala.collection.mutable.ArrayBuffer
2.    class Classes {
3.        class Student(val stuName: String, val stuAge: Int) {
            // 定义一个内部类，记录班级的学生
          }
4.        private var className: String = "class-c1"
5.        private var classGrade: String = "2019"  // 班级成员的属性
6.        private var arrStudent = new ArrayBuffer[Student]()
          // 定义了一个 student 类型的可变数组用来存放这个班级的学生信息
7.        def addStudentInfo(stuName: String, stuAge: Int): Unit = {
          // 定义方法在班级成员中添加新的学生信息
8.        var s = new Student(stuName, stuAge)
9.        arrStudent+=s
          }
      }
10.   object Classes{
11.    def main(args: Array[String]): Unit = {
12.     var c=new Classes  // 创建班级对象
13.     println(" 班级的信息：")// 输出班级信息
14.     println(c.classGrade+"\t"+c.className)
15.     c.addStudentInfo("jack",20)  // 给 class-c1 班级添加学生对象
16.     c.addStudentInfo("rose",21)
17.     c.addStudentInfo("amy",19)
18.     println(" 班级的学生信息：")
19.     for(s<-c.arrStudent) // 遍历输出该班级的学生信息
20.       println(s.stuName+"\t"+s.stuAge)
          }
      }
```

例 2-22 代码运行结果如图 2-36 所示。

```
Classes ×
"C:\Program Files\Java\jdk1.8.0_211\bin\java.exe" ...
班级的信息：
2019    class-c1
班级的学生信息：
jack    20
rose    21
amy 19
```

图 2-36　例 2-22 代码运行结果

2.13　单例对象和伴生对象

Scala 类中没有静态成员或静态方法，不能通过类名访问类中的属性和方法。它提供了单例（object）对象，单例对象类似于 Java 的静态类，里面的成员和方法都默认是静态的。和类的区别在于单例对象不带参数，而类带参数。

单例对象与某个类共用一个名称时，就称为这个类的伴生对象（companion object）。类和它的伴生对象必须定义在一个源文件中，类被称为是这个单例对象的伴生类（companion class），类和它的伴生对象可以互相访问其私有成员。

2.13.1　单例（object）对象

单例对象经常用作存放某函数或常量，也常用作共享某个不可变对象或方法。

【例 2-23】定义单例对象 DateFormat。

```
1:  import java.text.SimpleDateFormat
2:  import java.util.Date
3:  object DateFormat{
4:    val simpleDate=new SimpleDateFormat("yyyy-MM-dd HH:mm")
      // 定义日期格式化属性 simpleDate
5:    def format(date:Date)=simpleDate.format(date)
    }
6:  object Demo{
7:  def main(args:Array[String]):Unit={
      //main 是静态方法，所以定义在 object 中
8:    println(DateFormat.format(new Date()))
      // 调用 DateFormat. format 方法，以字符串方式输出系统当前日期
    }
```

例 2-23 main 方法调用后的输出结果为 2021-07-20 11:25。

【长知识】object 中的静态成员要被外界访问，则该成员不能被 private 修饰。

Scala 中单例对象定义成应用程序对象有两种方式：

（1）main 方法作为入口函数定义到单例对象中。在例 2-23 中，main 方法定义到 object Demo 中。

（2）通过 extends App 定义。和单例对象对象类似的是应用程序对象，可以省略 main 方法，需要父类继承 App。作为入口函数的 main 方法在例 2-23 中的第 6～8 句代码可被

下述语句替换。

```
object Demo extends App{
    println(DateFormat.format(new Date()))
}
```

伴生对象

2.13.2　伴生对象

同一个 Scala 文件中定义一个类，同时定义一个同名的 object，这就是伴生类和伴生对象的关系。

伴生对象和应用程序对象关系及功能是：可以用伴生对象的成员来代替静态成员，伴生对象中的属性和方法都可以通过伴生对象名（类名）直接调用访问；使用伴生对象主要用于与类有紧密联系的变量和函数。

【例 2-24】使用伴生对象和伴生类。

```
1：  class Person(val name:String,val age:Int) {
        // 定义一个 person 类，带两个参数：名字和年龄
2：    def sayHello = println(s"${name} say hi,my age is ${age} years old,and I have ${Person.uniqueSkill}")
        // 在类中定义一个打招呼的方法
      }
3：  object Person{
        // 定义一个 person 的 object，名字和 person 类的类名必须完全一致
4：    private val uniqueSkill="Scala!!"
        //object person 的私有属性，描述了 person 的技能
      //private[this] val uniqueSkill="Scala!!"，伴生类也不能够直接访问
5：  private val p1=new Person(" 小明同学 ",21)
      //Person 类中 sayHello 的调用，通过 p1.sayHello 的方式
6：  def main(args: Array[String]): Unit = {
7：    Person.printsayHello()
        //Person 类中 printsayHello 的调用 , 通过类名方式
      }
```

通过例 2-24 对伴生类和伴生对象，做以下几点说明：

（1）伴生类 Person 的构造方法定义如果为 private，可以有效防止外部实例化 Person 类，使得 Person 类只能为对应伴生对象使用。

（2）在伴生类中，可以访问伴生对象的 private 字段，比如第 2 句访问 Person.uniqueSkill；而在伴生对象中，也可以访问伴生类的 private 方法 Person.getUniqueSkill()；如果在字段前加上 private[this]（比如第 4 句的注释 private[this] val uniqueSkill），则类外均不可被访问。

（3）可在外部不用实例化对象，直接通过伴生对象访问 Person.printsayHello()。

2.13.3　apply 方法

在一个类的伴生对象中定义 apply 方法，主要用来解决复杂对象的初始化问题，相当于调用构造器进行初始化。

定义 apply 方法的语法格式：object 伴生对象名 { def apply(参数名 : 参数类型 , 参数名 : 参数类型 ...) = new 类 (...)。

apply 方法遇到 Object(参数 1, 参数 2,...) 形式的表达式时，apply 就会被调用（类似于调用构造器进行初始化），利用 apply 生成伴生类的对象时，可以省略 new 关键字。

【例 2-25】利用 apply() 方法实现 Students 对象的初始化。

```
1:    class Students (stuName:String,stuAge:Int,types:String){
2:      def info()={println("I am "+stuName+",and types is a "+types)}
3:    }
4:    object Students{
      // 定义 apply 方法
5:      def apply(stuName: String, stuAge: Int, types: String): Students = new
        Students(stuName, stuAge, types)
6:      def apply(stuName:String,stuAge:Int)=stuAge match {
        case stuAge if(stuAge>=6 & stuAge <12 )=>new
        Students(stuName,stuAge,"Pupil student")
        case stuAge if(stuAge>=12 & stuAge <18 )=>new
        Students(stuName,stuAge,"middle school student")
        case stuAge if(stuAge>=18 & stuAge <22)=>new
        Students(stuName,stuAge,"university student")
        case _=>new Students(stuName,stuAge,"Others")
        }
      }
7:    object  test{
8:      def main(args: Array[String]): Unit = {
9:        var s1=new Students("jack",26,"graduate")
      // 使用 new 关键字，会调用 Students 的构造方法
10:       s1.info()
11:      var s2=Students("any",15)
        // 省略 new 关键字，会在 object 中找对应的 apply 方法，用 new 方法创建对象
12:      s2.info()
13:      var s3=Students("tom",30)
14:      s3.info()
      }
```

例 2-25 中伴生对象的 apply 方法根据 age 的值生成不同类型（types）的学生，同时第 11 句和第 13 句代码省略了 new 关键字，在 object 中找对应的 apply 方法用 new 方法创建对象，简而言之，apply 方法类似于 Java 中的构造函数，接收构造参数生成对象。

2.14 Scala 中的继承

继承是面向对象编程语言的重要概念，继承代表子类可继承父类的属性和方法，子类还可以在内部实现父类没有的特有的属性和方法，使用继承还可以有效复用代码。

Scala 中子类继承父类使用 extends 关键字；重写父类属性和方法时使用 override 关键字；使用父类的方法或属性时使用 super 关键字。

子类可以覆盖父类的属性和方法，如果父类用 final 修饰，或属性和方法用 final 修饰，则该类是无法被继承的；private 修饰的属性和方法不可以被子类继承，只能在类的内部使用；val 修饰的才允许被继承，var 修饰的只允许被引用。

2.14.1　父类具有无参构造器的继承

【例 2-26】无参构造器父类的继承。

```
1:   class Person{
2:     private val pName="xiaoming"
3:     val pAge=20
4:     def perName=pName
5:     def sayHello() = println(s"Person：${pName} say hi,my age is ${pAge} years old.")
     }
6:   class Children extends Person{    //Children 类继承 Person 类
7:     override val pAge: Int = 21        // 使用 val 修饰的变量也是可以继承的
8:     override def sayHello() = println(s" Children：${super.perName} say hi,my age is ${pAge} years old.")
       //override 关键字实现父类方法的重写，supper 关键字可以直接调用父类中可被继承的属性和方法
     }
9:   object Exam25{
10:    def main(args: Array[String]): Unit = {
        var p1=new Person()  // 创建一个 Person 对象
        p1.sayHello()
11:     var c1:Persons=new Children() // 创建一个 Children 对象
12:     c1.sayHello()
       }
     }
```

例 2-26 第 8 句是利用 override 对父类的第 3 句 val pAge 属性的重写；对父类第 5 句
sayHello() 方法的重写代码是第 9 句；super.perName 是对父类第 2 句的继承和使用。

2.14.2　父类具有带参构造器的继承

【例 2-27】带参数构造器父类的继承。

```
1:   class Person(val pName:String,val pAge:Int) {
2:     def sayHello()=println(s"Person：${pName} say hi,my age is ${pAge} years old.")
     }
3:   class Children(override val pName:String,override val pAge:Int,val pID:String) extends
     Person(pName,pAge ){
       // 使用 override 关键字实现子类的值覆盖父类的值，继承父类构造器
4:       override def sayHello(): Unit =println(s"Children：${pName} say hi,my age is ${pAge} years
         old,and num is "+pID)
       // 子类重写父类的 sayHello 方法
     }
5:   object Exam27{
6:     def main(args: Array[String]): Unit = {
7:      val p1=new Person("Jack",20) // 创建一个父类 Person 对象
        p1.sayHello()
8:      val c1:Persont=new Childrent("Marry",18,"001")
         // 创建一个子类 Childrent 对象
9:      c1.sayHello()
       }
     }
```

　　匿名子类，即定义一个类的没有名称的子类，并直接创建其对象，然后为对象的引用赋予一个变量，之后可以将该匿名子类的对象传递给其他函数。在 Scala 中，匿名子类非常常见，而且非常强大，Spark 的源码中也大量使用了这种匿名子类。

　　创建 Person 的匿名子类：在例 2-27 增加一个匿名子类，从 Person 继承，如图 2-37 所示。

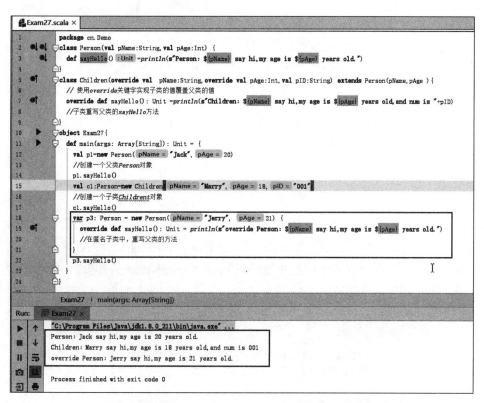

图 2-37　例 2-27 增加匿名子类运行结果

2.15　抽象

抽象

　　不能被实例化的类叫作抽象类，如果类的某个成员在当前类中的定义是不完整的，它就是一个抽象类，抽象类只能用来继承。抽象类不完整定义有两种情况：①字段没有初始化（抽象字段）；②方法没有定义方法体（抽象方法）。

　　定义抽象类需在类前加上 abstract 关键字，实现抽象字段或抽象方法则需要在子类重新定义，重定义时候 override 保留字可以省略，而重写字段的实质是重写字段的 setter、getter 方法。

　　【例 2-28】子类在实现父类抽象字段和抽象方法。

```
1:    abstract class Person(val pName:String){
2:      var pType:String      // 抽象字段，没有初始值
3:      def show():String     // 抽象方法，没有方法体
      }
4:    class Student(val sName:String) extends Person(sName){
        override  var pType:String = "Student"
        //var 定义的抽象字段只能使用 var 重定义，override 可以省略
```

```
 5:    def show():String="Student:my name is "+pName+" ,and I am a "+pType
              // 使用 def 定义的方法可以使用 val 或者 def 进行重定义
        }
 6:    class Teacher(val tName:String) extends Person(tName){
           var pType:String = "Teacher"
           def show():String="Teacher:y name is "+pName+" ,and I am a "+pType
        }
 7:    object Exam28{
 8:       def main(args: Array[String]): Unit = {
 9:         val s1:Person=new Student(" 小明 ")
              // 创建一个子类 Student 对象
10:         println(s1.show())
11:         val t1:Person=new Teacher(" 张老师 ")
              // 创建一个子类 Teacher 对象
12:         println(t1.show())
           }
        }
```

由例 2-28 的运行和调试可知，不允许创建抽象（Person）类的实例，尝试创建抽象类的对象，将引发错误；允许创建抽象类的字段（pType），并且抽象类的方法和继承它的类可以使用该字段；可在抽象类中创建构造函数 Person(val pName:String)，由继承的类的实例来调用，代码的运行结果如图 2-38 所示。

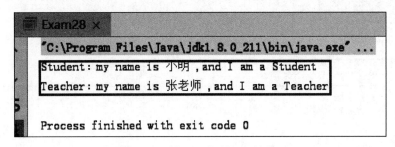

图 2-38　例 2-28 代码运行结果

2.16　Scala 中的特质

Scala 中的特质（trait）是一种特殊的概念，一般情况下 Scala 的类只能继承单个父类，但是特质就可以继承多个，一个特质可以在一个或多个类中使用，一个类也可以使用多个特质。

特质有两个作用：一是将特质作为接口使用，与 Java 中的接口（interface）非常类似，支持多继承，与 interface 不同的是，它还可以定义字段和方法的实现；二是在特质中可以定义抽象方法，extends 关键字继承特质，与类不同的是，继承后必须实现其中的抽象方法，而继承抽象类可不必实现父类的抽象方法，子类可依然作为抽象类。

2.16.1　将特质作为接口使用

Scala 不支持对类的多继承，但支持多继承特质，使用 with 关键字连接多个特质。

【例 2-29】利用特质实现多重继承。

```
1:    trait Tire{ // 轮胎
2:      def run()={println("ran run fast")}
      }
3:    trait steeringWheel{ // 方向盘
4:      def control()={println("can control direction")}
      }
5:    class Car(val cName: String)extends  Tire with steeringWheel{
      //Car 多继承 Tire 和 steeringWheel
6:      def show(): Unit ={println(s"this is a ${cName} car.")      }
      }
7:    object Exam29 {
8:    def main(args: Array[String]): Unit = {
9:      val car1=new Car("HOVER")
10:    car1.show()
11:    car1.run()
12:    car1.control()
        }
      }
```

2.16.2　在特质中定义具体的方法

Scala 中的特质不仅可以定义抽象方法，还可以定义具体的方法，此时特质更像是包含了通用方法的工具，还包含了类的功能，如打印日志或其他工具方法等等，Spark 中就利用特质的性质定义了通用的日志打印方法。

【例 2-30】特质中包含子类通用的方法。

```
1:    trait Logger {
2:      def log(msg: String): Unit = println(msg)
      }
3:    class PersonForLog(val name: String) extends Logger {
4:      def makeFriends(other: PersonForLog) = {
5:      println("Hello, " + other.name + "! My name is " + this.name + ", I amglad to meet you!!!!")
6:        this.log("makeFriends method is invoked with PersonForLog[name = " + other.name + "]")
        // 调用继承 Logger 类的 log 方法，用来输出信息
        }
      }
7:    object PersonForLog{
8:    def main(args: Array[String]) {
9:      val p1=new PersonForLog("Tom")
10:    val p2=new PersonForLog("Amy")
11:    p1.makeFriends(p2)
        // p1 调用 PersonForLog 方式时候，会调用 log 方法来输出信息
        }
      }
```

2.16.3　混合使用特质的具体方法和抽象方法

在特质中，可以混合使用具体方法和抽象方法；可以让具体方法依赖于抽象方法，而

抽象方法则可放到继承 特质的子类中去实现。

【例 2-31】混合使用特质的具体方法和抽象方法。

```
1:   trait ValidTrait {
2:     def getName: String   // 抽象方法
3:     def valid: Boolean = { // 具体方法，该具体方法的返回值依赖于抽象方法
4:       "Tom".equals(this.getName)
     }
   }
5:   class PersonForValid(val name: String) extends ValidTrait {
6:     def getName: String = this.name
     }
7:   object PersonForValid{
8:    def main(args: Array[String]): Unit = {
9:     val p1 = new PersonForValid("Tom")
10:    println(p1.valid)
11:    val p2 = new PersonForValid("Amy")
12:    println(p2.valid)
     }
   }
```

2.17　Scala 包和引用

包可以包含类、对象和特质，但不能包含函数或变量的定义，这也是 Java 虚拟机的局限性。把工具函数或常量添加到包中而不是某 Utils 对象，这是更加合理的做法。在 Scala 中，包对象的出现正是为了解决这个局限性。

2.17.1　创建包

（1）在 Scala 文件的顶部声明一个或多个包名称创建包。

```
package com.sc.test
```

（2）package 子句之后把放到包里的定义用花括号括起来。

```
package com{
package sc {
  package test {
      class MyClass
        // ......
    }
  }
}
```

MyClass 就可以在任何地方以 com.sc.test.MyClass 被访问。

2.17.2　引用

Scala 的 import 与 Java 的 import 的差异在于，Scala 引用指的是对象或包，可以重命名或隐藏一些被引用的成员，Scala 的"_"和 Java 中的"*"通配符一样，表示引用对应路径下的所有类或对象的所有成员。

（1）import com.sc.test .{DenseMatrix, DenseVector}，表示只引用 test 中的 DenseMatrix 和 DenseVector。

（2）import com.sc.test._ 引用 com.sc.test 中的所有成员。

另外，.Scala 类型的文件隐式地添加了如下引用，它和 Java 程序一样，首先引用 lang 包，其次引用 Scala 包（这个引用会覆盖之前的引用），最后 Predef 包被引用，这个包中包含了很多有用的函数，引用方式如下：

import java.lang._

import Scala._

import Predef._

2.17.3　包重命名和隐藏方法

1. 包重命名

如果要引用包中的多个成员，可以使用选取器"=>"，重命名选取包成员。

import java.util.{HashMap=>JavaHashMap}

JavaHashMap 就是 java.util.HashMap。

2. 隐藏方法

成员"=> _"隐藏某一个成员而不是重命名，在引用其他同名成员时候有用。

import java.util.{HashMap=>_,_}

import Scala.collection.mutable._

如果在代码中使用 HashMap，则指向 Scala.collection.mutable.HashMap 并无无二义性，因为 java.util.HashMap 被隐藏了。

本章小结

Scala 语言是一门基于 JVM 的编程语言，具有强大的功能，它具备类似 Java 的面向对象特性，也具备类似 C 语言面向过程特性。Scala 的函数式编程方式使得函数不用隶属于任何一个类就可以执行；Scala 的基于 JVM 特性，使得 Scala 和 Java 可以无缝互操作，Scala 可以任意操作 Java 的代码。

本章前半部分介绍了 Scala 语言的基础知识，包括数据类型、变量、常量、函数、条件表达式、循环、函数参数、函数式编程、Lazy 特性、异常处理、数组、映射和元组。从 2.12 小节开始介绍 Scala 面向对象的相关知识，主要包括 Scala 类的定义，getter 方法和 setter 方法及类的构造器，单例对象和伴生对象的使用和区别，定义在伴生对象中 apply 方法的引用，abstract 关键字修饰的抽象类的定义及使用，拥有抽象方法和具体方法特质（trait）所实现的接口的功能，及特质（trait）作为支持多继承的抽象类的用法。

本章最后对 Scala 包的相关概念进行介绍，Scala 中包的引用和包对象的用法与 Java 类似。二者的区别主要在于，Java 中包可以包含类、对象和特质，但不包含函数或者变量的定义；而 Scala 利用包对象解决了包含函数或变量定义的不足。

练习二

一、简答题

1．Scala 的特点有哪些？

2．对 Scala 与 Java 语言进行对比。

3．什么是懒加载？

二、操作题

1．在 Scala REPL 中，计算 3 的平方根，然后再对该值求平方。现在，这个结果与 3 相差多少？

2．利用 IDEA 编译环境，编写一个方法，getCounts(arr: Array[Int], v: Int) 返回数组中小于 v、等于 v、大于 v 的元素个数，要求三个值一起返回；数组反转，两两交换。

3．利用 IDEA 编译环境，编写一个方法，定义动态数组，实现向数组中添加元素和删除元素的操作。

4．利用 IDEA 编译环境，编写一个方法，创建两个集合，分别求集合的最大值和最小值以及找两个集合之间的公共值。

5．利用 IDEA 编译环境，编写一个方法，创建一个映射，分别输出映射中键、值以及该映射是否为空，利用循环输出键值对。

6．编写一个 Student 类，类中要求两个只读的属性：name 表示学生的名字，age 用来存储学生的年纪。两个辅助构造函数分别给 name 和 age 赋值；方法 increase 实现增加学生年龄；方法 info 实现输出学生信息。

7．设计一个 Point 类，其 x、y、z 坐标可以通过构造器提供。提供一个子类 LabelPoint，其构造器接受一个标签值和 x、y、z 坐标，比如 new LabelPoint ("Cube",100,100,100)。

8．编写代码，实现继承，创建一个抽象类 Phone，抽象成员变量 phoneBrand: String、抽象方法 def info() 和 def greeting() 实现方法内容；Phone 抽象类被其 Apple 类继承，当子类继承抽象类时，需要在子类中对父类中的抽象成员 phoneBrand 变量进行初始化，重写父类的抽象方法和非抽象方法；HuaWei 类继承 Phone 抽象类要求和 Apple 相似。

9．编写代码，实现 trait PhoneId，成员变量 id 表示手机编号，抽象方法 currentId() 表示手机编码，类 ApplePhoneId 继承特质 PhoneId，该类中的 id 被重写，初始值为 10000，该方法 currentId() 用当前的 id 值 +1 来返回手机编号；类 HuaWeiPhoneI 继承特质 PhoneId，该类中的 id 被重写，初始值为 20000，该方法 currentId() 用当前的 id 值 +1 来返回手机编号。

第 3 章 Spark 设计与运行原理

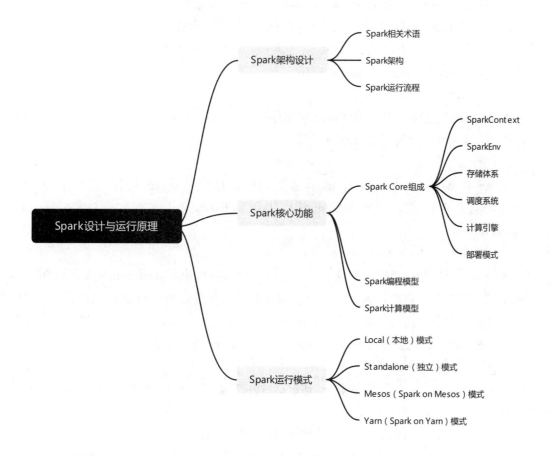

本章导读

Spark 是目前被广泛使用的大数据平台，它拥有相对复杂的架构和运行模式。本章首先解释 Spark 最常用的相关术语，介绍 Spark 架构相关组件和运行流程；接着讲解 Spark 的核心 Spark Core 和 Spark 的编程模型和计算模型；最后简述 Spark 的几种运行模式。

本章要点

- ♀ Spark 相关术语
- ♀ Spark 架构
- ♀ Spark 运行流程
- ♀ Spark Core 组成
- ♀ Spark 编程模型和计算模型
- ♀ Spark 运行模式

3.1 Spark 架构设计

3.1.1 Spark 相关术语

1. RDD（Resillient Distributed Dataset，弹性分布式数据集）

RDD 是指已被分区、被序列化、不可变的、有容错性的、能够被并行操作的分布式数据集，它是 Spark 最基本的计算单元，也是核心的内容，主要是可以通过一系列算子进行操作，有 Transformation 和 Action 操作。

2. Application（应用程序）

Application 是指用户编写的 Spark 应用程序，它包含 Driver（驱动器节点）和分布在集群中的多个节点上运行的 Executor 代码。

3. Driver（驱动器节点）

Driver 在 Worker 上，一个 Spark 作业运行时包括一个 Driver 进程，它是作业的主进程，负责作业的解析并生成 Stage 调度 Task 到 Executor 上。它包括 DAGScheduler、TaskScheduler。

4. Worker（工作节点）

Worker 的重要作用是启动和信息的传递。当一个 Spark 上的 Application 要启动的时候，Master 就会使用调度算法将 Application 所需要的资源分摊到 Worker 上，以保证分布式的计算；Master 也会发送消息让它启动 Driver 和 Executor，Executor 的反向注册与 Driver 与 Executor 的状态改变也会通过 Worker 中的线程与 Master 进行通信。

5. Cluster Manager（集群管理器）

Cluster Manager 是一种外部服务，通过这种外部服务可以在集群中的机器上启动应用，用来管理集群，目前有三种：

（1）Standalone：Spark 原生的资源管理器，由 Master 负责资源分配。

（2）Apache Mesos：与 Hadoop MapReduce 兼容性良好的一种资源调度框架。

（3）Hadoop YARN：主要指 YARN 中的 Resource Manager。

6. Client（客户端进程）

Client 负责提交作业到 Master 上。

7. Master（主节点）

Standalone 模式中的主控节点，比如 Cluster Manager（集群管理器）就是 Master，负责接收 Client 提交的作业，管理 Worker 并命令 Worker 启动 Driver 和 Executor。

8. Job（作业）

Job 包含多个 Task 组成的并行计算，往往由 Spark Action 触发产生。一个 Application 中可能会产生多个 Job，一个 Job 包含多个 RDD 及作用于相应 RDD 上的各种 Operation。

9. Task（任务）

Stage 可以划分成许多个 TaskSet，一个 TaskSet 包含多个 Task。Task 被分发到 Executor 上执行，它是 Spark 实际执行应用的最小单元。

10. Stage（调度阶段）

Stage 是一个任务集对应的调度阶段；每个 Job 会被拆分为很多组 Task，每组任务被称为 Stage，也可称 TaskSet，一个作业分为多个阶段；由一组关联的，但相互之间没有 Shuffle 依赖关系的任务所组成的任务集。

11. DAGScheduler（DAG 调度器）

DAG 指有向无环图，Spark 引擎就是通过 DAGScheduler 来接收用户提交的 Job，它将 Job 划分为不同的 Stage（划分 Stage 的依据是 RDD 之间的依赖关系），在每一个 Stage 上产生一系列 Task，将 Stage 提交给 TaskScheduler。

12. TaskScheduler（任务调度）

TaskScheduler 的核心任务是提交 TaskSet 到集群运算并汇报结果。它为 TaskSet 创建并维护一个 TaskSetManager 来追踪任务的本地性及错误信息；向 DAGScheduler 汇报执行情况，包括在 Shuffle 输出丢失时报告 fetch failed 错误等信息。

13. Block Manager（块管理器）

管理 RDD 的物理分区，每个 Block 就是节点上对应的物理块，而 RDD 中的 Partition 是一个逻辑数据块，对应相应的物理块 Block。

3.1.2　Spark 架构

Spark 架构采用了分布式计算中的 Master-Slave 模型，集群中的主控节点 Master（CluserManager）负责集群整体资源的调度和管理，同时管理 Worker，Worker 管理其上的 Executor。通过 Driver 程序的 main 方法创建的 SparkContext 对象与集群交互，集群中含有 WorkerNode 进程的节点称为 Slave。WorkerNode 节点相当于分布式系统中的计算节点，它接收 Master 节点指令并返回计算进程 Master；Executor 负责任务的执行；Client 是用户提交应用的客户端；Driver 负责协调提交后的分布式应用，架构如图 3-1 所示。

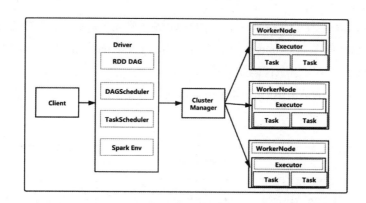

图 3-1　Spark 基本架构图

Spark 结构主要分为下述四个部分。

1. 提交作业的 Client 程序

Client 是一台提交程序的物理机，负责将打包好的 Spark 程序提交到集群中。YARN-Client 模式下，客户端提交程序后，该客户端又运行着一个 Driver 程序，Client 的作用持续到 Spark 程序运行完毕；YARN-Cluster 模式下，客户端提交程序后就不再发挥任何作用，仅发挥提交程序包的作用。

2. 驱动程序运行的 Driver 程序

Driver 的工作主要是创建用户的上下文，这个上下文中包括很多控件，如 DAGScheduler、

TaskScheduler 等，这些控件的工作也是 Driver 完成的。Driver 中完成 RDD 的生成、将 RDD 划分成有向无环图、生成 Task、接受 Master 的指示将 Task 发送到 Worker 节点上执行等工作。

3. 进行资源调度的 ClusterManager

ClusterManager 是整个集群的 Master，主要完成资源的调度，涉及一些调度算法，其自带的资源管理器只支持 FIFO（先进先出）调度，YARN 和 Mesos 还支持其他方式的调度算法。ClusterManager 一边和 Driver 打交道，一边和 Worker 打交道，Driver 向 ClusterManager 申请资源，Worker 通过心跳机制向 ClusterManager 汇报自己的资源和运行情况，ClusterManager 告诉 Driver 应该向哪些 Worker 发送消息，然后 Driver 把 Task 发送到这些可用的 Worker 上。

4. 执行程序的 Worker

Worker 用多个 Executor 来执行程序，当 Worker 收到 Master 发送的 LaunchExecutor 消息时，先实例化 ExecutorRunner 对象，实例化过程中会创建进程生成器（Process Builder），由该生成器使用 command 创建 CoarseGrained ExecutorBackend 对象，该对象就是 Executor 运行的容器，最后 Worker 发送 ExecutorStateChanged 消息给 Master。

3.1.3 Spark 运行流程

1. Spark 运行基本流程

（1）构建 Spark Application 的运行环境（启动 SparkContext），SparkContext 向资源管理器（可以是 Standalone、Mesos 或 Yarn）注册并申请运行 Executor 资源。

（2）资源管理器分配 Executor 资源并启动 Executor，Executor 运行情况将随着心跳发送到资源管理器上。

（3）SparkContext 构建成 DAG 图，将 DAG 图分解成 Stage，并把 Taskset 发送给 Task Scheduler。Executor 向 SparkContext 申请 Task，Task Scheduler 将 Task 发放给 Executor 运行，同时 SparkContext 将应用程序代码发放给 Executor。

（4）Task 在 Executor 上运行，运行完毕释放所有资源。

以上过程如图 3-2 所示。

Spark 运行基本流程

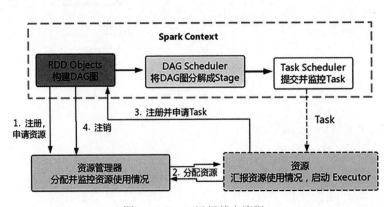

图 3-2　Spark 运行基本流程

2. Spark 运行架构特点

（1）每个 Application 获取专属的 Executor 进程，该进程在 Application 期间一直驻留，并以多线程方式运行 Tasks。

（2）Spark 任务与资源管理器无关，只要能获取 Executor 进程，并能保持相互通信就可以。

（3）提交 SparkContext 的 Client 应该靠近 Worker 节点（运行 Executor 的节点），最好是在同一个 Rack 里，因为 Spark 程序运行过程中 SparkContext 和 Executor 之间有大量的信息交换；如果想在远程集群中运行，最好使用 RPC（Remote Procedure Call，远程过程调用）将 SparkContext 提交给集群，不要远离 Worker 运行 SparkContext。

（4）Task 采用了数据本地性和推测执行的优化机制。

3.2　Spark 核心功能

Spark Core 存储体系

3.2.1　Spark Core 组成

Spark Core 是 Spark 中最为基础、核心的功能，主要包括 SparkContext、SparkEnv、存储体系、调度系统、计算引擎、部署模式。

1．SparkContext

SparkContext 隐藏了网络通信、分布式部署、消息通信、存储能力、计算能力、缓存、测量系统、文件服务、Web 服务等内容，应用程序开发者只需要使用 SparkContext 提供的 API 完成功能开发即可。一般情况下，DriverApplication 的执行与输出都是通过 SparkContext 来完成的，在正式提交 Application 之前，需要完成对 SparkContext 的初始化。SparkContext 内置的 DAGScheduler 和 TaskScheduler 负责调度工作。

2．SparkEnv

SparkEnv 是 Spark 中的 Task 运行所必需的组件，是 Spark 的执行环境。SparkEnv 内部封闭了 Task 运行所需的各种组件，包括 RpcEnv（RPC 环境）、序列化管理器、BreadcastManager（广播管理器）、MapOutputTracker（Map 任务输出跟踪器）、存储体系、MetricsSystem（度量系统）、OutputCommitCoordinator（输出提交协调器）等。

3．存储体系

Spark 存储体系中的核心模块是 BlockManager。BlockManager 由 shuffleclient（shuffle 客户端）、BlockManagerMaster 对存于所有 Exector 上的 BlockManager 统一管理、DiskBlockManager（磁盘块管理器）、MemoryStore（内存存储）、DiskStore（磁盘存储）、TachyonStore（Tachyon 存储）组成。

【长知识】Spark 优先考虑使用各节点的内存作为存储，当内存不足时才会考虑使用磁盘，这极大地减少了与磁盘的交互，提升了任务执行的效率，使得 Spark 适用于实时计算、流式计算等场景。此外，Spark 还提供了以内存为中心的，能够为 Spark 提供可靠的内存级文件共享服务的高容错分布式文件系统 Tachyon。

Spark 存储架构如图 3-3 所示。

过程 1：Executor 的 BlockManager 与 Driver 的 BlockManager 进行消息通信，如注册 BlockManager、更新 Block 信息、获取 Block 所在的 BlockManager、删除 Executor 等。

过程 2：对 BlockManager 的读写操作。

过程 3：当内存不足时，写入磁盘，DiskStore 依赖于 DiskBlockManager。

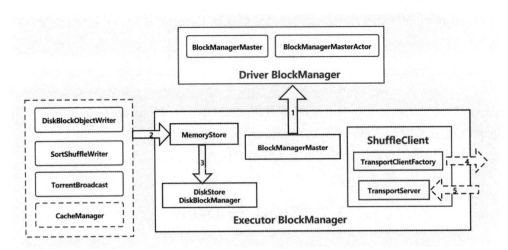

图 3-3　Spark 存储架构

过程 4：通过访问远端节点的 Executor 的 BlockManager，其中 TransportServer 提供 RPC（Remote Procedure Call 远程过程调用）服务上传 Block。

过程 5：远端节点的 Executor 的 BlockManager 访问本地 Executor 的 BlockManager 中的 TransportServer 提供的 RPC 服务下载 Block。

4. 调度系统

Spark 调度机制包含两个层面。首先是 Spark Application 调度，它是 Spark 应用程序在集群运行时的调度，包括 Driver 调度和 Executor 调度。其次是每个 Spark Application 在 Executor 上执行时的若干 Jobs（Spark Actions）的调度管理机制，该层面调度也可以理解为 SparkContext 内部调度。

SparkContext 中内置的 DAGScheduler 和 TaskScheduler 负责系统的调度工作。DAGScheduler 负责创建 Job，将 DAG 中的 RDD 划分到不同的 Stage，给 Stage 创建对应的 Task，批量提交 Task 等功能。TaskScheduler 负责按照 FIFO（先进先出调度）或者 FAIR（公平调度）等调度算法对指定 Task 进行调度，为 Task 分配资源，将 Task 发送到集群管理器的当前应用的 Executor 上，由 Executor 负责执行等工作。

5. 计算引擎

SparkContext 中内置的 DAGScheduler 和 RDD 以及在具体节点上执行的 Executor 中的 Map 和 Reduce 任务一同组成 Spark 计算引擎系统。DAGScheduler 在任务执行之前，将 Job 中的 RDD 组织成有向无关图（DAG），并对 Stage 进行划分，决定了任务执行阶段任务的数量、迭代计算、shuffle 等过程。

6. 部署模式

Spark 在 SparkContext 的 TaskScheduler 组件中提供了多种对分布式资源管理系统的支持方案。通过使用 Standalone、Yarn、Mesos 等部署模式为 Task 分配计算资源，提高任务的并发执行效率。除了可用于实际生产环境的 Standalone、Yarn、Mesos 等部署模式外，Spark 还提供了 Local 模式和 local-cluster 模式便于开发和调试。

3.2.2　Spark 编程模型

Spark 代码执行过程分为三个阶段，如图 3-4 所示。

Spark 编程模型

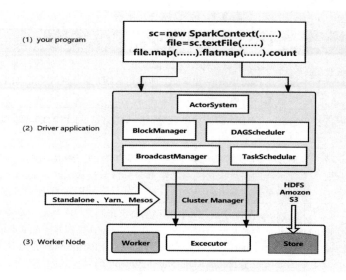

图 3-4　Spark 代码执行过程

具体步骤可以解释为：

第一步：编写程序。用户使用 SparkContext 提供的 API 编写 Driver application 程序，并利用 SQLContext、HiveContext 及 StreamingContext 对 SparkContext 进行封装。

第二步：提交调试。使用 SparkContext 提交的用户应用程序，先使用 BlockManager 和 BroadcastManager 将任务的 Hadoop 配置进行广播，然后由 DAGScheduler 将任务转换为 RDD 生成 DAG，再将 DAG 划分为不同的 Stage，最后由 TaskScheduler 借助 ActorSystem 将任务提交给 Cluster Manager 集群管理器。

第三步：任务处理。ClusterManager 集群管理器将具体任务分配到 Worker 上，Worker 创建 Executor 来处理任务的运行。Spark 的集群管理器比较灵活，Standalone、Yarn、Mesos、EC2 等都可以。

3.2.3　Spark 计算模型

Spark 的计算过程主要是 RDD 的迭代计算过程，RDD 是对其各种数据计算模型的统一抽象。

1. RDD 概念

RDD 是 Spark 中最基本的数据抽象，它代表一个不可变、可分区以及元素可并行计算的集合。

RDD 应用涉及以下三个关键参数：

● Dataset：数据集合，用于存放数据。

● Distributed：RDD 中的数据是分布式存储的，可用于分布式计算。

● Resilient：RDD 中的数据可以存储在内存中或磁盘中。

RDD 具有自动容错、位置感知性调度和伸缩性等典型数据流模型的特点。RDD 允许用户在执行多个查询时将数据缓存在内存中，后续的查询能够重用这些数据，这极大地提升了查询速度。

2. RDD 属性

表 3-1 是结合 RDD 的文档对其属性特点进行的说明。

表 3-1　RDD 属性及解释

现实世界	机器世界
一个分区列表，数据集的基本组成单位	对于 RDD 来说，每个分区都会被一个计算任务处理，并决定并行计算的粒度。用户可以在创建 RDD 时指定 RDD 的分区个数，如果没有指定，那么就会采用默认值
一个计算每个分区的函数	Spark 中 RDD 的计算是以分区为单位的，每个 RDD 都会实现 compute 函数以达到这个目的
RDD 的依赖关系列表	RDD 的每次转换都会生成一个新的 RDD，所以 RDD 之间就会形成类似于流水线的前后依赖关系。在部分分区数据丢失时，Spark 可以通过这个依赖关系重新计算丢失的分区数据，而不是对 RDD 的所有分区进行重新计算
一个 Partitioner，即 RDD 的分区函数（可选项）	当前 Spark 中实现了两种类型的分区函数，一个是基于哈希的 HashPartitioner，另外一个是基于范围的 RangePartitioner。只有对于 key-value 的 RDD，才会有 Partitioner，非 key-value 的 RDD 的 Parititioner 的值是 None。Partitioner 函数决定了 parent RDD Shuffle 输出时的分区数量
一组最优的数据块的位置（可选项）	对于一个 HDFS 文件，这个列表保存的就是每个 Partition 所在的块的位置。按照"移动数据不如移动计算"的理念，Spark 在进行任务调度的时候，会尽可能地将计算任务分配到其所要处理数据块的存储位置

3.3　Spark 运行模式

Spark 支持四种运行模式，分别是单机部署的 Local 模式和 Standalone、Mesos、Yarn 三种集群模式，如图 3-5 所示。

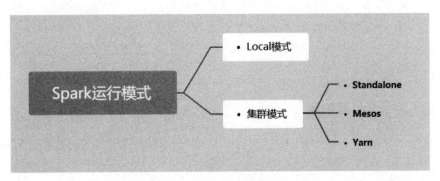

图 3-5　Spark 运行模式

Local 模式适合本地测试用；Standalone 是自带的集群模式，需要构建一个由 Master+Slave 构成的 Spark 集群；Mesos 是很多公司采用的模式，Spark 在 Mesos 上运行会比在 Yarn 上运行更加灵活、自然；Yarn 模式是一种很有前景的部署模式，国内应用较为广泛。

3.3.1　Local（本地）模式

Spark Local 模式被称为 Local 模式，它利用单机的多个线程来模拟 Spark 分布式计算，是一种方便初学者入门学习和测试部署的模式，即本地集群模式。在本地运行模式中，Spark 的所有进程都在一台机器上的 JVM 上运行，作业 Job 被划分成任务 Task 后，任务集会发送到本地终端 Worker 上。本地终端接收到任务后，在本地启动 Executor，这一切工作都在本地执行，便于调试。通常 Local 模式用于完成开发出来的分布式程序的测试工作。

本地集群模式分为三种：

（1）local：只启动一个 Executor。

（2）local[k]：启动 k 个 Executor。

（3）local[*]：启动跟 CPU 数目相同的 Executor。

本地集群模式如图 3-6 所示。

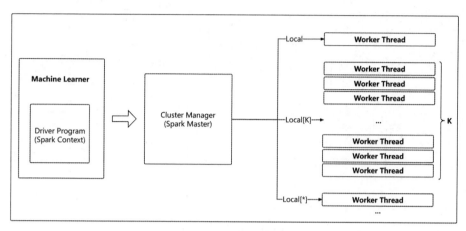

图 3-6　本地集群模式

3.3.2　Standalone（独立）模式

Standalone 模式即独立模式，是 Spark 自带的一种简单集群管理器，可单独部署到一个集群中，无须依赖其他任何资源管理系统。独立模式是 Spark on Yarn 和 Spark on Mesos 两种模式的基础，它采用 Master-Slave 的典型架构，其组成包括 Client 节点、Master 节点和 Worker 节点。对于中小规模的 Spark 集群，应首选 Standalone 模式。

Standalone 模式运行过程如图 3-7 所示，具体步骤如下：

第 1 步：SparkContext 连接到 Master，向 Master 注册并申请资源。

第 2 步：Master 根据 SparkContext 的资源申请要求和 Worker 心跳周期报告的信息决定在哪个 Worker 上分配资源。在该 Worker 上获取资源，启动 StandaloneExecutorBackend（Executor），StandaloneExecutorBackend 向 SparkContext 注册。

第 3 步：SparkContext 将 Applicaiton 代码发送给 StandaloneExecutorBackend；SparkContext 解析 Applicaiton 代码，RDD Objects 构建 DAG 图，并提交给 DAG Scheduler。

第 4 步：DAG Scheduler 将 DAG 图分解为 Stage 并将 TaskSet 提交给 Task Scheduler，Task Scheduler 负责将 Task 分配到相应的 Worker，最后提交给 StandaloneExecutorBackend 执行。

第 5 步：StandaloneExecutorBackend 会建立 Executor 线程池，开始执行 Task，并向 SparkContext 报告，直至 Task 完成。

第 6 步：所有 Task 完成后，SparkContext 向 Master 注销，释放资源。

注意：SparkContext 中 DAG Scheduler 将 Job 划分为不同的 Stage，Stage 可以划分成许多个 TaskSet，TaskSet 包含多个 Task，TaskScheduler 将 Task 分发到 Executor。对每一个 Task 进行调度太过烦琐且没有意义，所以每个 Stage 中的 Task 们会被收集起来，放入一个 TaskSet 集合中。

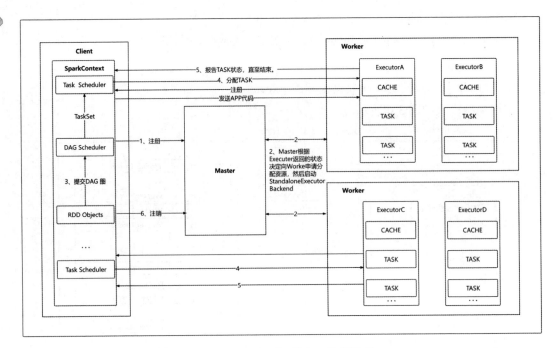

图 3-7 Standalone（独立）集群模式

3.3.3 Mesos（Spark on Mesos）模式

Mesos 模式是为 Spark 提供服务的一种资源调度管理系统，在设计 Spark 框架时要充分考虑 Spark 与 Mesos 的集成。Mesos 可为跨分布式应用程序或框架提供有效的资源隔离和共享，它位于应用程序层和操作系统之间，可以更加轻松地在大规模集群环境中更有效地部署和管理应用程序。Mesos 将 CPU、内存、存储和其他计算资源从机器（物理或虚拟）中抽象出来，能够轻松构建容错和弹性分布式系统并使之有效运行。

Mesos 集群模式如图 3-8 所示，它由四个组件组成，包括 Framework、Master、Slave 和 Executor。

（1）Framework 包括调度器（Scheduler）和执行器（Executor）进程，其中每个节点上都会运行执行器。Mesos 能和不同类型的 Framework 通信，每种 Framework 由相应的应用集群管理。

（2）Master 是整个系统的核心，采用两种 Master 保证集群的可靠性，其中 Standby Master 是 Mesos Master 的备份，当 Mesos Master 不可用时，由 ZooKeeper 调度 Standby Master 保证集群高可用性。Mesos Master 负责管理接入 Mesos 的每个 Framework 和 Slave，并将 Slave 上的资源按照某种策略分配给 Framework。

（3）Slave 负责接收并执行来自 Master 的命令以及管理节点上的 Task，并为每个 Task 分配资源。Slave 将自己的资源量发送给 Master，由 Master 中的 Allocator 模块将 Slave 资源分配给 Framework。

（4）Mesos 系统采用了双层调度框架：第一层由 Mesos Master 将资源分配给 Framework；第二层 Framework 自己的调度器将资源分配给自己内部的任务。

（5）Executor 主要用于启动框架内部的 Task。由于不同的框架启动 Task 的方式不同，当一个新的框架要接入 Mesos 时，需要编写一个 Executor 通知 Mesos 如何启动该框架中的 Task。

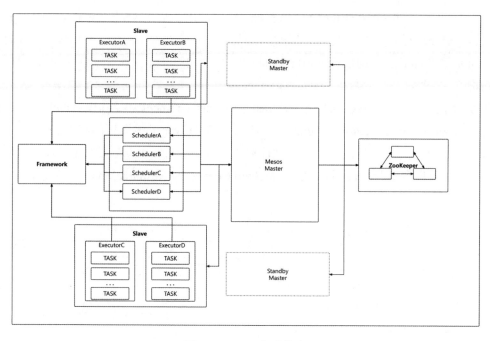

图 3-8　Mesos 集群模式

注意：Mesos 实现了双层调度架构，可以管理多种类型的应用程序。第一级调度是 Master 的守护进程管理 Mesos 集群中所有节点上运行的 Slave 守护进程。集群由物理服务器或虚拟服务器组成，用于运行应用程序的任务，比如 Hadoop 和 MPI 作业。第二级调度由被称作 Framework 的"组件"组成，Mesos 支持多种 Framework，比如 Hadoop、Spark 和 Storm 等，各类型的 Framework 都可以在它上面运行。

3.3.4　Yarn（Spark on Yarn）模式

Yarn 集群模式是一个通用的资源管理系统，能够为上层应用提供统一资源管理和资源调度。该模式下，Spark 提交程序的客户端，将 Spark 任务提交到 Yarn 上，通过 Yarn 来调度和管理 Spark 任务执行过程中所需的资源。Spark on Yarn 支持两种模式，即 Yarn-Client 模式和 Yarn-Cluster 模式。

1. Yarn-Client 模式

Yarn-Client 模式中，Driver 在客户端本地运行，让 Spark Application 和客户端进行交互，可以通过 webUI 访问 Driver 的状态，模式运行过程如图 3-9 所示，具体执行步骤如下：

（1）Spark Yarn Client 向 Yarn 的 ResourceManager 申请启动 Application Master。同时在 SparkContext 初始化中创建 DAGScheduler 和 TaskScheduler 等，由于选择的是 Yarn-Client 模式，程序会选择 YarnClientClusterScheduler 和 YarnClientSchedulerBackend。

（2）ResourceManager 收到请求后，在集群中选择一个 NodeManager，为该应用程序分配第一个 Container，并在这个 Container 中启动应用程序 ApplicationMaster。与 Yarn-Cluster 不同，该 ApplicationMaster 不运行 SparkContext，只与 SparkContext 进行通信并进行资源的分派。

（3）Client 中的 SparkContext 初始化完毕后，与 ApplicationMaster 建立通信，ApplicationMaster 向 ResourceManager 注册并根据任务信息向 ResourceManager 申请资源（Container）。

（4）一旦 ApplicationMaster 申请到资源（Container）后，ApplicationMaster 便与对应的 NodeManager 通信，要求它在获得的 Container 中启动 CoarseGrainedExecutorBackend（Executor），CoarseGrainedExecutorBackend 启动后会向 Client 中的 SparkContext 注册并申请 Task。

（5）Client 中的 SparkContext 分配 Task 给 CoarseGrainedExecutorBackend（Executor）执行，CoarseGrainedExecutorBackend 运行 Task 并向 Driver 汇报运行的状态和进度，以便 Client 随时掌握各个任务的运行状态，从而可以在任务失败时重新启动任务。

（6）应用程序运行完成后，Client 的 SparkContext 向 ResourceManager 申请注销并关闭自己。

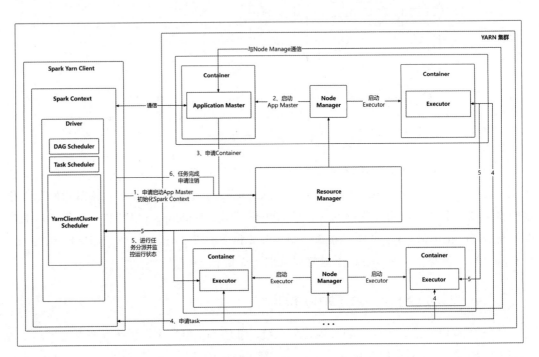

图 3-9　Yarn-Client 模式

2. Yarn-Cluster 模式

Yarn-Cluster 模式中，用户向 Yarn 提交一个应用程序后，Yarn 分两个阶段运行该应用程序：第一阶段是 Spark 的 Driver 作为一个 ApplicationMaster 在 Yarn 集群中先启动；第二阶段是 ApplicationMaster 创建应用程序，然后为它向 ResourceManager 申请资源，启动 Executor 来运行 Task，同时监控它的整个运行过程，直到运行完成。Yarn-Cluster 模式下作业执行流程如图 3-10 所示，运行步骤如下：

（1）Spark Yarn Client 向 Yarn 集群提交应用程序，包括 Application Master 程序、启动 Application Master 的命令、需要在 Executor 中运行的程序等。

（2）ResourceManager 收到请求后，在集群中选择一个 NodeManager，ResourceManager 为该应用程序分配第一个 Container，在 Container 中启动应用程序 Application Master，其中 Application Master 进行 SparkContext 的初始化操作。

（3）Application Master 向 ResourceManager 注册并根据任务信息向 ResourceManager 申请资源（Container）。ResourceManage 监控它们的运行状态直到运行结束。这样用户可以直接通过 ResourceManage 查看应用程序的运行状态。

（4）一旦 Application Master 申请到资源（Container）后，Application Master 便与对应的 NodeManager 通信，要求在 Container 中启动 CoarseGrainedExecutorBackend（Executor），CoarseGrainedExecutorBackend 启动后会向 ApplicationMaster 中的 SparkContext 注册并申请 Task。

（5）Application Master 中的 SparkContext 分配 Task 给 CoarseGrainedExecutorBackend 执行，CoarseGrainedExecutorBackend 运行 Task 并向 ApplicationMaster 汇报运行的状态和进度，以便让 Application Master 随时掌握任务的运行状态，从而可以在任务失败时重新启动任务。

（6）应用程序运行完成后，Application Master 向 ResourceManager 申请注销并关闭自己。

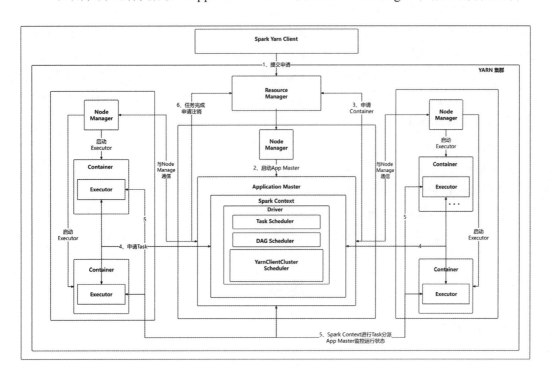

图 3-10　Yarn-Cluster 模式

3. 多种集群模式的比较

在 Yarn 中，每个 Application 实例都有一个 Application Master 进程，它是 Application 启动的第一个容器，它负责和 ResourceManager 打交道并请求资源，获取资源之后告诉 NodeManager 为其启动 Container。从深层次的含义讲，Yarn-Cluster 和 Yarn-Client 模式的区别其实就是 Application Master 进程的区别。

（1）Yarn-Cluster 模式下，Driver 运行在 Application Master 中，它负责向 Yarn 申请资源，并监督作业的运行状况。当用户提交了作业之后，就可以关掉 Client，作业会继续在 Yarn 上运行，因而 Yarn-Cluster 模式不适合运行交互类型的作业。

（2）Yarn-Client 模式下，Application Master 仅仅向 Yarn 请求 Executor，Client 会和请求的 Container 通信来调度它们工作，也就是说 Client 不能离开。

单机部署的 Local 模式和 Standalone、Mesos、Yarn 三种集群模式各有利弊，通常根据实际情况决定采用哪种模式。测试 Spark Application 时可以选择 Local 模式；数据量不是很多时可选择 Standalone 模式；需要统一管理集群资源时可选择 Yarn 或 Mesos 模式。

本章小结

1．本章首先解释了 RDD、Application、Driver、Worker、Cluster Manager 、Client、Master、Job、Task、Stage、DAGScheduler、TaskScheduler、Block Manager 等 Spark 最常用的相关术语，在了解相关术语的基础上引入了 Spark 架构相关组件和 Spark 运行流程。

Spark 架构组件包括：

（1）提交作业的 Client 程序。

（2）驱动程序运行的 Driver 程序。

（3）进行资源调度的 ClusterManager。

（4）执行程序的 Worker。

2．Spark 的核心 Spark Core 和 Spark 的编程模型和计算模型。Spark Core 是 Spark 中最为基础、核心的功能，其主要包括 SparkContext、SparkEnv、存储体系、调度系统、计算引擎、部署模式；Spark 编程模型是以编写程序、提交调试、任务处理三个过程为导向的编程模型；Spark 的计算过程主要是 RDD 的迭代计算过程，可以认为 RDD 是对其各种数据计算模型的统一抽象。

3．Spark 的运行模式：

（1）Local（本地）集群模式。

（2）Standalone（独立）集群模式。

（3）Mesos（Spark on Mesos）模式。

（4）Yarn（Spark on Yarn）模式。

练习三

一、填空题

1．Spark Core 是 Spark 中最为基础、核心的功能，主要包括 _____、_____、_____、_____、_____、_____。

2．Spark 结构主要分为四个部分：提交作业的 _____、驱动程序运行的 _____、进行资源调度的 _____、执行程序的 _____。

3．Spark 支持四种运行模式，分别是单机部署的 _____ 模式和 _____、_____、_____ 三种集群模式。

4．Spark 的计算过程主要是 _____ 的迭代计算过程，_____ 是对其各种数据计算模型的统一抽象。

二、选择题

1．位于 Spark 框架底层的是（　　），其实现了 Spark 的作业调度、内存管理、容错、与存储系统交互等基本功能，并针对弹性分布式数据集提供了丰富的操作。

　　A．Spark Core　　B．Spark Streaming　　C．Spark SQL　　D．Spark R

2．Spark 平台上针对实时数据进行流式计算的组件是（　　），它为平台提供了丰富的处理数据流的 API。

　　A．Spark Core　　B．Spark Streaming　　C．Spark SQL　　D．Spark R

第 4 章　Spark 环境搭建和使用

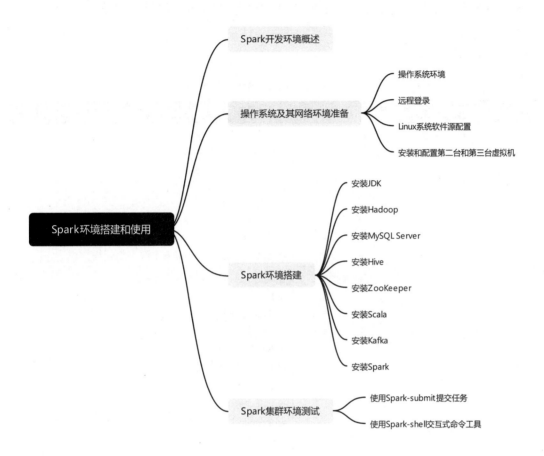

Spark开发环境概述

操作系统及其网络环境准备
- 操作系统环境
- 远程登录
- Linux系统软件源配置
- 安装和配置第二台和第三台虚拟机

Spark环境搭建
- 安装JDK
- 安装Hadoop
- 安装MySQL Server
- 安装Hive
- 安装ZooKeeper
- 安装Scala
- 安装Kafka
- 安装Spark

Spark环境搭建和使用

Spark集群环境测试
- 使用Spark-submit提交任务
- 使用Spark-shell交互式命令工具

本章导读

Spark 可以在 Linux 或 Windows 系统上运行，在 Linux 系统上运行效率更高，因此当前使用 Linux 作为 Spark 操作系统环境更为主流。本章首先介绍 Linux CentOS7 操作系统及其网络环境的安装和部署，然后部署包括 JDK、Hadoop、MySQL、Hive、ZooKeeper、Scala、Kafka、Spark 在内的 Spark 相关应用软件，最后对整体环境进行测试，最后使用 Spark-submit 提交任务进行环境测试。

本章要点

- Linux 系统安装及网络设置
- 设置主机间 SSH 免密码登录
- Spark 系列软件环境配置（JDK、Hadoop、MySQL Server、Hive、ZooKeeper、Scala、Kafka、Spark）
- 使用 Spark-submit 提交任务
- 使用 Spark-shell 交互式命令工具

4.1 Spark 开发环境概述

Spark 环境搭建至少需要三台计算机，硬件方面建议使用 i5 及以上系列的 CPU 和至少 8GB 内存的计算机。为了方便上机实践，本书使用 VMware 虚拟机软件创建三台虚拟机。如果条件允许，实验环境也可以部署在三台实体计算机中，安装方法与虚拟机的部署过程一样，Spark 运行环境见表 4-1。

表 4-1　Spark 环境总览

主机名	操作系统	IP 地址	软件环境
master	CentOS 7	192.168.44.3	jdk-8u212 hadoop-2.6.4 mysql80-community apache-hive-2.3.6 zookeeper-3.4.6 scala-2.12.8 kafka_2.10-0.8.2.1 spark-2.4.7-bin-hadoop2.6
slave1	CentOS 7	192.168.44.4	jdk-8u212 hadoop-2.6.4 zookeeper-3.4.6 scala-2.12.8 kafka_2.10-0.8.2.1 spark-2.4.7-bin-hadoop2.6
slave2	CentOS 7	192.168.44.5	jdk-8u212 hadoop-2.6.4 zookeeper-3.4.6 scala-2.12.8 kafka_2.10-0.8.2.1 spark-2.4.7-bin-hadoop2.6

4.2 操作系统及其网络环境准备

本书中的所有实验都是在虚拟机上进行的，虚拟机软件使用 VMwareWorkstation，操作系统是 Linux 的 CentOS 7。

4.2.1 操作系统环境

1. 安装 VMware

日常使用的计算机大部分都是 Windows 系统，而 Spark 环境要部署在 Linux 系统中。为了不影响计算机的正常使用，一般不会把 Windows 系统更换为 Linux，最好的解决方案就是安装虚拟机软件，在虚拟机中安装 Linux 系统，本书中使用的虚拟机软件是 VMware Workstation，读者可自行下载安装此软件。

2. 安装 Linux 操作系统

（1）下载操作系统镜像文件。在浏览器地址栏中输入 Linux 的 CentOS 发行版对应的

安装 Linux 操作系统过程

官方下载地址 https://www.centos.org/download/，将对应的系统镜像文件下载到本地，如图
4-1 所示。

图 4-1　下载操作系统镜像文件

注意：CentOS7 镜像文件的文件名类似 CentOS-7-x86_64-DVD-2009.iso（主版本号为 7
或 7.x，后缀名必须为 .iso），占用空间约为 4.4GB 左右，文件名不要求和上述文件名完全一致。

【长知识】国内有很多知名的开源镜像网站，例如搜狐 http://mirrors.sohu.com/、网易
http://mirrors.163.com/、阿里云 https://developer.aliyun.com/mirror/，可以在这些开源平台上
找到对应的系统镜像文件下载安装。

（2）添加操作系统镜像文件。单击设备管理区的 CD/DVD 虚拟光驱设备，如图 4-2
所示。

图 4-2　虚拟光驱

接下来在虚拟光驱中引入下载好的操作系统镜像文件，以便在第一次启动系统时利用
光盘中的系统镜像文件进行启动。

选择"使用 ISO 映像文件"选项，单击"浏览"按钮找到下载好的操作系统镜像文件，
勾选"设备状态"选区的"启动时连接"选项，单击"确定"按钮，如图 4-3 所示。

（3）开启虚拟机。在虚拟机管理界面中单击"开启此虚拟机"按钮，过几秒就能进入
CentOS 7 系统的安装引导界面，如图 4-4 所示。此时通过键盘的方向键选择 InstallCentOS 7
选项安装 Linux 系统，如图 4-5 所示。界面中的 Test this media & install CentOS 7 和
Troubleshooting 的作用分别是"校验光盘完整性后再安装"和"启动救援模式"。在这里
不需要检测，直接安装即可。

图 4-3　选择镜像文件

图 4-4　CentOS 7 系统的安装引导界面

图 4-5　Install CentOS 7

　　注意：在纯命令行的 Linux 系统中是看不到光标的，当在屏幕上能够看到正常的光标时，就意味着你不在虚拟机中。单击一下虚拟机屏幕就能进入虚拟机，使用 Ctrl+Alt 的组合键可以从当前虚拟机中退出。

【长知识】第一次开启虚拟机时，有些计算机要处和主不能直接进入操作系统引导界面，会出现如图 4-6 的提示，这是因为当前 BIOS 没有开启"允许虚拟化"功能，进入 BIOS 开启此功能后才能正常运行虚拟机。目前 Intel 和 AMD 生产的主流 CPU 都支持虚拟化技术，但很多计算机或主板在出厂时的 BIOS 设置是禁用执行虚拟化的。由于计算机品牌不同，进入 BIOS 和启动虚拟化设置的方法也都不一样。若遇到"禁止虚拟化"的问题，请读者根据实际情况解决此问题。

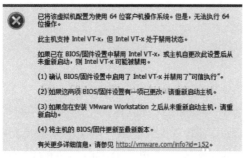

图 4-6　"禁止运行虚拟化"提示

（4）选择语言和键盘布局，遵循默认选项，如图 4-7 所示。

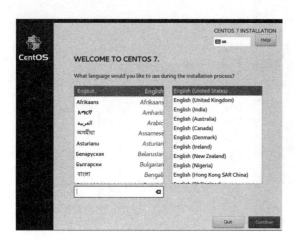

图 4-7　选择语言和键盘布局

（5）软件环境设置。在安装界面中单击 SOFTWARE SELECTION 选项，如图 4-8 所示。根据需要将 Linux 配置成 Basic Web Server，单击左上角的 Done 按钮，如图 4-9 所示。

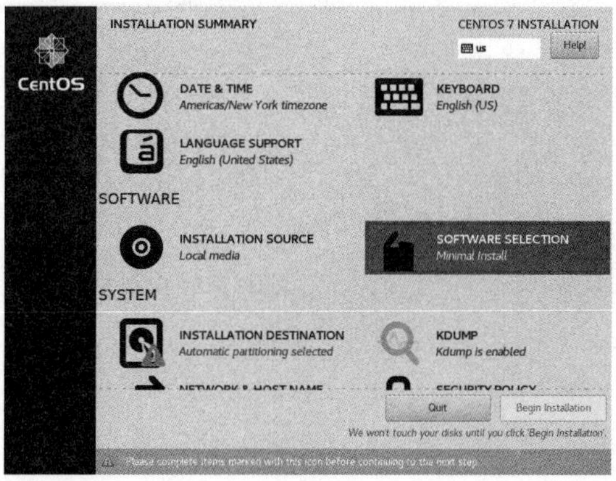

图 4-8　SOFTWARE SELECTION 选项

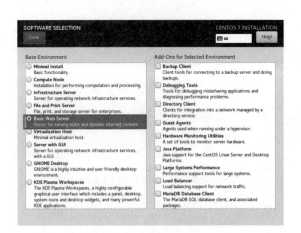

图 4-9　软件环境设置

在企业服务器领域使用的 Linux 系统基本都是纯命令行的，Basic Web Server 是纯命令行版本。图形界面本身会占用很多系统资源，所以不介意使用图形界面。

（6）硬盘分区设置。在安装界面中单击 INSTALLATION DESTINATION 选项，如图 4-10 所示。

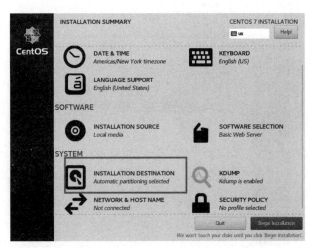

图 4-10　INSTALLATION DESTINATION 选项

在弹出的子窗口中单击左上角的 Done 按钮，使用默认分区方案，如图 4-11 所示。

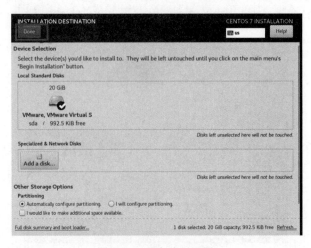

图 4-11　硬盘分区设置

（7）进入安装过程。单击安装，如图 4-12 所示，在安装过程中可以单击 ROOT
PASSWORD 选项，为 root 用户设置一个密码，如图 4-13 所示。

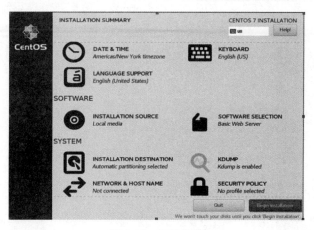

图 4-12　开始安装

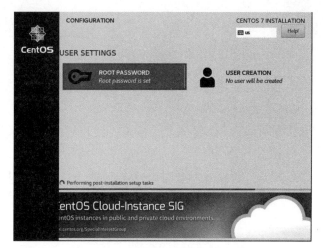

图 4-13　单击 ROOT PASSWORD 选项

（8）设置 root 用户密码，如图 4-14 所示。root 用户是 Linux 系统中的超级管理员，
本书中使用 root 身份进行系统操作。

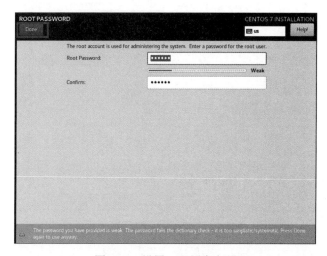

图 4-14　设置 root 用户密码

注意：为了学习方便，建议大家把 root 用户密码统一设置为 123456，真正服务器的密码必须要符合密码复杂性原则。

（9）等待一段时间，系统安装完成，单击 Reboot 按钮重新引导系统，如图 4-15 所示。

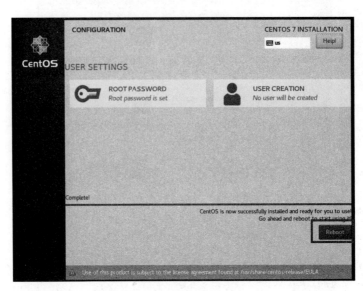

图 4-15　安装完成，重新引导系统

系统重新引导完成后就可以见到 Linux 系统登录界面了，输入账号和密码即可登录系统。

3．VMware 网络设置

VMware 网络设置

当前的 Linux 系统安装在虚拟机中，在给 Linux 系统设置网络前，要了解虚拟机软件的网络设置。

VMware 提供了三种网络工作模式，分别为桥接模式、NAT 模式和仅主机模式，如图 4-16 所示。

图 4-16　VMware 三种网络模式

以上三种网络模式的相关属性见表 4-2。

表 4-2　VMware 三种网络模式的相关属性

网络模式	IP 地址说明	上网情况
桥接模式	要求虚拟机和当前物理机在同一个网段，虚拟机占用该网段内的一个独立 IP	能 ping 通真实局域网内的其他主机，能上 Internet
NAT 模式	要求虚拟机配置 VMnet8 网段的一个 IP	不能 ping 通真实局域网内的其他 PC，能上 Internet
仅主机模式	要求虚拟机配置 VMnet1 网段的一个 IP	只能和当前物理机进行通信

打开 Windows 中"网络和 Internet 设置"中的"更改适配器选项"，可以看到 VMware 虚拟网络环境 VMnet1 和 VMnet8，如图 4-17 所示。

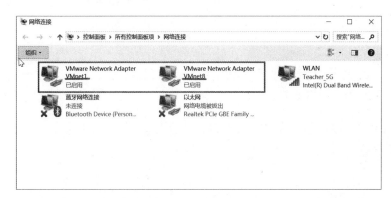

图 4-17　VMware 提供的虚拟网络环境 VMnet1 和 VMnet8

还可以通过 Windows 系统命令查看 VMnet1 和 VMnet8，即在 Windows 命令提示符下输入 ipconfig -all 命令就可以查看虚拟网络环境相关信息，如图 4-18 所示。

图 4-18　利用 Windows 命令提示符查看虚拟网络

注意：图 4-18 中的 VMware1 的网段是 35 段，VMware8 的网段是 44 段，具体以查到的为准。

接下来，使用 VMnet8 为 Linux 系统进行网络环境的配置。

（1）将虚拟机硬件设置中的"网络适配器"的设备状态设定为 NAT 模式，如图 4-19 所示。

（2）打开 VMnet8 所对应的 IP 地址设置窗口配置网络参数，如图 4-20 所示。

 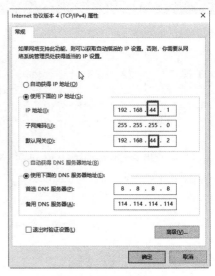

图 4-19　选择 NAT 模式　　　　　　图 4-20　设置网络参数

（3）网关的相关参数是由 VMware 分配的，可以通过图 4-21 至图 4-23 所示的三步查看或修改相关参数。

图 4-21　打开网络编辑器

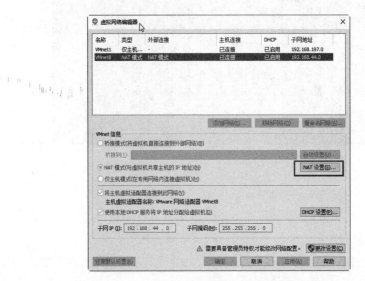

图 4-22　选择 NAT 模式

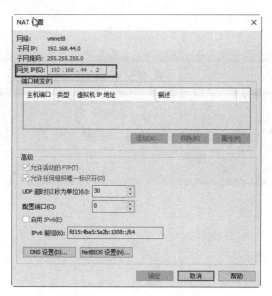

图 4-23　查看默认网关

4. Linux 系统基础网络设置

（1）打开系统中的网卡信息配置文件。

vim /etc/sysconfig/network-scripts/ifcfg-e（tab 补全）

（2）编辑网卡配置文件。将 BOOTPROTO=dhcp 改为 BOOTPROTO=static ；将 ONBOOT=no 改为 ONBOOT=yes ；写入网关、IP 地址、掩码、DNS 等信息；保存并退出，配置完的文件内容如图 4-24 所示。

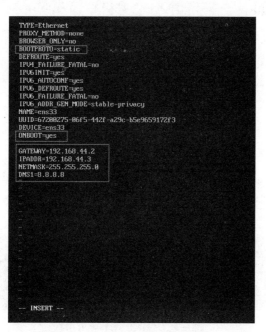

图 4-24　编辑后的网卡配置文件

（3）重启网络服务，使配置生效。

systemctl restart network

（4）网络连通性测试。首先测试网关的连通性，代码如下：

ping –c 5 192.168.44.2

Linux 系统基础网络设置

网关连通效果如图 4-25 所示。

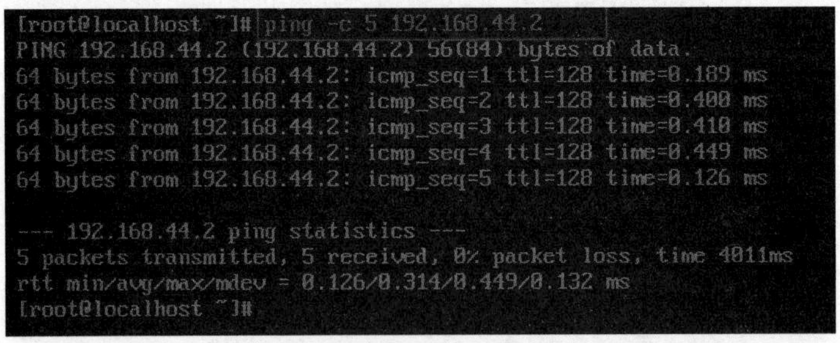

图 4-25　ping 网关

如果网关已经联通，再测试外网连接情况，以 ping 百度为例，代码如下：

```
# ping –c 5 www.baidu.com
```

连通外网效果如图 4-26 所示。

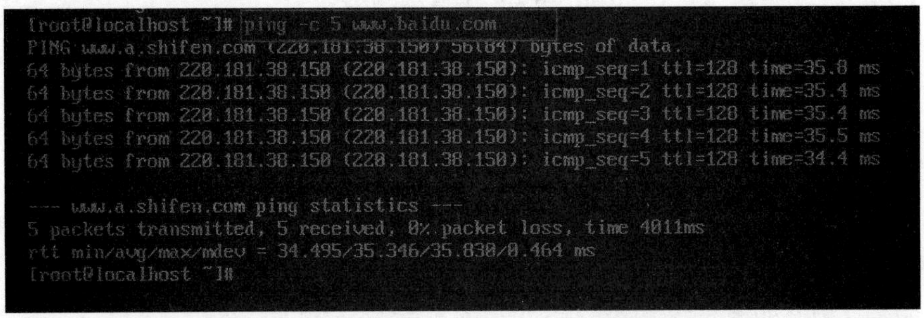

图 4-26　ping 百度

（5）关闭 Linux 系统防火墙，代码如下：

```
# systemctl stop firewalld.service        # 临时关闭
# systemctl disable firewalld.service      # 禁止开机启动，永久关闭
# systemctl status firewalld               # 查看防火墙状态
```

（6）设置主机名。打开主机名配置文件，代码如下：

```
# vim /etc/hosts
```

在文件末尾写入主机名，如图 4-27 所示，写好后保存退出。目前只有 master 一台主机，slave1 和 slave2 稍后创建。

图 4-27　修改主机名配置文件

（7）关闭 SELINUX。打开 SELINUX 配置文件，代码如下：

```
# vim /etc/selinux/config
```

将文件中的第一个非注释行 SELINUX=enforcing 改为 SELINUX=disabled，如图 4-28 所示，更改完后保存退出。

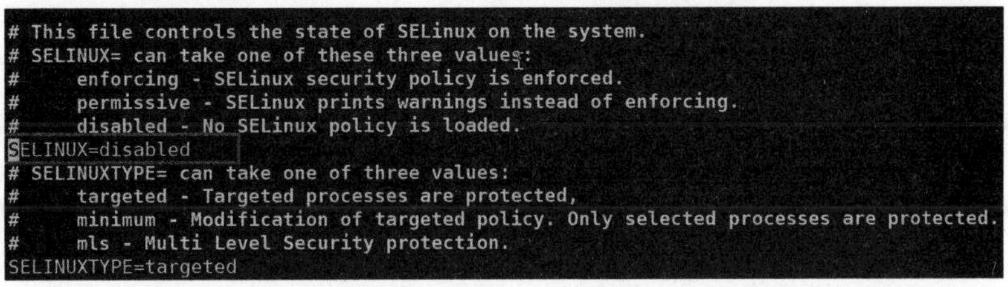
# This file controls the state of SELinux on the system.
# SELINUX= can take one of these three values:
#   enforcing - SELinux security policy is enforced.
#   permissive - SELinux prints warnings instead of enforcing.
#   disabled - No SELinux policy is loaded.
SELINUX=disabled
# SELINUXTYPE= can take one of three values:
#   targeted - Targeted processes are protected,
#   minimum - Modification of targeted policy. Only selected processes are protected.
#   mls - Multi Level Security protection.
SELINUXTYPE=targeted

图 4-28 关闭 SELINUX

注意：修改 SELINUX 配置文件后，只有重启系统才能使其生效。系统环境配置到这里，需要重启系统，若系统启动正常，需要给系统当前状态拍个快照。

4.2.2 远程登录

远程登录工具

本书中使用 Xshell 和 WinSCP 两种远程登录管理工具。Xshell 可以实现远程控制终端，WinSCP 用于和远程主机互传文件。

1. Xshell

（1）获取 Xshell。登录 https://www.xshell.com/zh/xshell/，找到 Xshell 的下载相关页面，单击“下载”按钮，如图 4-29 所示。

NETSARANG
XMANAGER
XSHELL
XFTP
XLPD
XSHELL 6
业界最强大的SSH客户机

图 4-29 Xshell 下载页面

在“家庭和学校用户的免费许可证”模块单击“免费授权页面”，如图 4-30 所示。

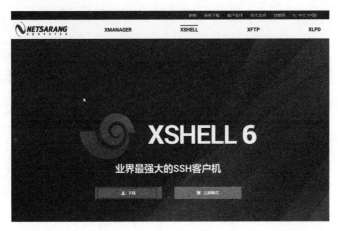

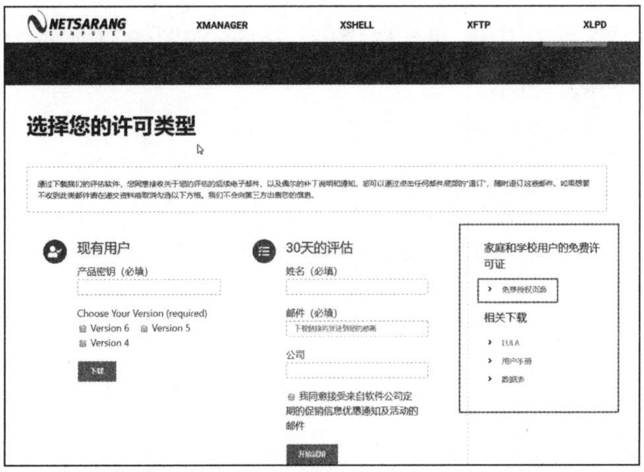
NETSARANG
XMANAGER
XSHELL
XFTP
XLPD
选择您的许可类型
现有用户
产品密钥（必填）
Choose Your Version (required)
Version 6
Version 5
Version 4
30天的评估
姓名（必填）
邮件（必填）
公司
家庭和学校用户的免费许可证
相关下载

图 4-30 “家庭和学校用户的免费许可证”模块

在弹出页面中输入姓名、邮件等信息，选择"只需 Xshell"选项，然后单击"下载"，如图 4-31 所示。

图 4-31　填写信息用以获取 Xshell

注意：用户名可以任意填写，邮件地址必须为学习者本人的邮箱地址。

（2）进入电子邮箱中，下载安装 Xshell。

（3）利用 Xshell 远程连接第一台虚拟机。打开 Xshell，单击弹出窗口中"新建"菜单下的"会话"选项，如图 4-32 所示。在弹出的"新建会话属性"中输入主机名和 IP 地址，单击"确定"按钮将该主机加入要连接主机的列表中，如图 4-33 所示。

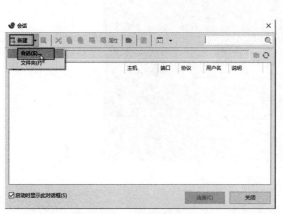

图 4-32　新建会话

图 4-33　填写要连接的主机信息

从列表中选择要连接的主机，单击"连接"按钮，如图 4-34 所示，在弹出的窗口中单击"接受并保存"，如图 4-35 所示。

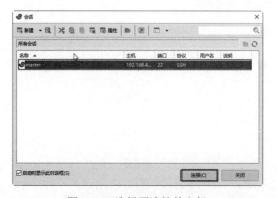

图 4-34　选择要连接的主机

图 4-35　接受主机密钥

　　输入用户名，勾选 "记住用户名"，如图 4-36 所示，单击 "确定" 按钮，输入密码，勾选 "记住密码"，如图 4-37 所示。

图 4-36　输入用户名

图 4-37　输入密码

　　远程登录 Linux 命令行界面，如图 4-38 所示，用户可通过该远程界面与 Linux 系统进行交互。

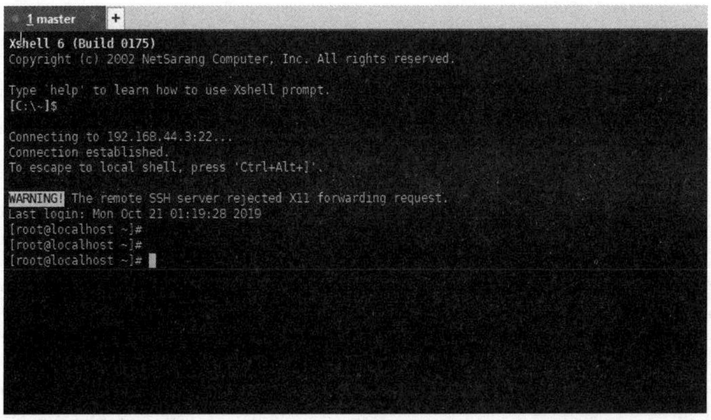

图 4-38　用 Xshell 连接 Linux 后的界面

2. WinSCP

（1）下载安装 WinSCP。WinSCP 可以从市面上的软件管家工具中免费获取，这里以"360 软件管家"为例，如图 4-39 所示。安装后桌面上会生成 WinSCP 快捷方式。

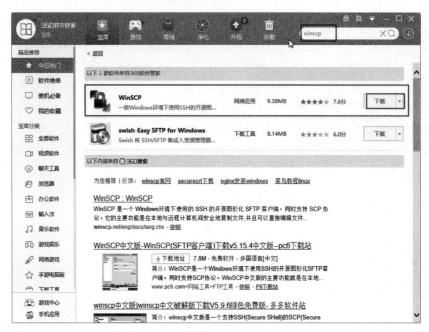

图 4-39　从软件管家中获取 WinSCP

（2）启动 WinSCP，连接远程主机启动 WinSCP，填写远程主机 IP 地址、用户名、密码等信息，单击"登录"，如图 4-40 所示。在弹出的子窗口中单击"是"按钮。

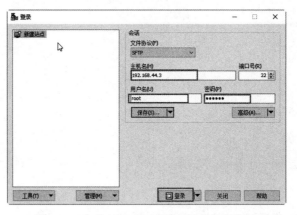

图 4-40　启动 WinSCP 时输入用户名和密码

（3）Windows 与 Linux 互传文件。连接成功后界面的左半部分为 Windows 文件系统，右半部分为 Linux 文件系统，可以通过直接拖曳的方式进行 Windows 与 Linux 文件的互传。

4.2.3　Linux 系统软件源配置

Linux 系统中的软件包可以分为源码包和二进制包两种，本书涉及的软件都是二进制软件包。RPM（Red-Hat Package Manager）是红帽子系列 Linux 系统中的二进制软件包管理器。yum 是专门用于管理 RPM 的一种工具，用 yum 可以方便地进行 RPM 包的安装、升级、查询和卸载，而且可以自动解决依赖性问题，非常方便和快捷。

Linux 系统软件源配置

1. 下载 yum 源文件

进入网易源网站 centos（http://mirrors.163.com/.help/centos.html）的页面，找到 CentOS7 版本对应的 repo 文件，右击并选择"另存为"，将该 repo 文件保存到本地，如图 4-41 所示。

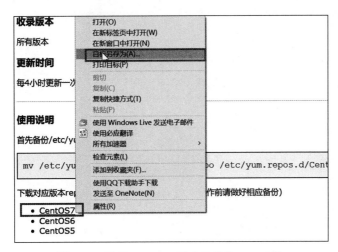

图 4-41　下载 CentOS7 版本对应的 repo 文件

注意：Linux 系统中合法的 yum 源文件的后缀名必须为 .repo。

2. 将网易 yum 源 repo 文件上传到 Linux 系统

在 /root 目录下创建一个 software 目录，用于存放需要安装的系统软件。

```
#mkdir software .
```

使用 WinSCP 将 repo 文件从 Windows 系统中传到 Linux 系统中的 software 目录下，如图 4-42 所示。

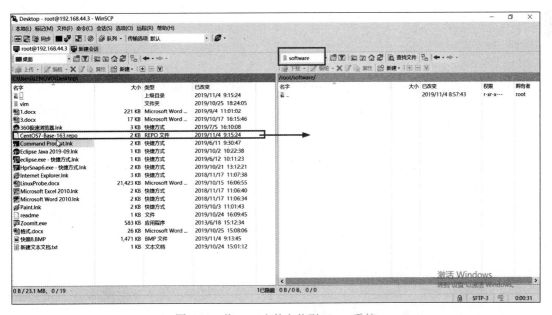

图 4-42　将 repo 文件上传到 Linux 系统

上传成功后关闭 WinSCP，此时就可以在 Linux 命令行界面下查看到刚刚上传的文件了。

3. 修改 yum 源，将刚刚下载的网易 yum 源设置为默认 yum 源

（1）进入 yum 源文件目录，查看系统默认 yum 源文件，代码如下（图 4-43）：

```
[root@master ~]# cd /etc/yum.repos.d/    # 进入 yum 源文件指定目录
[root@master yum.repos.d]# ls            # 查看默认 yum 源文件
```

```
1 master
[root@master ~]# cd /etc/yum.repos.d/
[root@master yum.repos.d]# ls
CentOS-Base.repo   CentOS-Debuginfo.repo   CentOS-Media.repo      CentOS-Vault.repo
CentOS-CR.repo     CentOS-fasttrack.repo   CentOS-Sources.repo
[root@master yum.repos.d]#
```

图 4-43　默认 yum 源文件

（2）将原有 yum 源文件备份，让新下载的 yum 源文件生效，过程如图 4-44 所示。

```
1 master
[root@master yum.repos.d]# mkdir repo.bak   →创建目录用于存放原有yum源文件
[root@master yum.repos.d]# mv *.repo repo.bak/  →将原有yum源文件存放到指定备份目录
[root@master yum.repos.d]# ls
repo.bak
[root@master yum.repos.d]# cp /root/software/CentOS7-Base-163.repo .  →将网易yum源
[root@master yum.repos.d]# ls                                          文件放到当前目录
CentOS7-Base-163.repo  repo.bak   →该目录中只有一个".repo"结尾的文件，即合法yum源文件
[root@master yum.repos.d]#
```

图 4-44　下载的 yum 源文件生效过程

4. 常用 yum 命令（表 4-3）

表 4-3　常用 yum 命令

命令	解释
#yum list	查询所有可用的软件列表
yum search 关键字	搜索服务器上所有和关键字相关的包
#yum –y install 包名	安装软件包，-y 自动回答 yes
#yum –y update 包名	升级软件包，-y 自动回答 yes
#yum –y remove 包名	卸载软件包，-y 自动回答 yes

【长知识】使用 yum 命令卸载软件包时，会将软件包及其依赖的包一同卸载，容易造成系统崩溃。所以，卸载软件包不建议使用 yum 命令，而是用"rpm –e 包名"的方式进行卸载。

4.2.4　安装和配置第二台和第三台虚拟机

安装和配置第二台和第三台虚拟机

Spark 需要在集群环境下运行，只有一台主机是不够的，还需要安装两台虚拟机，让虚拟机之间互相免密码登录。

可以利用 VMware 的"克隆"功能，生成第二台、第三台虚拟机。

1. 使用"克隆"功能生成新虚拟机

现有虚拟机称为父虚拟机，克隆工作必须在父虚拟机关闭状态下完成，

单击 VMware 菜单栏中的"虚拟机"选项，在"管理"子菜单下单击"克隆"选项，如图 4-45 所示。

在弹出的"欢迎使用克隆虚拟机向导"窗口中单击"下一步"按钮，在弹出的"克隆源"窗口中选择"虚拟机中的当前状态"，然后单击"下一步"按钮。

图 4-45 准备克隆父虚拟机

在"克隆类型"窗口中选择"创建完整克隆",单击"下一步"按钮。为虚拟机设置名称为 slave1,如图 4-46 所示。用同样方法生成 slave2 虚拟机。

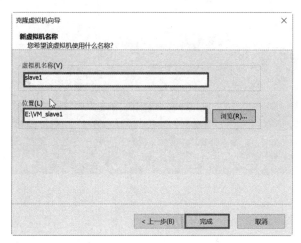

图 4-46 生成新的虚拟机

注意:父虚拟机的名字是 master,克隆的两个虚拟机的名字分别是 slave1 和 slave2,虚拟机名称必须和图 4-26 的主机名完全一致。

2. 为 slave1 和 slave2 配置网络

由于 slave1 和 slave2 是从 master 克隆来的,目前 3 台虚拟机的 IP 地址完全一样,因此需要修改 slave1 和 slave2 的 IP 地址,使它们都能够正常上网。

(1)打开 slave1,使用 root 用户登录后为 slave1 设置网络。打开 slave1 的网卡配置文件,更改其 IP 地址(还没进行网络设置,所以暂时只能在本地端操作,不能使用 Xshell),将 IPADDR=192.168.44.3 改为 IPADDR=192.168.44.4。修改完 IP 地址后需要重启网络服务,并进行网络连通性测试,具体过程可参考 4.2.1 节,本书中 Vmnet8 的网段是 44,实验操作时以具体查到的为准。

(2)使用上述方法将 slave2 的 IP 地址设置为 192.168.44.5,设置后重启服务,进行网络连通性测试。

(3)使用 Xshell 分别登录 master、slave1 和 slave2。

在使用 Xshell 登录成功后,为了能够清楚地分辨当前操作是哪台虚拟机,需要将

Xshell 中的链接名称改为对应的主机名，如图 4-47 所示。同时，也可以通过命令提示符来判断当前操作所对应的主机，如图 4-48 所示。

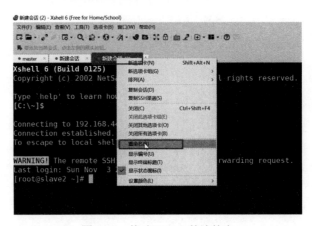

图 4-47　修改 Xshell 的连接名

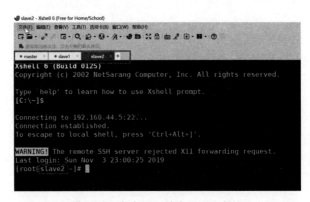

图 4-48　命令提示符中显示主机名

3. 配置集群 SSH 免密码登录

SSH（Secure Shell）是专为远程登录会话和其他网络服务提供安全性的协议。利用 SSH 协议可以有效防止远程管理过程中的信息泄露问题。SSH 客户端适用于多种平台。

（1）每台虚拟机完成对自己的 SSH 授权登录。

第 1 步：生成本机的 SSH 私有密钥和共有密钥，命令如下：

```
[root@master ~]# ssh-keygen -t rsa          # 生成 SSH 密钥的命令
```

执行命令的过程需要交互三次，如图 4-49 所示。

```
[root@master ~]# ssh-keygen -t rsa
Generating public/private rsa key pair.
Enter file in which to save the key (/root/.ssh/id_rsa):→直接按回车，同意将密钥文件放在/root/.ssh/目录
Created directory '/root/.ssh'.
Enter passphrase (empty for no passphrase):→直接按回车，设置密码为空
Enter same passphrase again:→再次回车，确认密码
Your identification has been saved in /root/.ssh/id_rsa.
Your public key has been saved in /root/.ssh/id_rsa.pub.
The key fingerprint is:
SHA256:aA+8J8Ka804yluLpaNV9xbN8jJ8LHxZq450QYIFsAvA root@master
The key's randomart image is:
+---[RSA 2048]----+
|.....  .         |
|.  . + .         |
| E o o.          |
|   . ... .+      |
|  . * S o.=.     |
|   + o = . +oo.  |
|. * + o + *oo.   |
|o+o* . o  o Boo  |
|++o+o       .=.  |
+----[SHA256]-----+
[root@master ~]#
```

图 4-49　设置本机的 SSH 公钥和私钥

查看 SSH 私钥文件和公钥文件，命令如下：

```
[root@master ~]# ls ./.ssh/
id_rsa id_rsa.pub
```

第 2 步：将公钥添加到授权列表文件 /root/.ssh/authorized_keys 中，实现 master 对自己的 SSH 免密码登录，命令如下：

```
[root@master ~]# cd /root/.ssh/
[root@master .ssh]# ls
id_rsa id_rsa.pub
[root@master .ssh]# cp id_rsa.pub authorized_keys
[root@master .ssh]# ls
authorized_keys id_rsa id_rsa.pub
```

第 3 步：在 slave1 和 slave2 上也要生成 SSH 私钥和公钥，将公钥放在授权列表文件中，具体过程和 master 上的操作一样。

（2）实现对其他虚拟机 SSH 免密码登录。设置 master 对 slave1 的 SSH 免密码登录，命令如下：

```
[root@master .ssh]# ssh-copy-id -i slave1      # 将 master 的公钥发到 slave1
```

master 对 slave1 的 SSH 免密码登录设置过程如图 4-50 所示。

图 4-50　master 对 slave1 的 SSH 免密码登录设置

退出 slave1 的终端时执行 exit 命令，退出前后命令提示符中主机名有变化，如图 4-51 所示。

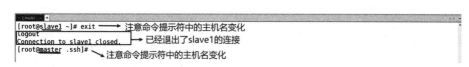

图 4-51　退出 slave1 的终端

（3）实现三台虚拟机的相互登录。设置三台虚拟机每两台都能相互进行 SSH 免密码登录，按表 4-4 所示操作。

表 4-4　实现虚拟机间 SSH 免密码登录的命令

主机名	命令
master	[root@master .ssh]# ssh-copy-id -i slave2
slave1	[root@slave1 .ssh]# ssh-copy-id -i master [root@slave1 .ssh]# ssh-copy-id -i slave2
slave2	[root@slave2 .ssh]# ssh-copy-id -i master [root@slave2 .ssh]# ssh-copy-id -i slave1

注意：通过 SSH 免密码登录后，当前所处的 shell 层级会发生改变，环境变量也随之更改。可以通过 exit 命令或者 Ctrl+D 组合键退出当前 shell。

4.3　Spark 环境搭建

登录 https://pan.baidu.com/s/1U6t-feK9-0xtg0mfo5-gGg 下载本节所需的所有软件包，提取码为 1234，用 WinSCP 将软件包中的每个软件一一上传到 master 虚拟机中的 /root/software/ 目录下，如图 4-52 所示。

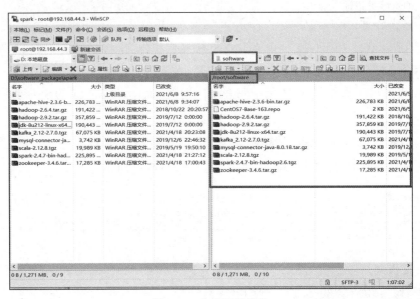

图 4-52　上传所需软件

安装 JDK

4.3.1　安装 JDK

1. 安装

命令如下：

```
[root@master local]# cd /usr/local/    #进入安装目录
[root@master local]# tar -zxvf /root/software/jdk-8u212-linux-x64.tar.gz # 解压安装
```

安装完成如图 4-53 所示。

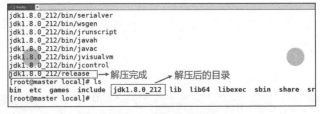

图 4-53　JDK 安装完成

2. 配置环境变量

命令如下：

```
[root@master ~]# cd            # 返回用户主目录，即 /root
[root@master ~]# vim .bash_profile  #/root 下的 .bash_profile（隐藏文件）
```

【长知识】还可以在 /etc/profile 配置文件中声明环境变量。~/.bash_profile 和 /etc/profile 的区别在于：/etc/profile 中设定的变量可以作用于任何用户，~/.bash_profile 中设定的变量只作用于当前用户，同时继承 /etc/profile 中的变量。

打开配置文件后加入 JAVA 环境变量声明，如图 4-54 所示，修改完配置文件按 :wq 保存并退出。

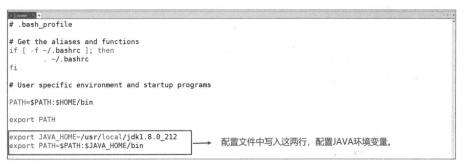

图 4-54   JAVA 环境变量声明

在声明环境变量时，需要写明软件包的安装目录，该目录名一般包含软件名、版本号、"_"、"-" 等符号，为了避免填写错误，可以事先将该目录重命名，如将 jdk1.8.0_212 重命名为 jdk，但一旦被重命名，软件包的可辨别性就降低了，可以用如图 4-55 的方法正确地填写软件包名，这样既不用重命名目录，又可以避免填写错误。

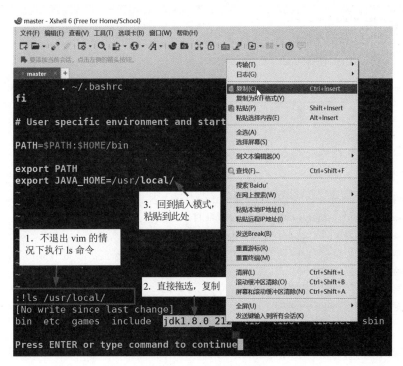

图 4-55   配置环境变量

3. 使环境变量生效并测试

命令如下：

```
[root@master ~]# source /root/.bash_profile  # 刷新环境变量，使环境变量生效
[root@master ~]# java –version        # 查看 JAVA 版本，作为测试
```

若能够查看到 JAVA 版本，表示安装和环境变成配置都已生效，如图 4-56 所示。

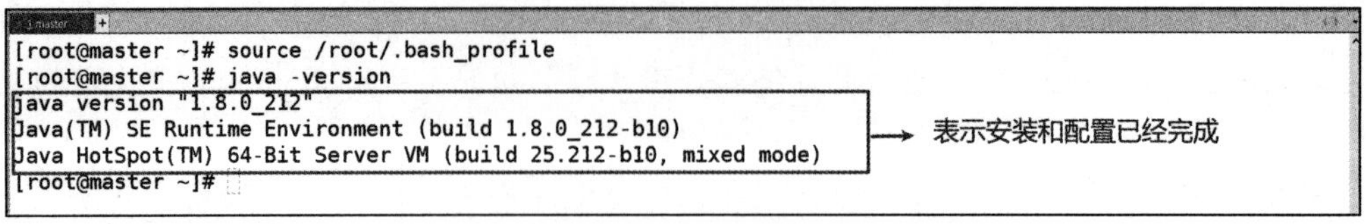
[root@master ~]# source /root/.bash_profile
[root@master ~]# java -version
java version "1.8.0_212"
Java(TM) SE Runtime Environment (build 1.8.0_212-b10)
Java HotSpot(TM) 64-Bit Server VM (build 25.212-b10, mixed mode)
[root@master ~]#
表示安装和配置已经完成

图 4-56 JDK 测试

4. 将 master 虚拟机中的 JDK 安装目录发送到 slave1 和 slave2

命令如下：

```
[root@master ~]# scp -r /usr/local/jdk1.8.0_212  root@slave1:/usr/local/
[root@master ~]# scp -r /usr/local/jdk1.8.0_212  root@slave2:/usr/local/
```

5. 为 slave1 和 slave2 配置环境变量，并进行 JDK 的安装测试

此过程与在 master 上的操作相同。

4.3.2 安装 Hadoop

安装 Hadoop

1. 安装

```
[root@master ~]# cd /usr/local/        # 进入软件安装目录
[root@master local]# tar -zxvf /root/software/hadoop-2.6.4.tar.gz  # 解压、安装
```

安装完成如图 4-57 所示。

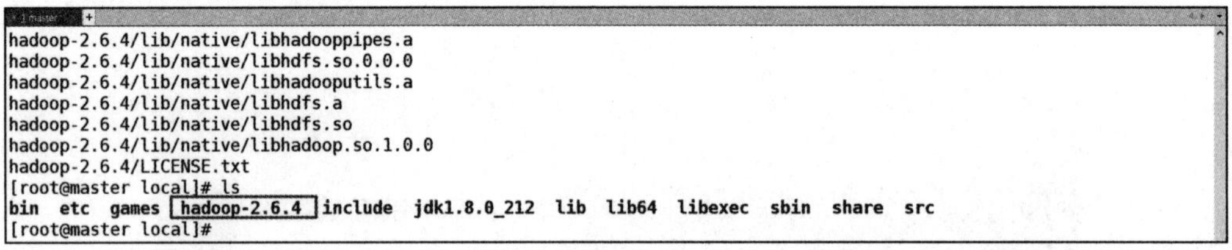
hadoop-2.6.4/lib/native/libhadooppipes.a
hadoop-2.6.4/lib/native/libhdfs.so.0.0.0
hadoop-2.6.4/lib/native/libhadooputils.a
hadoop-2.6.4/lib/native/libhdfs.a
hadoop-2.6.4/lib/native/libhdfs.so
hadoop-2.6.4/lib/native/libhadoop.so.1.0.0
hadoop-2.6.4/LICENSE.txt
[root@master local]# ls
bin etc games hadoop-2.6.4 include jdk1.8.0_212 lib lib64 libexec sbin share src
[root@master local]#

图 4-57 Hadoop 安装完毕

2. 新建 Hadoop 相关工作目录

命令如下：

```
[root@master ~]# mkdir /usr/local/data # 建立 data 目录
[root@master ~]# cd /usr/local/data/  # 进入 data 目录
[root@master data]# mkdir tmp   # 建立 tmp 目录，存放临时数据
[root@master data]# mkdir var   # 建立 var 目录，存放临时数据
[root@master data]# mkdir dfs
[root@master data]# mkdir dfs/name
[root@master data]# mkdir dfs/data
```

Hadoop 配置

3. 配置环境变量

（1）修改 .bash_profile 环境变量配置文件，命令如下：

```
[root@master ~]# cd          # 切换到用户主目录，即 /root
[root@master ~]# vim .bash_profile  #/root 下的 .bash_profile 文件（隐藏文件）
```

打开配置文件后加入 Hadoop 环境变量声明，如图 4-58 所示，修改完配置文件按 :wq 保存并退出。

更新环境变量，命令如下：

```
[root@master ~]# source /root/.bash_profile
```

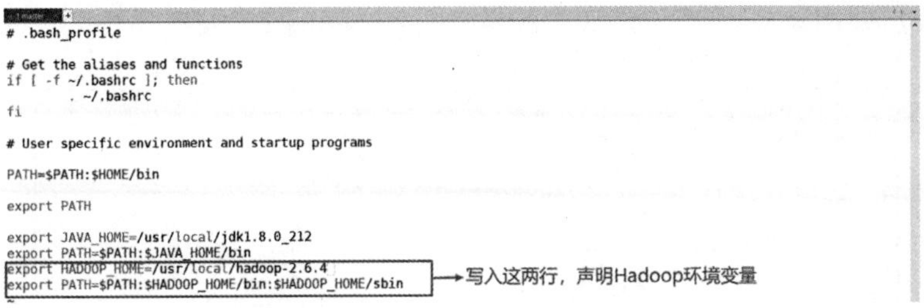

图 4-58　声明 Hadoop 环境变量

（2）修改 hadoop-env.sh 环境变量配置文件，命令如下：

```
[root@master ~]# cd /usr/local/hadoop-2.6.4/etc/hadoop/
[root@master hadoop]# vim hadoop-env.sh
```

将文件中第 25 行的 export JAVA_HOME=${JAVA_HOME} 的值改为 JDK 的实际安装目录，如图 4-59 所示，修改完配置文件按 :wq 保存并退出。

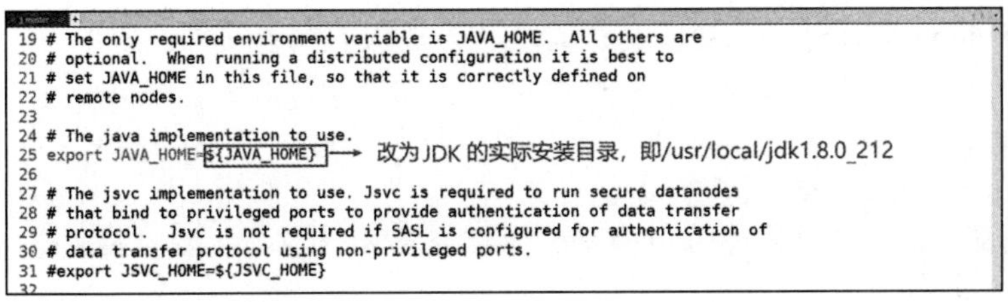

图 4-59　在 Hadoop 环境变量配置文件中声明 JDK 环境变量

（3）修改 core-site.xml 文件，命令如下：

```
[root@master hadoop]# vim core-site.xml
```

在第 19 行和第 20 行中间（图 4-60）写入配置内容，用于指定 HDFS 中 namenode 的通信地址和 Hadoop 运行时产生文件的存储路径，加入的配置文件内容如下：

```
<property>
    <name>hadoop.tmp.dir</name>
    <value>/usr/local/data/tmp </value>
    <description>Abase for other temporary directories.</description>
</property>
<property>
    <name>fs.default.name</name>
    <value>hdfs://master:9000</value>
</property>
```

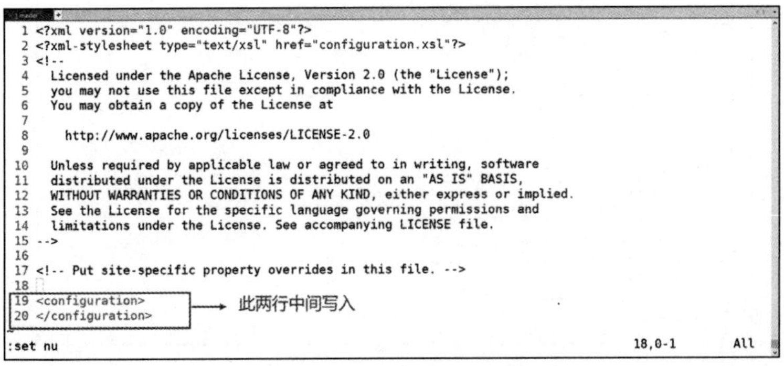

图 4-60　core-site.xml 文件

配置完成后如图 4-61 所示，修改完配置文件按 :wq 保存并退出。

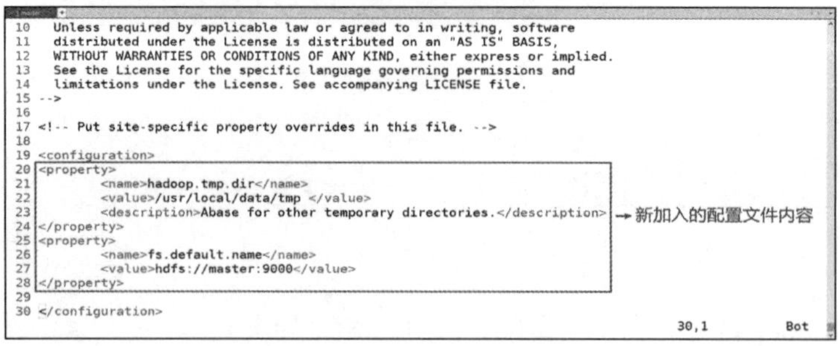

图 4-61　修改后的 core-site.xml 文件

（4）修改 hdfs-site.xml 文件，命令如下：

```
[root@master hadoop]# vim hdfs-site.xml
```

在第 19 行和第 21 行中间（图 4-62）写入配置内容，用于指定 HDFS 中 namenode 的通信地址和 Hadoop 运行时产生文件的存储路径，加入的配置文件内容如下：

```
<property>
  <name>dfs.name.dir</name>
  <value>/usr/local/data/dfs/name</value>
  <description>Path on the local filesystem where theNameNode stores the namespace and transactions logs persistently.</description>
</property>
<property>
  <name>dfs.data.dir</name>
  <value>/usr/local/data/dfs/data</value>
  <description>Comma separated list of paths on the localfilesystem of a DataNode where it should store its blocks.</description>
</property>
<property>
  <name>dfs.tmp.dir</name>
  <value>/usr/local/data/tmp</value>
  <description>Comma separated list of paths on the localfilesystem of a DataNode where it should store its blocks.</description>
</property>
<property>
<name>dfs.replication</name>
  <value>3</value>
</property>
```

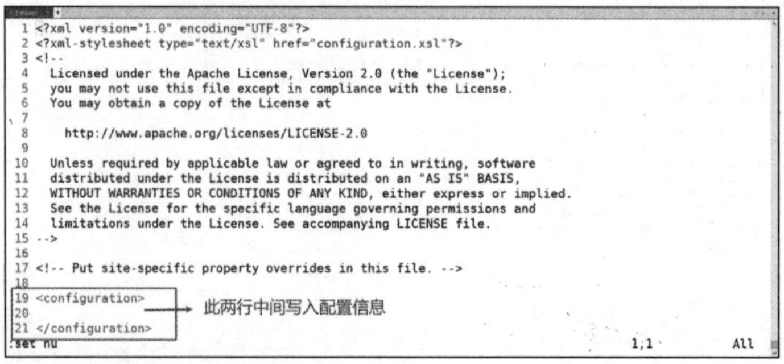

图 4-62　hdfs-site.xml 文件

配置完成后如图 4-63 所示，修改完配置文件按 :wq 保存并退出。

```
<!-- Put site-specific property overrides in this file. -->

<configuration>
<property>
    <name>dfs.name.dir</name>
    <value>/usr/local/data/dfs/name</value>
    <description>Path on the local filesystem where theNameNode stores the namespace and transactions logs persistently.</description>
</property>
<property>
    <name>dfs.data.dir</name>
    <value>/usr/local/data/dfs/data</value>
    <description>Comma separated list of paths on the localfilesystem of a DataNode where it should store its blocks.</description>
</property>
<property>
    <name>dfs.tmp.dir</name>
    <value>/usr/local/data/tmp</value>
    <description>Comma separated list of paths on the localfilesystem of a DataNode where it should store its blocks.</description>
</property>
<property>
<name>dfs.replication</name>
    <value>3</value>
</property>

</configuration>
~
~
                                                                              40,3          Bot
```

图 4-63　修改后的 hdfs-site.xml 文件

（5）修改 mapred-site.xml 文件，命令如下：

```
[root@master hadoop]# mv mapred-site.xml.template mapred-site.xml
# 重命名，去掉文件名中的 template
[root@master hadoop]# vim mapred-site.xml
```

在第 19 行和第 21 行中间（图 4-64）写入配置内容，用于通知框架 MR 使用 YARN，加入的配置文件内容如下：

```
<property>
  <name>mapred.job.tracker</name>
  <value>master:49001</value>
</property>
<property>
    <name>mapred.local.dir</name>
    <value>/usr/local/data/var</value>
</property>
<property>
    <name>mapreduce.framework.name</name>
    <value>yarn</value>
</property>
```

```
 1 <?xml version="1.0"?>
 2 <?xml-stylesheet type="text/xsl" href="configuration.xsl"?>
 3 <!--
 4   Licensed under the Apache License, Version 2.0 (the "License");
 5   you may not use this file except in compliance with the License.
 6   You may obtain a copy of the License at
 7
 8     http://www.apache.org/licenses/LICENSE-2.0
 9
10   Unless required by applicable law or agreed to in writing, software
11   distributed under the License is distributed on an "AS IS" BASIS,
12   WITHOUT WARRANTIES OR CONDITIONS OF ANY KIND, either express or implied.
13   See the License for the specific language governing permissions and
14   limitations under the License. See accompanying LICENSE file.
15 -->
16
17 <!-- Put site-specific property overrides in this file. -->
18
19 <configuration>                 ──→ 此两行中间写入配置内容
20
21 </configuration>
~
~
:set nu                                                          1,1          All
```

图 4-64　mapred-site.xml 文件

配置完成后如图 4-65 所示，修改完配置文件按 :wq 保存并退出。

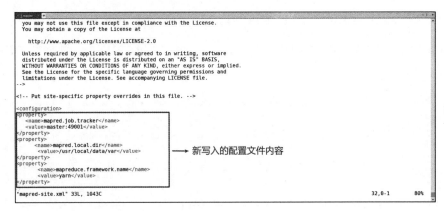

图 4-65　修改后的 mapred-site.xml 文件

（6）修改 yarn-site.xml 文件，命令如下：

```
[root@master hadoop]# vim yarn-site.xml
```

在第 17 行和第 19 行中间（图 4-66）写入配置内容，用于指定 reducer 取数据的方式为 mapreduce_shuffle，加入的配置文件内容如下：

```
<property>
    <name>yarn.resourcemanager.hostname</name>
    <value>master</value>
  </property>
  <property>
    <description>The address of the applications manager interface in the RM.</description>
    <name>yarn.resourcemanager.address</name>
    <value>${yarn.resourcemanager.hostname}:8032</value>
  </property>
  <property>
    <description>The address of the scheduler interface.</description>
    <name>yarn.resourcemanager.scheduler.address</name>
    <value>${yarn.resourcemanager.hostname}:8030</value>
  </property>
  <property>
    <description>The http address of the RM web application.</description>
    <name>yarn.resourcemanager.webapp.address</name>
    <value>${yarn.resourcemanager.hostname}:8088</value>
  </property>
  <property>
    <description>The https address of the RM web application.</description>
    <name>yarn.resourcemanager.webapp.https.address</name>
    <value>${yarn.resourcemanager.hostname}:8090</value>
  </property>
  <property>
    <name>yarn.resourcemanager.resource-tracker.address</name>
    <value>${yarn.resourcemanager.hostname}:8031</value>
  </property>
  <property>
    <description>The address of the RM admin interface.</description>
    <name>yarn.resourcemanager.admin.address</name>
    <value>${yarn.resourcemanager.hostname}:8033</value>
  </property>
```

```xml
<property>
    <name>yarn.nodemanager.aux-services</name>
    <value>mapreduce_shuffle</value>
</property>
<property>
    <name>yarn.scheduler.maximum-allocation-mb</name>
    <value>2048</value>
    <discription> 每个节点可用内存，单位 MB，默认 8182MB</discription>
</property>
<property>
    <name>yarn.nodemanager.vmem-pmem-ratio</name>
    <value>2.1</value>
</property>
<property>
    <name>yarn.nodemanager.resource.memory-mb</name>
    <value>2048</value>
</property>
<property>
    <name>yarn.nodemanager.vmem-check-enabled</name>
    <value>false</value>
</property>
```

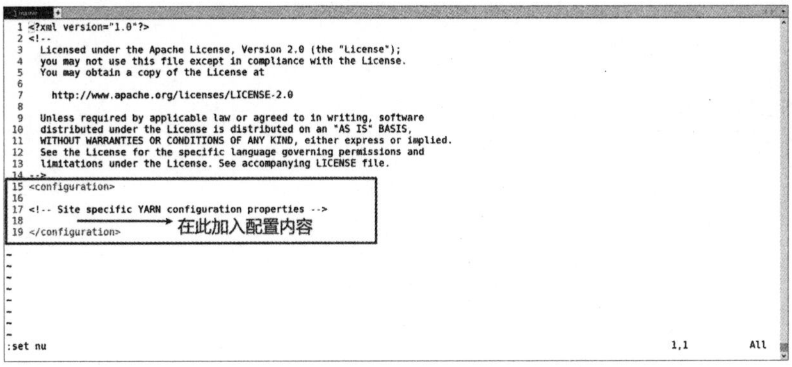

图 4-66　yarn-site.xml 文件

配置完成后如图 4-67 所示，修改完配置文件按 :wq 保存并退出。

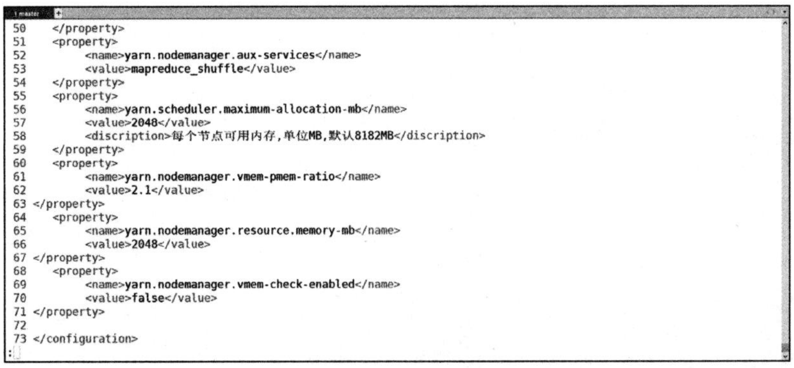

图 4-67　修改后的 yarn-site.xml 文件

（7）修改 slaves 文件，命令如下：

```
[root@master hadoop]# vim slaves
```

清空该文件中原有的数据，将集群中的主机名写入此文件，每个主机名都要单独写一行，如图 4-68 所示。

图 4-68　修改后的 slaves 文件

4. 在 slave1 和 slave2 上搭建 Hadoop

将 master 上配置好的 Hadoop 的安装目录发送到 slave1，命令如下：

```
[root@master hadoop]# cd
[root@master ~]# scp -r /usr/local/hadoop-2.6.4/ root@slave1:/usr/local
```

发送完毕如图 4-69 所示。

maven-theme.css	100%	4624	2.2MB/s	00:00
site.css	100%	935	471.3KB/s	00:00
print.css	100%	215	155.2KB/s	00:00
external.png	100%	230	147.7KB/s	00:00
icon_info_sml.gif	100%	606	402.2KB/s	00:00
banner.jpg	100%	872	227.7KB/s	00:00
newwindow.png	100%	220	151.2KB/s	00:00
breadcrumbs.jpg	100%	349	187.9KB/s	00:00
maven-feather.png	100%	3330	1.3MB/s	00:00
build-by-maven-white.png	100%	2260	1.5MB/s	00:00
build-by-maven-black.png	100%	2294	1.5MB/s	00:00
expanded.gif	100%	52	32.9KB/s	00:00
h5.jpg	100%	357	238.6KB/s	00:00
logo_apache.jpg	100%	33KB	8.2MB/s	00:00
icon_warning_sml.gif	100%	576	262.9KB/s	00:00
logo_maven.jpg	100%	26KB	6.6MB/s	00:00
icon_error_sml.gif	100%	1010	572.4KB/s	00:00
h3.jpg	100%	431	216.8KB/s	00:00
apache-maven-project-2.png	100%	33KB	5.8MB/s	00:00
maven-logo-2.gif	100%	26KB	6.9MB/s	00:00
icon_success_sml.gif	100%	990	319.4KB/s	00:00
collapsed.gif	100%	820	467.4KB/s	00:00
bg.jpg	100%	486	365.4KB/s	00:00
dependency-analysis.html	100%	25KB	8.0MB/s	00:00

发送完毕

[root@master ~]#　回到命令提示符界面

图 4-69　向 slave1 发送 Hadoop 安装目录

将 master 上配置好的 Hadoop 的安装目录发送到 slave2，过程同上。完成后分别在 slave1 和 slave2 上查看 Hadoop 目录，如图 4-70 和图 4-71 所示。

```
[root@slave1 ~]# ls /usr/local/
bin  data  etc  games  hadoop-2.6.4  include  jdk1.8.0_212  lib  lib64  libexec  sbin  share  src
[root@slave1 ~]#
```
在slave1上查看Hadoop安装目录

图 4-70　在 slave1 上查看 Hadoop 安装目录

```
[root@slave2 ~]# ls /usr/local/
bin  data  etc  games  hadoop-2.6.4  include  jdk1.8.0_212  lib  lib64  libexec  sbin  share  src
[root@slave2 ~]#
[root@slave2 ~]#
```
在slave2上查看Hadoop安装目录

图 4-71　在 slave2 上查看 Hadoop 安装目录

5. 在 slave1 和 slave2 上配置 Hadoop 环境变量

将 master 上配置好的环境变量配置文件传送到 slave1 和 slave2，命令如下：

```
[root@master ~]# scp /root/.bash_profile root@slave1:/root/.bash_profile
[root@master ~]# scp /root/.bash_profile root@slave2:/root/.bash_profile
```

分别在 slave1 和 slave2 上刷新环境变量，使设置生效，命令如下：

```
[root@slave1 ~]# source .bash_profile
[root@slave2 ~]# source .bash_profile
```

分别在 slave1 和 slave2 上创建目录，命令如下：

```
[root@slave1 ~]# mkdir -p /usr/local/data/tmp
[root@slave2 ~]# mkdir -p /usr/local/data/tmp
```

6. 格式化 namenode

在 master 上执行格式化 namenode 命令：

```
[root@master ~]# hdfs namenode -format
```

格式化完成后如图 4-72 所示。

```
21/09/09 05:06:07 INFO util.GSet: VM type       = 64-bit
21/09/09 05:06:07 INFO util.GSet: 0.25% max memory 966.7 MB = 2.4 MB
21/09/09 05:06:07 INFO util.GSet: capacity       = 2^18 = 262144 entries
21/09/09 05:06:07 INFO metrics.TopMetrics: NNTop conf: dfs.namenode.top.window.num.buckets = 10
21/09/09 05:06:07 INFO metrics.TopMetrics: NNTop conf: dfs.namenode.top.num.users = 10
21/09/09 05:06:07 INFO metrics.TopMetrics: NNTop conf: dfs.namenode.top.windows.minutes = 1,5,25
21/09/09 05:06:07 INFO namenode.FSNamesystem: Retry cache on namenode is enabled
21/09/09 05:06:07 INFO namenode.FSNamesystem: Retry cache will use 0.03 of total heap and retry cache entry expiry tim
e is 600000 millis
21/09/09 05:06:07 INFO util.GSet: Computing capacity for map NameNodeRetryCache
21/09/09 05:06:07 INFO util.GSet: VM type       = 64-bit
21/09/09 05:06:07 INFO util.GSet: 0.029999999329447746% max memory 966.7 MB = 297.0 KB
21/09/09 05:06:07 INFO util.GSet: capacity       = 2^15 = 32768 entries
21/09/09 05:06:07 INFO namenode.FSImage: Allocated new BlockPoolId: BP-1325242906-192.168.44.3-1631178367440
21/09/09 05:06:07 INFO common.Storage: Storage directory /usr/local/data/dfs/name has been successfully formatted.
21/09/09 05:06:07 INFO namenode.FSImageFormatProtobuf: Saving image file /usr/local/data/dfs/name/current/fsimage.ckpt
_0000000000000000000 using no compression
21/09/09 05:06:07 INFO namenode.FSImageFormatProtobuf: Image file /usr/local/data/dfs/name/current/fsimage.ckpt_000000
0000000000 of size 323 bytes saved in 0 seconds .
21/09/09 05:06:07 INFO namenode.NNStorageRetentionManager: Going to retain 1 images with txid >= 0
21/09/09 05:06:07 INFO namenode.NameNode: SHUTDOWN_MSG:
/************************************************************
SHUTDOWN_MSG: Shutting down NameNode at master/192.168.44.3
************************************************************/
[root@master ~]#
```

图 4-72　格式化 namenode

7. 启动 HDFS 集群

执行启动集群命令：

```
[root@master hadoop]# start-dfs.sh
```

namenode、datanode、secondarynamenode 的启动过程会被发送到相关的日志文件中，
如图 4-73 所示。

```
[root@master ~]# start-dfs.sh
Starting namenodes on [master]
master: starting namenode, logging to /usr/local/hadoop-2.6.4/logs/hadoop-root-namenode-master.out
slave2: starting datanode, logging to /usr/local/hadoop-2.6.4/logs/hadoop-root-datanode-slave2.out
slave1: starting datanode, logging to /usr/local/hadoop-2.6.4/logs/hadoop-root-datanode-slave1.out
master: starting datanode, logging to /usr/local/hadoop-2.6.4/logs/hadoop-root-datanode-master.out
Starting secondary namenodes [0.0.0.0]
0.0.0.0: starting secondarynamenode, logging to /usr/local/hadoop-2.6.4/logs/hadoop-root-secondarynamenode-master.out
[root@master ~]#
```

图 4-73　启动 HDFS 集群

8. 验证 HDFS

在三台虚拟机上分别运行 jps 命令，在 master 上显示 NameNode、SecondaryNameNode、
DataNode 三个进程，如图 4-74 所示，在 slave1 和 slave2 上显示 DataNode 进程，如图
4-75 和图 4-76 所示。

```
[root@master ~]# jps
10420 DataNode
10699 Jps                    在master上查询HDFS进程
10284 NameNode
10588 SecondaryNameNode
[root@master ~]#
```

图 4-74　在 master 上查询 HDFS 进程

```
[root@slave1 ~]# jps
8147 DataNode
8235 Jps                     在slave1上查询HDFS进程
[root@slave1 ~]#
```

图 4-75　在 slave1 上查询 HDFS 进程

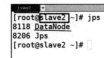

图 4-76   在 slave2 上查询 HDFS 进程

9. 启动 yarn 集群

在 master 上执行启动 yarn 集群命令：

```
[root@master ~]# start-yarn.sh
```

resourcemanager 和 nodemanager 的启动过程会被发送到相关的日志文件中，如图 4-77
所示。

```
[root@master ~]# start-yarn.sh
starting yarn daemons
starting resourcemanager, logging to /usr/local/hadoop-2.9.2/logs/yarn-root-resourcemanager-master.out
slave1: starting nodemanager, logging to /usr/local/hadoop-2.9.2/logs/yarn-root-nodemanager-slave1.out
slave2: starting nodemanager, logging to /usr/local/hadoop-2.9.2/logs/yarn-root-nodemanager-slave2.out
master: starting nodemanager, logging to /usr/local/hadoop-2.9.2/logs/yarn-root-nodemanager-master.out
[root@master ~]#
```

图 4-77   启动 yarn 集群

10. 验证 yarn

分别在 master、slave1 和 slave2 上执行 jps 命令。在 master 上显示 NodeManager 和
ResourceManager 两个进程，如图 4-78 所示；slave1 和 slave2 上显示 NodeManager 进程，
如图 4-79 和图 4-80 所示。

图 4-78   在 master 上查询 yarn 进程

```
[root@slave1 ~]# jps
8147 DataNode
8406 Jps
8281 NodeManager    在slave1上查询yarn相关进程
[root@slave1 ~]#
```

图 4-79   在 slave1 上查询 yarn 进程

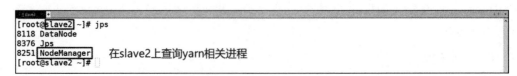

图 4-80   在 slave2 上查询 yarn 进程

11. 利用 Windows 浏览器测试 Hadoop

用浏览器访问地址 http://192.168.44.3:50070（这里 master 的 IP 为 192.168.44.3），连
接后的页面自动跳转到了 overview 子页面，测试结果如图 4-81 所示。

接着单击 Datanodes 选项，可以查看各个节点的运行情况，如图 4-82 所示。

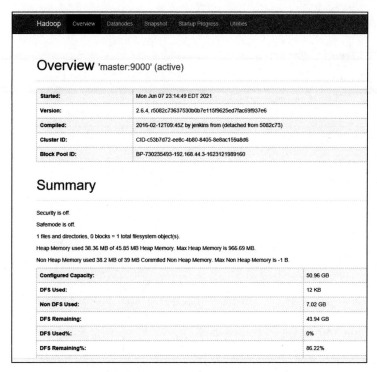

图 4-81　Hadoop 测试

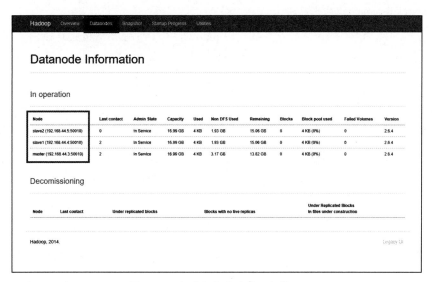

图 4-82　查看各个节点的运行情况

用浏览器访问 http://192.168.44.3:8088 可以跳转到 cluster 页面，如图 4-83 所示。至此安装和调试都正常的话，可以为当前系统拍摄一个快照了。

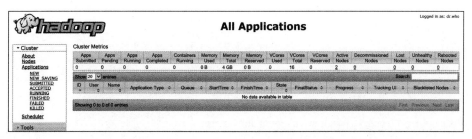

图 4-83　跳转到 cluster 页面

4.3.3 安装 MySQL Server

安装 MySQL Server

1. 获取生成 repo 文件的 rpm 包

CentOS7 的 yum 源中默认没有 MySQL，登录网站 http://repo.mysql.com/，单击对应版本的软件包并复制其链接地址，如图 4-84 所示。

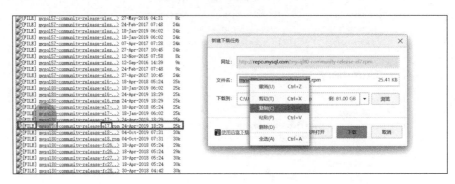

图 4-84　获取 rpm 包链接

获取生成 repo 文件的 rpm 包，命令如下：

```
[root@master software]# cd /root/software/
[root@master software]# wget 复制的网址
[root@master software]# ls
······ mysql80-community-release-el7.rpm ······
```

注意：也可以直接将 rpm 文件下载到 Windows 中，再利用 WinSCP 传到 master 上。

2. 安装 rpm 包，生成 MySQL 的 yum 源文件（图 4-85）

命令如下：

```
[root@master ~]# cd software/
[root@master software]# rpm -ivh mysql80-community-release-el7.rpm
```

```
[root@master software]# rpm -ivh mysql80-community-release-el7.rpm
Preparing...                        ################################# [100%]
Updating / installing...
   1:mysql80-community-release-el7-3 ################################# [100%]
[root@master software]#
```

图 4-85　安装 MySQL 的 repo 文件

安装完后 /etc/yum.repos.d/ 目录中会生成两个 MySQL 相关的 .repo 文件，如图 4-86 所示。

```
[root@master ~]#  cd /etc/yum.repos.d/
[root@master yum.repos.d]# ls
CentOS7-Base-163.repo  mysql-community.repo  mysql-community-source.repo  repo.bak
[root@master yum.repos.d]#
```

图 4-86　查看 MySQL 的 .repo 文件

3. 利用 yum 命令安装 MySQL

```
[root@master ~]# yum makecache        #将资源载入缓存区
```

将资源载入缓存区，如图 4-87 所示。

载入缓冲区结束后开始安装，命令如下：

```
[root@master ~]# yum -y install mysql-community-server
```

在线安装过程中要保持网络连通，安装时间相对较长，部分安装过程如图 4-88 所示。

图 4-87　将可安装资源载入缓存区

图 4-88　MySQL 安装过程

安装完成如图 4-89 所示，安装了 1 个主包和 4 个依赖包。

图 4-89　MySQL 安装完成

4. 启动 MySQL，并将其设为开机自启动

[root@master ~]# systemctl start mysqld　# 启动
[root@master ~]# systemctl enable mysqld　# 设置为开机自启动

5. 查看 MySQL 初始密码，登录并修改密码

查看 MySQL 初始密码命令如下：

[root@master ~]# cat /var/log/mysqld.log | grep password

执行结果如图 4-90 所示。

图 4-90　查看 MySQL 初始密码

修改密码，命令如下：

[root@master ~]# mysql -u root -p

执行命令，输入初始密码，如图 4-91 所示。

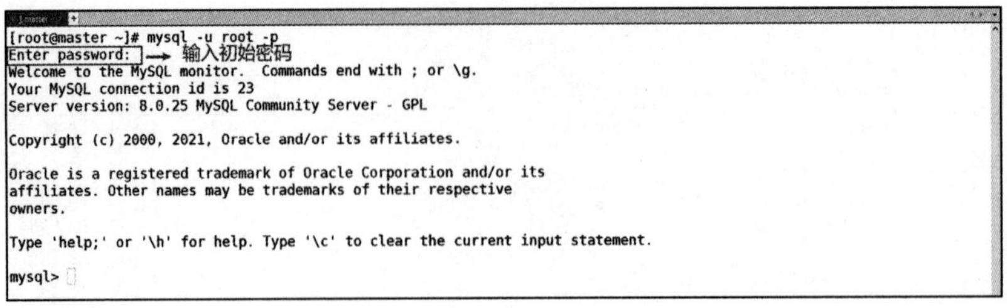

图 4-91　输入 MySQL 初始密码

修改 MySQL 密码为"Root123！"，过程如图 4-92 所示，命令如下：

mysql> ALTER user 'root'@'localhost' IDENTIFIED BY 'Root123!';

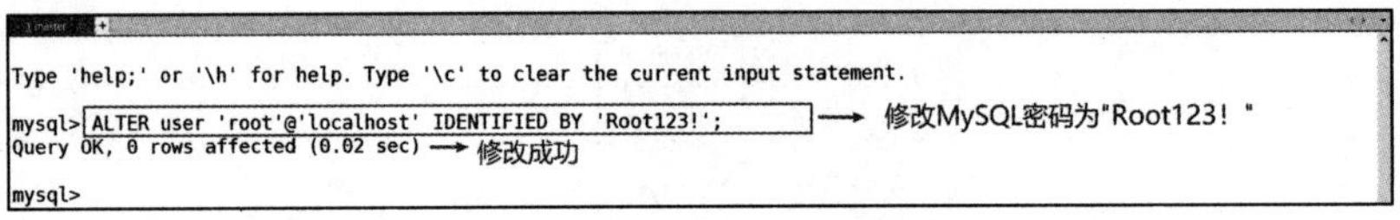

图 4-92　修改 MySQL 密码

6. 给 root 用户所有表的操作权限，并且让 root 用户有权给其他用户授权

添加 root 用户，命令如下：

mysql> create user 'root'@'%' identified by 'Root123!';

给 root 用户授权，使其有权给其他用户授权，命令如下：

mysql> GRANT all ON *.* TO 'root'@'%' WITH GRANT OPTION; # 给 root 授权

命令执行过程如图 4-93 所示。

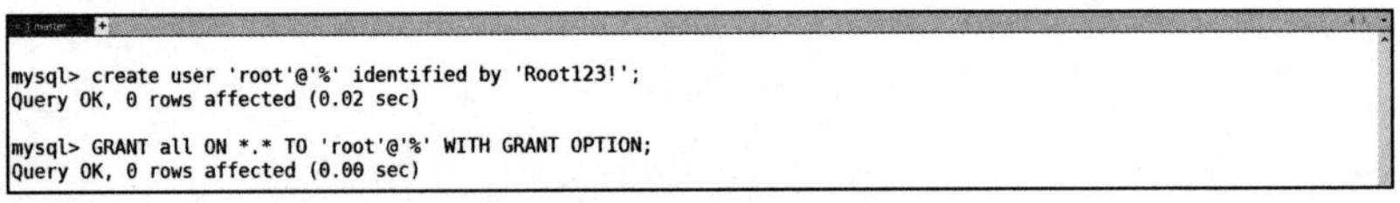

图 4-93　给 root 授权

【长知识】上述代码中的第一个"*"代表所有数据库，第二个"*"代表所有表，可以写具体的数据库名或表名；"%"代表任意主机名，如果不允许远程连接，将 % 改为 localhost 即可。

可以使用"select host,user from user;"查看当前数据库中的用户信息。

重新加载权限表，命令如下：

mysql> flush privileges;
Query OK, 0 rows affected (0.00 sec)

exit 命令可以退出 MySQL 命令提示符。

4.3.4　安装 Hive

Hive 是基于 Hadoop 的一个数据仓库工具，用来进行数据提取、转化、加载，这是一种可以存储、查询和分析存储在 Hadoop 中的大规模数据的机制。Hive 数据仓库工具能将结构化的数据文件映射为一张数据库表，并提供 SQL 查询功能，能将 SQL 语句转变成 MapReduce 任务来执行。Hive 的优点是学习成本低，可以通过类似 SQL 语句实现快速 MapReduce 统计，使 MapReduce 变得更加简单，而不必开发专门的 MapReduce 应用程序。Hive 十分适合对数据仓库进行统计分析。

1. 解压安装 Hive，代码如下：

```
[root@master local]# cd /usr/local/
[root@master local]#  tar -zxvf /root/software/apache-hive-2.3.6-bin.tar.gz
[root@master local]# ls
apache-hive-2.3.6-bin ······
[root@master ~]# vim /root/.bash_profile    # 配置环境变量
```

在配置文件最后加入以下两行：

```
export HIVE_HOME=/usr/local/apache-hive-2.3.6-bin
export PATH=$PATH:$HIVE_HOME/bin
```

改完配置文件按 :wq 保存并退出，使环境变量生效，命令如下

```
[root@master ~]# source  /root/.bash_profile
```

2. 进入配置文件目录，做相关准备工作

命令如下：

```
[root@master ~]# cd /usr/local/apache-hive-2.3.6-bin/conf/   # Hive 配置文件目录
[root@master conf]# cp hive-default.xml.template hive-site.xml # 复制文件
[root@master conf]# mv hive-env.sh.template hive-env.sh      # 配置文件重命名
[root@master conf]# mkdir /usr/local/apache-hive-2.3.6-bin/tmp # 创建目录
```

3. 修改 hive-site.xml 配置文件

hive-site.xml 配置文件约有 4000 行。使用 WinSCP 在 Windows 上修改配置文件比在 Linux 系统本地修改更便捷。

用 WinSCP 登录 master 后，打开 /usr/local/apache-hive-2.3.6-bin/conf/ 目录，找到 hive-site.xml 文件，如图 4-94 所示。

Hive 配置

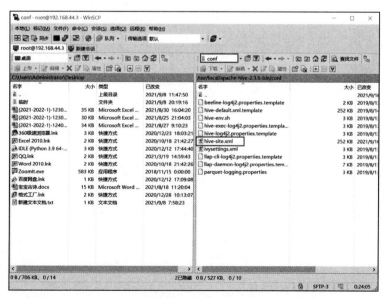

图 4-94　用 WinSCP 查看 hive-site.xml 文件

（1）设置与数据库连接的 URL。在 WinSCP 右侧窗口双击打开文件，搜索 javax.jdo. option.ConnectionURL，找到相应配置信息；将 IP 地址改为数据库所在主机的 IP 或主机名（主机名为 master），后接数据库名（数据库名为 myhive），如不存在则会在后续初始化 Hive 时进行创建；3306 为 MySQL 的默认端口号，过程如图 4-95 所示。

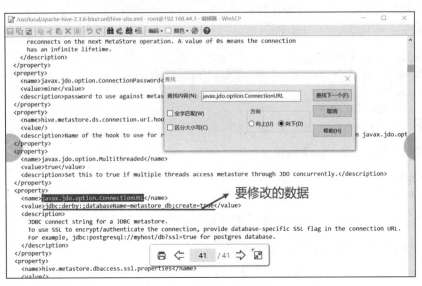

图 4-95　设置与数据库连接的 URL

修改后的配置文件段落如下：

```
<name>javax.jdo.option.ConnectionURL</name>
<value>jdbc:mysql://master:3306/myhive?createDatabaseIfNotExist=true&amp;serverTimezone=GMT
  </value>
```

（2）修改 JDBC 驱动。搜索 javax.jdo.option.ConnectionDriverName，找到对应的文件内容，修改 JDBC 驱动的链接地址，如图 4-96 所示。

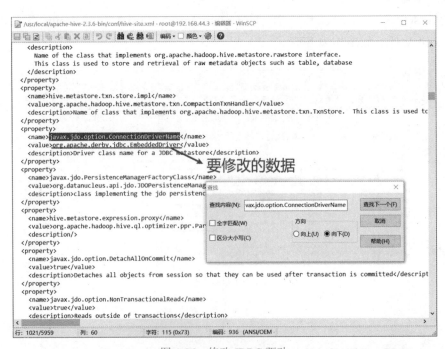

图 4-96　修改 JDBC 驱动

修改后的配置文件段落如下：

```
<property>
<name>javax.jdo.option.ConnectionDriverName</name>
 <value>com.mysql.cj.jdbc.Driver</value>
<description>Driver class name for a JDBC metastore</description>
</property>
```

【长知识】如果 MySQL 的主版本不同，则驱动链接也不一样：MySQL8 的驱动 com.
mysql.cj.jdbc.Driver，MySQL5 的驱动为 com.mysql.jdbc。

（3）设置登录数据库的用户。搜索 javax.jdo.option.ConnectionUserName，找到对应的
文件内容，修改登录数据库的用户，如图 4-97 所示。

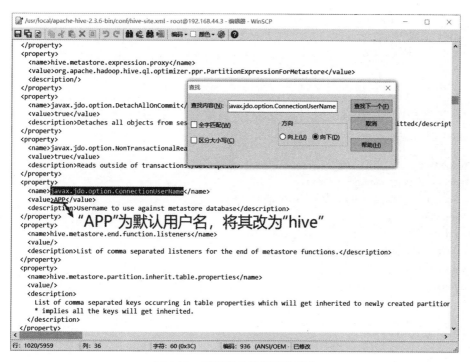

图 4-97　设置登录数据库的用户

修改后的配置文件如下：

```
<property>
<name>javax.jdo.option.ConnectionUserName</name>
<value>hive</value>
<description>Username to use against metastore database</description>
</property>
```

（4）设置用户密码。搜索 javax.jdo.option.ConnectionPassword，为 Hive 用户设置密码
"Root123！"，如图 4-98 所示。

修改后的配置文件段落如下：

```
<property>
<name>javax.jdo.option.ConnectionPassword</name>
<value>Root123!</value>
<description>password to use against metastore database</description>
</property>
```

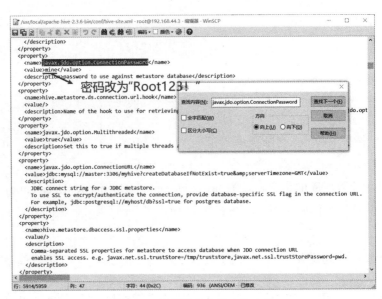

图 4-98　设置数据库用户的密码

（5）设置操作系统缓存临时目录和用户。将配置信息添加在配置文件最后一行前，如图 4-99 所示，新添加的配置文件段落如下：

```
<property>
<name>system:java.io.tmpdir</name>
<value>/usr/local/apache-hive-2.3.6-bin/tmpdir</value>
</property>
<property>
<name>system:user.name</name>
<value>hive</value>
</property>
```

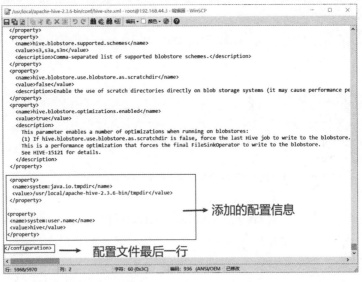

图 4-99　设置操作系统缓存临时目录和用户

4．在 hive-env.sh 中声明环境变量

编辑 hive-env.sh 配置文件，命令如下：

```
[root@master conf]# vim /usr/local/apache-hive-2.3.6-bin/conf/hive-env.sh
在配置文件末尾添加以下 5 行
```

```
export JAVA_HOME=/usr/local/jdk1.8.0_212
export HADOOP_HOME=/usr/local/hadoop-2.6.4
export HIVE_HOME=/usr/local/apache-hive-2.3.6-bin
export HIVE_CONF_DIR=$HIVE_HOME/conf
export HIVE_AUX_JARS_PATH=$HIVE_HOME/lib
```

vim 常用定位光标方法见表 4-5。

表 4-5　vim 常用定位光标方法

命令	作用
:set nu	显示行号
:set nonu	取消行号
gg	到第一行
G	到最后一行
:n	到第 n 行

5. 将 MySQL connector 拷贝到 Hive 的 lib 包中

MySQL connector 的下载网址是 https://dev.mysql.com/downloads/connector/j/，选择不依赖平台的版本，下载过程如图 4-100 和图 4-101 所示。

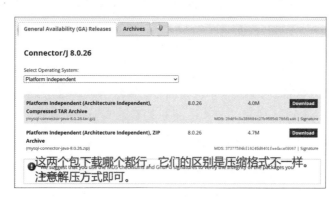

图 4-100　下载 MySQL connector 的 jar 包

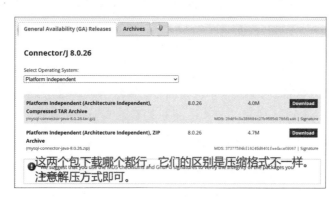

图 4-101　选择直接下载 MySQL connector 的 jar 包

利用 WinSCP 将下载下来的 jar 包传到 master 的 /root/software 目录下解压，在 master 上把 MySQL 的 jar 资源包放到 hive/lib 下，命令如下：

```
[root@master bin]# cd /root/software/        # 进入指定目录
[root@master software]# tar -zxvf mysql-connector-java-8.0.26.tar.gz  # 解压
[root@master software]# ls  # 查看 mysql-connector-java-8.0.18
[root@master software]# cd mysql-connector-java-8.0.26/  # 进入指定目录
[root@master mysql-connector-java-8.0.26]# ls  # 查看 mysql-connector-java-8.0.26.jar
[root@master mysql-connector-java-8.0.18]# cp mysql-connector-java-8.0.18.jar /usr/local/apache-hive-
2.3.6-bin/lib/    # 将文件复制到指定目录
```

6. 给 MySQL 创建 Hive 用户，给予 Hive 用户权限

用 Xshell 重新打开一个 master 远程窗口，登录 MySQL，创建 Hive 用户，给予 Hive 用户权限，过程如图 4-102 所示。

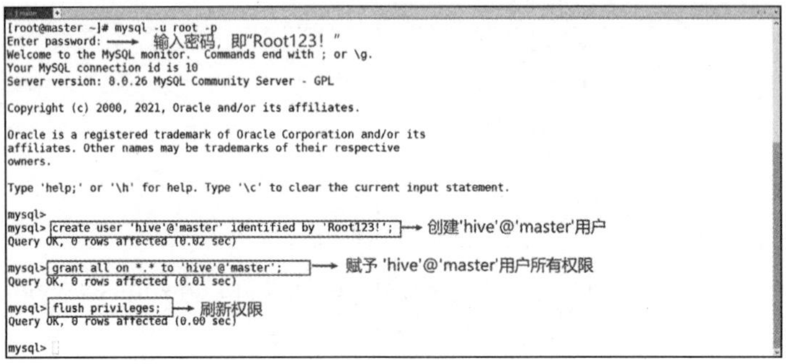

图 4-102　创建 Hive 用户并给予权限

7. 创建一个名叫 myhive 的数据库

```
mysql> create database myhive;
Query OK, 1 row affected (0.01 sec)
```

8. 在第一个 master 窗口中启动集群，并进行数据库初始化操作

启动集群如图命令如下（图 4-103）：

```
[root@master ~]# start-all.sh        # 启动集群
```

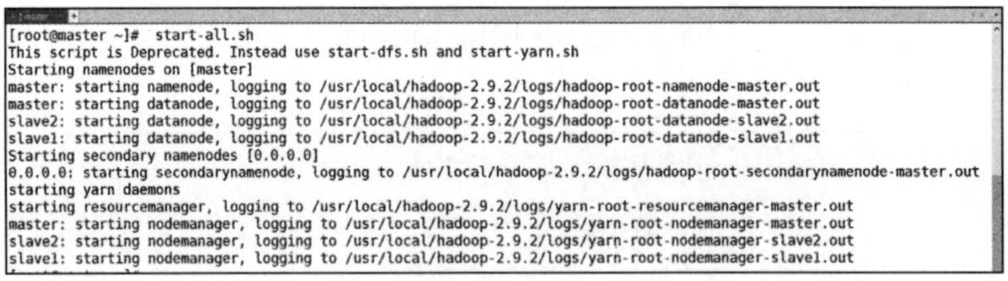

图 4-103　启动集群

数据库初始化命令如下（图 4-104）：

```
[root@master ~]# schematool -dbType mysql -initSchema
```

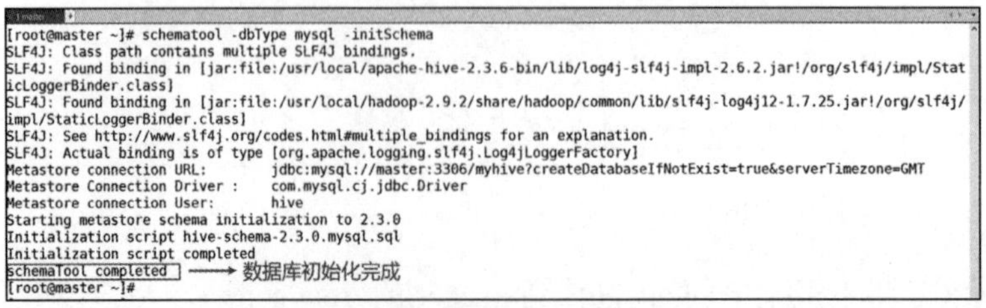

图 4-104　数据库初始化完成

9. 验证 Hive

启动 Hive，命令如下（图 4-105）：

```
[root@master ~]# hive
```

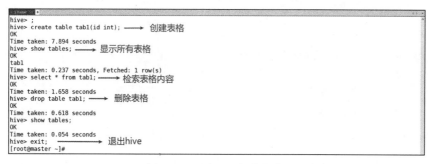

图 4-105 启动 hive

用 Hive 操作数据表如图 4-106 所示。

```
hive> ;
hive> create table tab1(id int); ——→ 创建表格
OK
Time taken: 7.894 seconds
hive> show tables; ——→ 显示所有表格
OK
tab1
Time taken: 0.237 seconds, Fetched: 1 row(s)
hive> select * from tab1; ——→ 检索表格内容
OK
Time taken: 1.658 seconds
hive> drop table tab1; ——→ 删除表格
OK
Time taken: 0.618 seconds
hive> show tables;
OK
Time taken: 0.054 seconds
hive> exit; ——→ 退出hive
[root@master ~]#
```

图 4-106 用 hive 操作表格

至此安装和调试都正常的话，可以为当前系统拍摄一个快照了。

4.3.5 安装 ZooKeeper

安装 ZooKeeper

1. 解压、安装

进入软件包所在目录，解压，安装到指定目录，命令如下：

```
[root@master ~]# cd /usr/local/  # 进入软件包目录
[root@master local]# tar -zxvf /root/software/zookeeper-3.4.6.tar.gz  # 解压安装
```

2. 配置环境变量

打开环境变量配置文件，命令如下：

```
[root@master ~]# vim /root/.bash_profile
```

在环境变量配置文件中加入以下两行：

```
export ZOOKEEPER_HOME=/usr/local/zookeeper-3.4.6
export PATH=$PATH:$ZOOKEEPER_HOME/bin
```

使环境变量生效：

```
[root@master ~]# source /root/.bash_profile
```

3. 修改相关配置文件

```
[root@master conf]# cd /usr/local/zookeeper-3.4.6/conf/  # 进入配置文件目录
```

```
[root@master conf]# cp zoo_sample.cfg zoo.cfg      #重命名文件
[root@master conf]# vim zoo.cfg                    #打开配置文件
```

将 dataDir=/tmp/zookeeper 改为 dataDir=/usr/local/zookeeper-3.4.6/data，如图 4-107 所示。

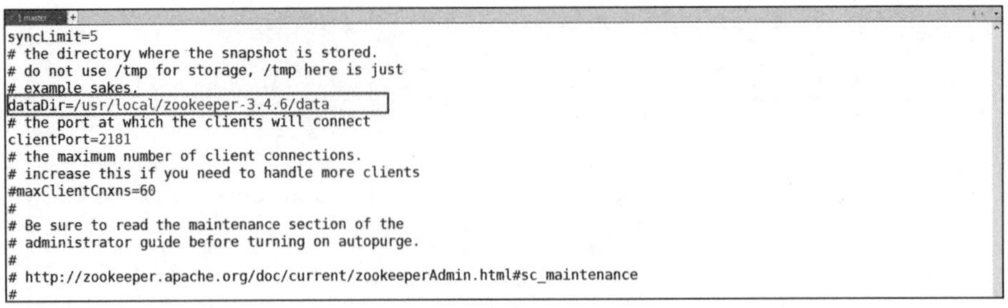

图 4-107   zoo.cfg 配置文件修改

在配置文件末尾加入以下三行：

```
server.0=master:2888:3888
server.1=slave1:2888:3888
server.2=slave2:2888:3888
```

设置 ZooKeeper 节点标识，命令如下：

```
[root@master conf]# mkdir /usr/local/zookeeper-3.4.6/data
[root@master conf]# cd /usr/local/zookeeper-3.4.6/data
[root@master data]# vim myid           #写入 0，保存退出
```

4. 搭建 ZooKeeper 集群

在另外两台机器上配置 ZooKeeper 集群，使用 scp 进行传送。

```
[root@master ~]# scp -r /usr/local/zookeeper-3.4.6/ root@slave1:/usr/local/
[root@master ~]# scp -r /usr/local/zookeeper-3.4.6/ root@slave2:/usr/local/
```

分别将 slave1 和 slave2 上的 ZooKeeper 标识符改为 1 和 2。

```
[root@slave1 ~]# vim /usr/local/zookeeper-3.4.6/data/myid #0 改为 1，保存退出
[root@slave2 ~]# vim /usr/local/zookeeper-3.4.6/data/myid #0 改为 2，保存退出
```

分别在 slave1 和 slave2 的环境变量配置文件 /root/.bash_profile 中加入以下两行，用于声明 ZooKeeper 环境变量：

```
export ZOOKEEPER_HOME=/usr/local/zookeeper-3.4.6
export PATH=$PATH:$ZOOKEEPER_HOME/bin
```

分别在 slave1 和 slave2 上刷新环境变量：

```
[root@slave1 ~]# source /root/.bash_profile
[root@slave2 ~]# source /root/.bash_profile
```

5. 在三台虚拟机上分别执行 zkServer.sh start 启动 ZooKeeper 集群

（1）在 master 上启动 ZooKeeper（图 4-108）。

```
[root@master ~]# zkServer.sh start
```

图 4-108   在 master 上启动 ZooKeeper

（2）在 slave1 和 slave2 上启动 ZooKeeper。

```
[root@slave1 ~]# zkServer.sh start
[root@slave2 ~]# zkServer.sh start
```

分别在 master、slave1 和 slave2 上查看 ZooKeeper 状态，如图 4-109 至图 4-111 所示。

```
[root@master ~]# zkServer.sh status
JMX enabled by default
Using config: /usr/local/zookeeper-3.4.6/bin/../conf/zoo.cfg
Mode: follower
[root@master ~]#
```

图 4-109　ZooKeeper 在 master 上的状态

```
[root@slave1 ~]# zkServer.sh status
JMX enabled by default
Using config: /usr/local/zookeeper-3.4.6/bin/../conf/zoo.cfg
Mode: leader
[root@slave1 ~]#    zookeeper在slave1上的状态
```

图 4-110　ZooKeeper 在 slave1 上的状态

```
[root@slave2 ~]# zkServer.sh status
JMX enabled by default
Using config: /usr/local/zookeeper-3.4.6/bin/../conf/zoo.cfg
Mode: follower
[root@slave2 ~]#    zookeeper在slave2上的状态
```

图 4-111　ZooKeeper 在 slave2 上的状态

分别在 master、slave1 和 slave2 上执行 jps 命令，会看到名为 QuorumPeerMain 的 ZooKeeper 相关进程，如图 4-112 所示。

```
[root@master ~]# zkServer.sh status
JMX enabled by default
Using config: /usr/local/zookeeper-3.4.6/bin/../conf/zoo.cfg
Mode: follower
[root@master ~]# jps
7664 SecondaryNameNode
8945 QuorumPeerMain
7879 ResourceManager
7416 NameNode
9032 Jps
7979 NodeManager
7517 DataNode
[root@master ~]#
```

图 4-112　查看 ZooKeeper 进程

至此安装和调试一切都正常的话，可以为当前系统拍摄一个快照了。

【长知识】QuorumPeerMain 是 ZooKeeper 集群的启动类，用来加载配置启动 QuorumPeer 线程的。Quorum 是定额的意思，Peer 是对等的意思。Quorum 表示 ZooKeeper 启动后，服务数量就确定了。"zkServer.sh stop" 命令可以关闭 QuorumPeerMain 进程。

4.3.6　安装 Scala

1. 解压、安装

```
[root@master ~]# cd /usr/local/  # 进入安装目录
[root@master local]# tar -zxvf /root/software/scala-2.12.8.tgz  # 解压、安装
```

2. 配置环境变量

```
[root@master ~]# vim /root/.bash_profile
```

安装 Scala

在环境变量配置文件中加入以下两行：

```
export SCALA_HOME=/usr/local/scala-2.12.8
export PATH=$PATH:$SCALA_HOME/bin
```

使环境变量生效：

```
[root@master ~]# source /root/.bash_profile
```

3. 查看 Scala 是否安装成功（图 4-113）

```
[root@master local]# scala -version
```

```
[root@master local]# scala -version
Scala code runner version 2.12.8 -- Copyright 2002-2018, LAMP/EPFL and Lightbend, Inc.
[root@master local]#          能够查到版本号，代表安装成功
```

图 4-113　查看 Scala

4. 在另外两台机器上安装配置 Scala，使用 scp 传送

```
[root@master local]# scp -r /usr/local/scala-2.12.8/ root@slave1:/usr/local/
[root@master local]# scp -r /usr/local/scala-2.12.8/ root@slave2:/usr/local/
```

5. 在 slave1 和 slave2 上声明 Slaca 的环境变量

在 slave1 和 slave2 的 /root/.bash_profile 环境变量配置文件中加入以下两行：

```
export SCALA_HOME=/usr/local/scala-2.12.8
export PATH=$PATH:$SCALA_HOME/bin
```

使环境变量生效：

```
[root@slave1 ~]# source /root/.bash_profile
[root@slave2 ~]# source /root/.bash_profile
```

4.3.7　安装 Kafka

安装 Kafka

1. 解压、安装

```
[root@master ~]# cd /usr/local/
[root@master local]# tar -zxvf /root/software/kafka_2.12-2.5.0.tgz    # 解压、安装
```

2. 配置环境变量

```
[root@master ~]# vim /usr/local/kafka_2.12-2.5.0/config/server.properties
```

将文件中第 123 行的 zookeeper.connect=localhost:2181 改为对应的主机名和 ZooKeeper 服务端口号，如图 4-114 所示。

```
107 #log.retention.bytes=1073741824
108
109 # The maximum size of a log segment file. When this size is reached a new log segment will be created.
110 log.segment.bytes=1073741824
111
112 # The interval at which log segments are checked to see if they can be deleted according
113 # to the retention policies
114 log.retention.check.interval.ms=300000
115
116 ######################### Zookeeper #########################
117
118 # Zookeeper connection string (see zookeeper docs for details).
119 # This is a comma separated host:port pairs, each corresponding to a zk
120 # server. e.g. "127.0.0.1:3000,127.0.0.1:3001,127.0.0.1:3002".
121 # You can also append an optional chroot string to the urls to specify the
122 # root directory for all kafka znodes.
123 zookeeper.connect=localhost:2181        → zookeeper.connect=master:2181,slave1:2181,slave2:2181
124
125 # Timeout in ms for connecting to zookeeper
126 zookeeper.connection.timeout.ms=18000
127
128
```

图 4-114　Kafka 配置文件修改

3. 在另外两台机器上安装配置 Kafka，这里使用 scp 进行传送

```
[root@master ]# scp -r /usr/local/kafka_2.12-2.5.0/ root@slave1:/usr/local/
[root@master ]# scp -r /usr/local/kafka_2.12-2.5.0/ root@slave2:/usr/local/
```

4. 更改集群中 Broker 的唯一 id

（1）设置 slave1 中 Broker 的唯一 id。

```
[root@slave1 ~]# vim /usr/local/kafka_2.12-2.5.0/config/server.properties
```

将文件中第 21 行的 broker.id=0 改为 broker.id=1，如图 4-115 所示。

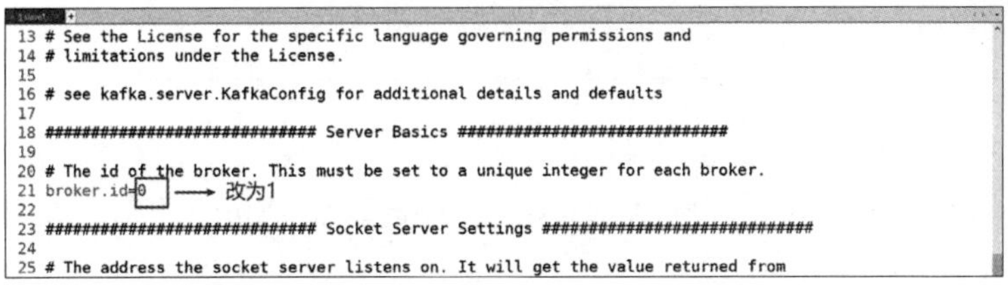

图 4-115　设置 slave1 中 Broker 的唯一 id

（2）设置 slave2 中 Broker 的唯一 id。

```
[root@slave2 ~]# vim /usr/local/kafka_2.12-2.5.0/config/server.properties
```

将文件中第 21 行的"broker.id=0"改为"broker.id=2"，如图 4-116 所示。

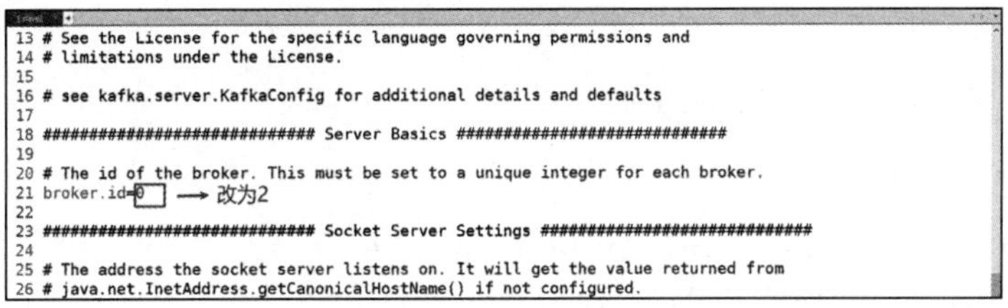

图 4-116　设置 slave2 中 Broker 的唯一 id

5. 启动 Kafka 集群

在 master、slave1 和 slave2 上分别运行启动命令。

```
[root@master ~]# cd /usr/local/kafka_2.12-2.5.0/
[root@master kafka_2.12-2.5.0]# bin/kafka-server-start.sh config/server.properties &
[root@slave1 ~]# cd /usr/local/kafka_2.12-2.5.0/
[root@slave1 kafka_2.12-2.5.0]# bin/kafka-server-start.sh config/server.properties &
[root@slave2 ~]# cd /usr/local/kafka_2.12-2.5.0/
[root@slave2 kafka_2.12-2.5.0]# bin/kafka-server-start.sh config/server.properties &
```

注意：在启动 Kafka 前必须已经启动集群和 ZooKeeper。

6. 查看是否已经启动 Kafka

在 master、slave1 和 slave2 上分别执行 jps 命令，查看 Kafka 启动情况，如图 4-117 至图 4-119 所示。

图 4-117　在 master 上查看 Kafka 进程

图 4-118　在 slave1 上查看 Kafka 进程

```
[root@slave1 kafka_2.12-2.5.0]# jps
7537 Kafka
7937 Jps
7298 NodeManager
7490 QuorumPeerMain
7181 DataNode
[root@slave1 kafka_2.12-2.5.0]#
```

图 4-119　在 slave2 上查看 Kafka 进程

```
[root@slave2 kafka_2.12-2.5.0]# jps
7495 Kafka
7895 Jps
7195 DataNode
7262 NodeManager
7454 QuorumPeerMain
[root@slave2 kafka_2.12-2.5.0]#
```

在 Kafka 的安装目录下输入 bin/kafka-server-stop.sh 命令可停止运行 Kafka。

4.3.8　安装 Spark

安装 Spark

1. 解压、安装

```
[root@master ~]# cd /usr/local/
[root@master local]# tar -zxvf /root/software/spark-2.4.7-bin-hadoop2.6.tgz
[root@master local]# ls
```

2. 配置环境变量

```
[root@master ~]# vim /root/.bash_profile
```

在环境变量配置文件中加入以下 3 行：

```
export SPARK_HOME=/usr/local/spark-2.4.7-bin-hadoop2.6
export PATH=$PATH:$SPARK_HOME/bin
export CLASSPATH=$CLASSPATH:$JAVA_HOME/lib:$JAVA_HOME/jre/lib
```

使环境变量生效：

```
[root@master ~]# source /root/.bash_profile
```

3. 修改配置文件

```
[root@master ~]# cd /usr/local/spark-2.4.7-bin-hadoop2.6/conf/
[root@master conf]# cp spark-env.sh.template spark-env.sh
[root@master conf]# vim spark-env.sh
```

在改配置文件末尾加入以下 5 行声明环境变量。

```
export JAVA_HOME=/usr/local/jdk1.8.0_212
export SPARK_HOME=/usr/local/spark-2.4.7-bin-hadoop2.6
export SPARK_MASTER_IP=master
export SPARK_WORKER_MEMORY=1g
export HADOOP_CONF_DIR=/usr/local/usr/local/hadoop-2.6.4/etc/hadoop
```

修改 slaves 文件，添加从节点主机名：

```
[root@master conf]# mv slaves.template slaves
[root@master conf]# vim slaves
```

将配置文件末尾的 localhost 删掉，加入从节点主机名，如图 4-120 所示。

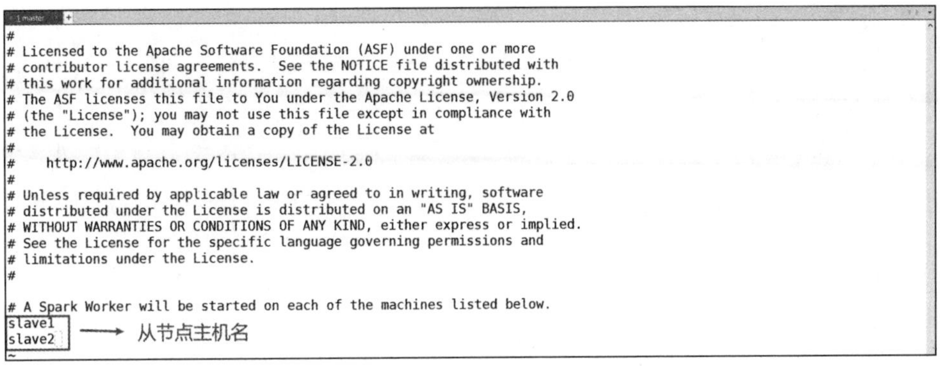

```
#
# Licensed to the Apache Software Foundation (ASF) under one or more
# contributor license agreements.  See the NOTICE file distributed with
# this work for additional information regarding copyright ownership.
# The ASF licenses this file to You under the Apache License, Version 2.0
# (the "License"); you may not use this file except in compliance with
# the License.  You may obtain a copy of the License at
#
#     http://www.apache.org/licenses/LICENSE-2.0
#
# Unless required by applicable law or agreed to in writing, software
# distributed under the License is distributed on an "AS IS" BASIS,
# WITHOUT WARRANTIES OR CONDITIONS OF ANY KIND, either express or implied.
# See the License for the specific language governing permissions and
# limitations under the License.
#

# A Spark Worker will be started on each of the machines listed below.
slave1
slave2      ──→ 从节点主机名
~
```

图 4-120　修改后的 slaves 文件

4. 在另外两台机器上安装配置 Spark，这里使用 scp 进行传送

[root@master~]# scp -r /usr/local/spark-2.4.7-bin-hadoop2.6/ root@slave1:/usr/local/
[root@master~]# scp -r /usr/local/spark-2.4.7-bin-hadoop2.6/ root@slave2:/usr/local/

5. 为 slave1 和 slave2 配置环境变量

[root@slave1 ~]# vim /root/.bash_profile

在环境变量配置文件中加入以下 3 行：

export SPARK_HOME=/usr/local/spark-2.4.7-bin-hadoop2.6
export PATH=$PATH:$SPARK_HOME/bin
export CLASSPATH=$CLASSPATH:$JAVA_HOME/lib:$JAVA_HOME/jre/lib
[root@slave2~]# vim /root/.bash_profile

在环境变量配置文件中加入以下 3 行：

export SPARK_HOME=/usr/local/spark-2.4.7-bin-hadoop2.6
export PATH=$PATH:$SPARK_HOME/bin
export CLASSPATH=$CLASSPATH:$JAVA_HOME/lib:$JAVA_HOME/jre/lib

使环境变量生效：

[root@slave1 ~]# source /root/.bash_profile
[root@slave2 ~]# source /root/.bash_profile

6. 启动 Spark 集群（图 4-121）

[root@master ~]# cd /usr/local/spark-2.4.7-bin-hadoop2.6/sbin/
[root@master sbin]# ./start-all.sh

```
[root@master conf]#
[root@master conf]# cd /usr/local/spark-2.4.7-bin-hadoop2.6/sbin/   ──→ 进入启动目录
[root@master sbin]# ./start-all.sh   ──→ 启动Spark集群
starting org.apache.spark.deploy.master.Master, logging to /usr/local/spark-2.4.7-bin-hadoop2.6/logs/spark-root-org.ap
ache.spark.deploy.master.Master-1-master.out
slave1: starting org.apache.spark.deploy.worker.Worker, logging to /usr/local/spark-2.4.7-bin-hadoop2.6/logs/spark-roo
t-org.apache.spark.deploy.worker.Worker-1-slave1.out
slave2: starting org.apache.spark.deploy.worker.Worker, logging to /usr/local/spark-2.4.7-bin-hadoop2.6/logs/spark-roo
t-org.apache.spark.deploy.worker.Worker-1-slave2.out
[root@master sbin]#
```

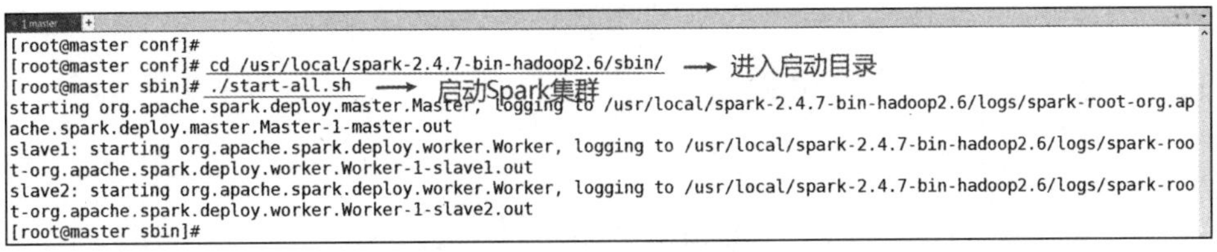

图 4-121　启动 Spark 集群

注意：Hadoop 和 Spark 的启动集群命令都是 start-all.sh。Hadoop 环境变量声明在前，所以默认启动的是 Hadoop 集群，若要启动 Spark 集群，一定要注意使用绝对路径进行启动。

7. 查看 Spark 进程

使用 jps 命令可查看各节点上的 Spark 进程，如图 4-122 至图 4-124 所示。

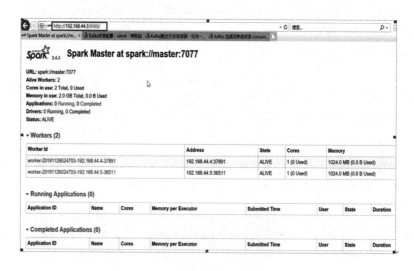

```
[root@master sbin]# jps
11824 QuorumPeerMain
11985 Master              在master上看到的Spark进程：Master节点
11349 NodeManager
11477 ResourceManager
11064 DataNode
12042 Jps
11213 SecondaryNameNode
10942 NameNode
[root@master sbin]#
```

图 4-122　在 master 上看到的 Spark 进程：Master 节点

```
[root@slave1 ~]# jps
8530 QuorumPeerMain
8165 DataNode
8694 Jps
8648 Worker           在slave1上看到的Spark进程：Worker节点
8395 NodeManager
[root@slave1 ~]#
```

图 4-123　在 slave1 上看到的 Spark 进程

```
[root@slave2 ~]# jps
8048 NodeManager
8209 QuorumPeerMain
8372 Jps
8327 Worker           在slave2上看到的Spark进程：Worker节点
7947 DataNode
[root@slave2 ~]#
```

图 4-124　在 slave2 上看到的 Spark 进程

8. 从 Windows 端进行登录测试（图 4-125）

图 4-125　从 Windows 端进行登录测试

至此，Spark 基本环境已经搭建完毕。

4.4　Spark 集群环境测试

使用 Spark-submit
提交任务

4.4.1　使用 Spark-submit 提交任务

Spark-submit 是 Spark 提供的用于提交 Spark 工作任务（jar 文件）的工具。这里采用 Spark 自带的 Example 进行任务提交测试，Spark 中的 Example 在其安装目录下的 example 目录下，如图 4-126 所示。

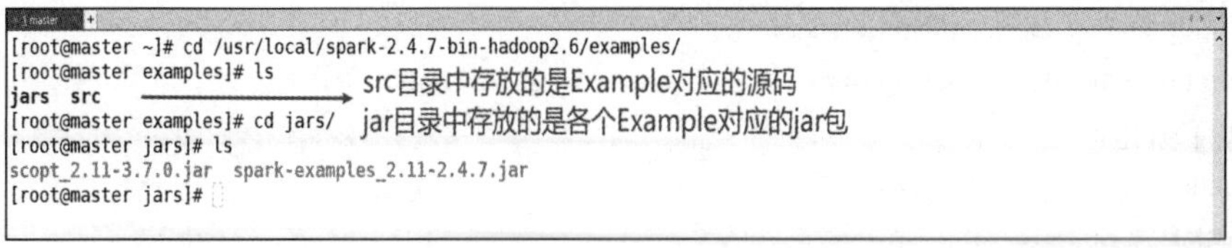

图 4-126　查看 Example 目录

查看 Example 中的的源码包，如图 4-127 所示。

图 4-127　查看 Example 中的的源码包

以 Scala 目录为例，查看其中源码文件，如图 4-128 所示。

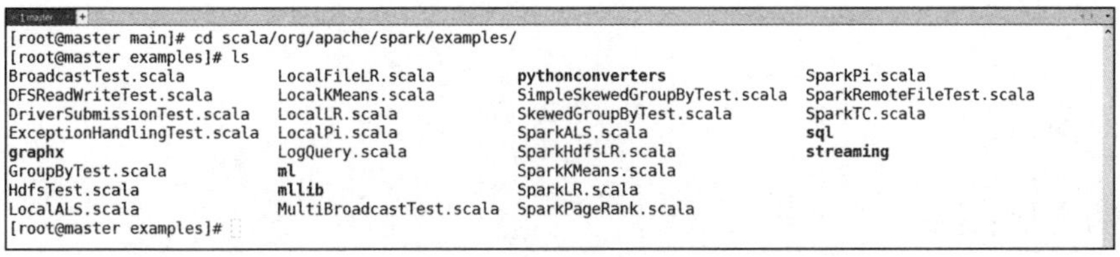

图 4-128　查看 Scala 源码文件

Scala 提供了很多 Example，接下来以提交 SparkPi.scala（蒙特卡罗求圆周率程序）为例演示 Spark 运行过程。

查看 Scala 版的蒙特卡罗求圆周率程序的源码：

```
[root@master examples]# vim SparkPi.scala
```

源码文件内容如下：

```
/*
 * Licensed to the Apache Software Foundation (ASF) under one or more
 * contributor license agreements.  See the NOTICE file distributed with
 * this work for additional information regarding copyright ownership.
 * The ASF licenses this file to You under the Apache License, Version 2.0
 * (the "License"); you may not use this file except in compliance with
 * the License.  You may obtain a copy of the License at
 *
 *    http://www.apache.org/licenses/LICENSE-2.0
 *
 * Unless required by applicable law or agreed to in writing, software
 * distributed under the License is distributed on an "AS IS" BASIS,
 * WITHOUT WARRANTIES OR CONDITIONS OF ANY KIND, either express or implied.
 * See the License for the specific language governing permissions and
 * limitations under the License.
 */
// scalastyle:off println
package org.apache.spark.examples
import scala.math.random
```

```scala
import org.apache.spark.sql.SparkSession
/** Computes an approximation to pi */
object SparkPi {
  def main(args: Array[String]) {
    val spark = SparkSession
      .builder
      .appName("Spark Pi")
      .getOrCreate()
    val slices = if (args.length > 0) args(0).toInt else 2
    val n = math.min(100000L * slices, Int.MaxValue).toInt // avoid overflow
    val count = spark.sparkContext.parallelize(1 until n, slices).map { i =>
      val x = random * 2 - 1
      val y = random * 2 - 1
      if (x*x + y*y <= 1) 1 else 0
    }.reduce(_ + _)
    println(s"Pi is roughly ${4.0 * count / (n - 1)}")
    spark.stop()
  }
}
// scalastyle:on println
*/
// scalastyle:off println
package org.apache.spark.examples
import scala.math.random
import org.apache.spark.sql.SparkSession
/** Computes an approximation to pi */
object SparkPi {
  def main(args: Array[String]) {
    val spark = SparkSession
      .builder
      .appName("Spark Pi")
      .getOrCreate()
    val slices = if (args.length > 0) args(0).toInt else 2
    val n = math.min(100000L * slices, Int.MaxValue).toInt // avoid overflow
    val count = spark.sparkContext.parallelize(1 until n, slices).map { i =>
      val x = random * 2 - 1
      val y = random * 2 - 1
      if (x*x + y*y <= 1) 1 else 0
    }.reduce(_ + _)
    println(s"Pi is roughly ${4.0 * count / (n - 1)}")
    spark.stop()
  }
}
// scalastyle:on println
```

利用 Spark-submit 提交 SparkPi.scala 任务，命令如下：

```
[root@master examples]# cd /usr/local/spark-2.4.7-bin-hadoop2.6/
[root@master spark-2.4.7-bin-hadoop2.6]# bin/spark-submit --master spark://master:7077 --class org.apache.spark.examples.SparkPi examples/jars/spark-examples_2.11-2.4.7.jar 100
```

表 4-6 对上述命令进行分字段解释：

表 4-6　Spark-submit 命令及相关参数

Spark-submit 命令参数	参数解释
/bin/spark-submit	指定提交的工具为 spark-submit
–master spark://master:7077	指定 master 地址
–class org.apache.spark.examples.SparkPi	指定执行的 main 方法的位置（对应源码文件中 Package 后边的全路径名称）后加 jar 包名（jar 包的名为 SparkPi）
examples/jars/spark-examples_2.11-2.4.7.jar	指定 jar 包所在的位置
100	测试的参数

　　该任务执行结束后可以在命令行看到其对应的运行结果，如图 4-129 所示。由于蒙特·卡罗方法是基于概率的计算方法，所以即使每次使用同样参数进行测试，其结果也未必相同，在绝大部分情况下，参数值越大得出的结论就越准确（越接近 π 的近似值 3.1415926）。

　　【长知识】蒙特·卡罗方法（Monte Carlo method），也称统计模拟方法，是二十世纪四十年代中期由于科学技术的发展和电子计算机的发明，而被提出的一种以概率统计理论为指导的非常重要的数值计算方法，是指使用随机数（或更常见的伪随机数）来解决很多计算问题的方法。与它对应的是确定性算法。蒙特·卡罗方法在金融工程学、宏观经济学、计算物理学（如粒子输运计算、量子热力学计算、空气动力学计算）等领域应用广泛。

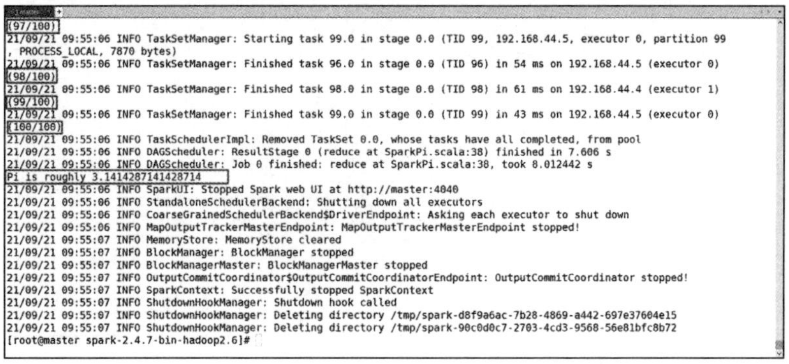

图 4-129　参数为 100 时的 SparkPi 程序的运行结果

　　任务提交后，在其执行过程中或执行完毕后，都可以在 Windows 端查看到该任务的状态，图 4-130 为捕捉到的 SparkPi 程序执行完毕后的状态。

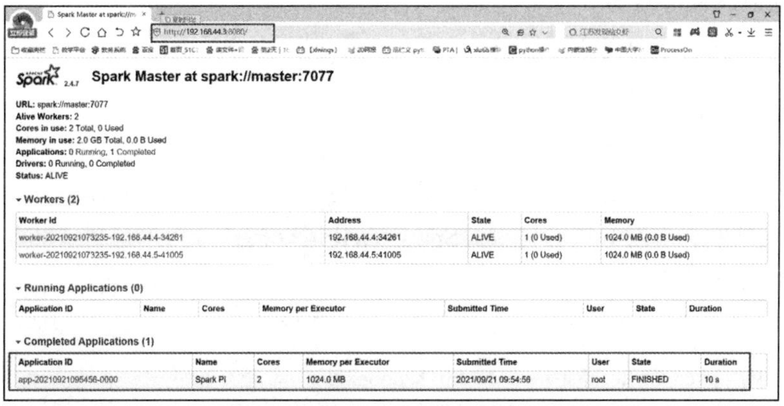

图 4-130　Windows 端查看到的已经完成的 Spark-submit 任务

把上述程序中的参数改为 500，再执行一遍：

[root@master spark-2.4.7-bin-hadoop2.6]# bin/spark-submit –master spark://master:7077 –class org.apache.
spark.examples.SparkPi examples/jars/spark-examples_2.11-2.4.7.jar 500

执行结果如图 4-131 所示。做 500 次测试所用的时间显然更长一些，得到的结果相对
更准确。

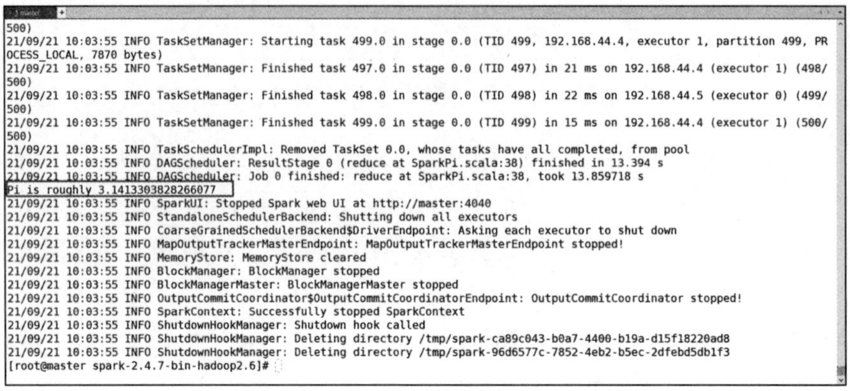

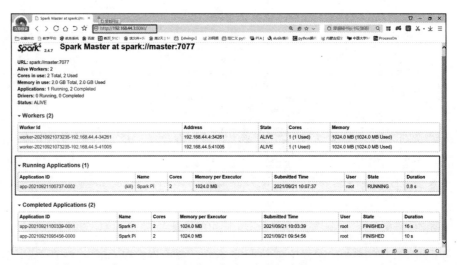

图 4-131　参数为 500 时 SparkPi 程序的运行结果

用浏览器能够查看到 SparkPi 程序正在执行中的状态，如图 4-132 所示。

图 4-132　在 Windows 用浏览器查看正在进行中的 Spark-submit 任务

用户开发的 Spark 任务同样采用如上方法提交并运行，过程可以分为三步：首先是编
写源代码文件，其次是把任务打包成 jar 包，最后使用 Spark-submit 提交运行。

4.4.2　使用 Spark-shell 交互式命令工具

Spark-shell 是 Spark 提供的一个交互式的命令工具，Spark-shell 作为一个 Application
来运行，可以从网页端对其进行监控。Spark-shell 运行模式分为本地模式和集群模式，其
中集群模式的使用更广泛。

1. Spark-shell 本地模式测试（图 4-133）

[root@master ~]# cd /usr/local/spark-2.4.7-bin-hadoop2.6/
[root@master spark-2.4.7-bin-hadoop2.6]# bin/spark-shell

使用 Spark-shell
交互式命令工具

图 4-133　启动本地模式

Spark-shell 下输入 :quit 可以退出当前的 Spark-shell。

2. Spark-shell 集群模式测试

与本地模式不同的是，Spark-shell 集群模式需要使用相关参数来指定集群中的主机地址。

启动 Spark-shell 集群模式之前，必须先启动 Spark 集群，启动集群模式的 Spark-shell 命令如下：

```
[root@master spark-2.4.7-bin-hadoop2.6]# bin/spark-shell --master spark://master:7077
```

启动成功如图 4-134 所示。

图 4-134　启动集群模式

启动日志如图 4-135 所示，在 Spark-shell 启动过程中，创建了一个 Spark Context 对象，用变量 sc 来保存；在 Spark2.0 之后的版本中，还会创建一个 Spark Session 对象（对应的变量名是 spark），作为一个统一的访问接口，通过该接口可以访问 SparkCore、SparkSQL、SparkStreaming 等。

图 4-135　启动 Spark-shell 时创建 Spark Context 和 Spark Session

本章小结

本章首先通过 Spark 开发环境总览表了解了 Spark 整体环境框架，然后对操作系统环境、网络环境及 Spark 相关应用软件环境进行了详细部署。

Spark 相关应用软件的部署可以遵循以下步骤：解压（安装）软件包→声明环境变量并使环境变量生效→在软件配置文件中写入相关设置→启动和测试相关软件。

在环境变量配置过程中，要注意相关软件的依赖关系，以及它们之间的启动和关闭顺序。

练习四

一、填空题

1. 进入 Spark 安装目录，执行 sbin/start-all.sh 命令启动 Spark 集群，若启动成功，通过 jps 命令会在主机上看到 _____ 进程，在从机上看到 _____ 进程。

2. _____ 是 Spark 提供的一个交互式的命令工具，它作为一个 _____ 来运行，可以从 _____ 对其进行监控。

3. Spark-shell 有两种运行模式，分别为 _____ 和 _____ ，使用其 _____ 的情况更多。

二、简答题

1. 在 Linux 中，安装完一个软件后，必须要在系统配置文件中声明其环境变量使其生效后，该软件才能被正常使用，环境变量可以声明在不同的配置文件中。请问环境变量声明在 /etc/profile、~/.bash_profile、/etc/profile 中的区别是什么？

2. 说一说 Hive、ZooKeeper、Kafka 等与 Spark 的关系。

三、操作题

根据本章所讲安装部署过程，为自己的计算机安装部署 Spark 集群环境。

第 5 章　Spark RDD 弹性分布式数据集

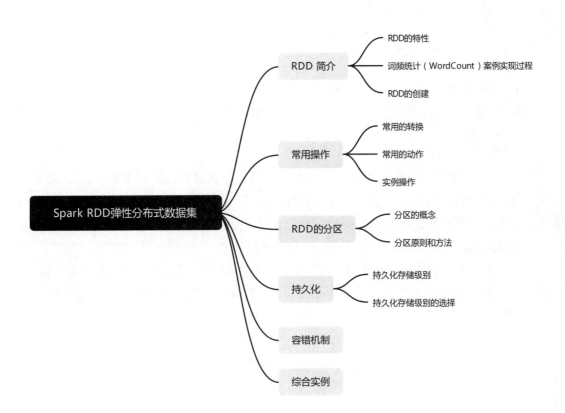

本章导读

弹性分布式数据集（Resilient Distributed Dataset，RDD）是 Spark 对数据的核心抽象。通过这种统一的编程抽象，用户可以数据共享，并以一致的方式应对不同的大数据处理场景，提高 Spark 编程的效率和通用性。本章首先介绍 RDD 的特征；RDD 的创建方式与 RDD 的转换算子和行动算子的操作方法，RDD 的持久化和容错机制；最后结合一个综合实例加深对 RDD 编程的理解。

本章要点

- RDD 的创建方式
- RDD 的转换算子的操作方法
- RDD 的行动算子的操作方法

5.1 RDD 简介

RDD 是 Spark 对数据的核心抽象，是一个容错的、并行的数据结构。可以简单地把 RDD 理解成一个提供了许多操作接口的数据集合。和一般数据集不同的是，它的实际数据被划分为一至多个分区，所有分区数据分布存储于一批内存或磁盘中，这里的分区可以简单地和 Hadoop HDFS 里的文件块来对比理解。RDD 可以让用户将数据存储到磁盘和内存中，并能控制数据的分区。

5.1.1 RDD 的特征

1. 不可变性

RDD 是一种不可变的数据结构。要想改变 RDD 中的数据，只能在现有的 RDD 基础上创建新的 RDD。

2. 分区

RDD 表示的是一组数据的分区。这些分区运行在集群中的不同节点上。Spark 存储 RDD 的分区和数据集物理分区之间关系的映射关系。RDD 是各个分布式数据源之中数据的一个抽象，它通常表示分布在多个集群节点上的分区数据。

3. 容错性

任何分散在集群中的节点数据都有可能出故障。RDD 会自动处理节点出故障的情况。当一个节点出故障导致存储的数据无法被访问，Spark 则会在另外节点上自动重新创建、缓存出故障的节点中存储的分区，利用 RDD 的血统信息来重新计算丢失的缓存分区，甚至可以恢复整个 RDD。

4. 接口

RDD 在 Spark 库中定义为一个抽象类。这个抽象类为多种数据源提供了一个处理数据的统一接口，包括 HDFS、HBase、Cassandra 等。这个接口同样可以用于处理存储于多个节点内存中的数据。

5. 强类型

RDD 在 Spark 库中定义成的抽象类有一个参数用于表示类型，这使得 RDD 可以表示不同类型的数据。RDD 可以表示某一种类型数据的分布式集合，可以是 Integer、Long、Float、String 或者应用开发者自己定义的类型。

6. 驻留在内存中

RDD 的数据在默认情况下是存放在内存中的，RDD 类提供一套支持内存计算的 API。Spark 允许 RDD 在内存中缓存或长期驻留。

5.1.2 词频统计（WordCount）案例实现过程

我们先来介绍一个最典型的词频统计实例。

1. 进入 Spark-shell

进入 Spark-shell

在终端程序中输入 Spark-shell，进入 Spark-shell 交互界面。执行后就会出现 scala> 提示符，这就可以开始输入命令了。后续介绍的 Spark 命令都是在 scala> 提示符后输入，如图 5-1 所示。

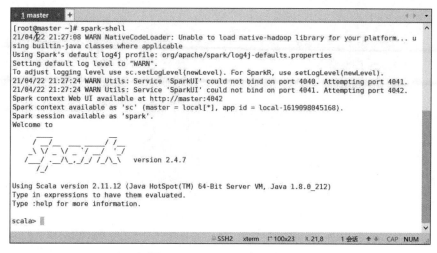

图 5-1　Spark-shell 交互界面

2. SparkContext

SparkContext 是一个在 Spark 库中定义的类，它是 Spark 库的入口点，它表示与 Spark 集群的一个连接，使用 Spark API 创建的其他一些重要对象都依赖于它。

每个 Spark 应用程序都必须创建一个 SparkContext 类实例，且每个 Spark 应用程序只能拥有一个激活的 SparkContext 类实例。如果要创建一个新的实例，那么在此之前必须让当前激活的类实例失活。

SparkContext 有多个构造函数，最简单的构造函数一个不需要任何参数。一个 SparkContext 类实例可以用如下代码创建：

```
val sc = new SparkContext()
```

在这种情况下，SparkContext 的配置信息都从系统属性中获取，比如 Spark master 的地址、应用名称等。

也可以创建一个 SparkConf 类实例，然后把它作为 SparkContext 的参数从而设定配置信息。SparkConf 是 Spark 库中定义的一个类。通过这种方式可以设置各种 Spark 配置信息。

```
val config = new SparkConf(). setMaster("spark://host:port" ).setAppName("AName")
val sc = new SparkContext(config)
```

Spark-shell 会自动创建一个名为 sc 的 SparkContext 类实例。

3. WordCount 实例代码

```
val file=sc.textFile("file:///usr/local/wordcount.txt")
val word=file.flatMap(_.split(" "))
val wordCount=word.map(x=>(x,1))
val wordCounted=wordCount.reduceByKey(_+_)
```

第 1 行：通过上文提到过的 sc 变量，利用 textFile 接口从本地文件系统中读入 wordcount.txt 文件，返回一个变量 file。

第 2 行：flatMap(_.split(" "))，文件经过处理，分割成以单词为单元，如图 5-2 第二步所示。

第 3 行：map(word => (word,1))，为各个 partitions 中的单元标记 1，生成一个个 tuple(word,1)，如图 5-2 第三步所示。

第 4 行：val wordCounted=wordCount.reduceByKey(_+_)，对具有相同 key 的值进行累加操作。操作过程如图 5-2 第四步所示。

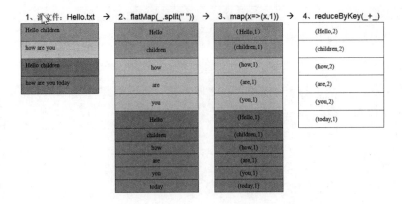

图 5-2　WordCount 代码操作流程

RDD 的创建

5.1.3　RDD 的创建

创建的基本方式有两种，第一种是使用 parallelize 方法或 makeRDD 方法创建，第二种是使用 textFile 加载本地或集群文件系统中的数据。

1. 使用 parallelize 方法创建 IntRDD

```
var intRdd=sc.parallelize(List(1,2,3,4))
```

使用 var 定义变量 IntRdd，然后使用 parallelize 方法对 List(1,2,3,4) 创建一个 RDD。不过这也是一个"转换"运算，所以不会马上实际执行。

```
scala> intRdd.collect()
```

然后执行 collect()，这时会转换为 Array。这是一个"动作"运算，所以会立即执行返回 Array，如图 5-3 所示。

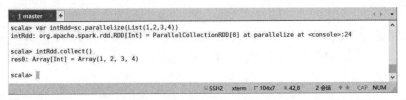

图 5-3　IntRDD 的创建

2. 使用 parallelize 方法创建 StringRDD

与创建 IntRDD 类似，也可以创建 String 类型的 RDD。

```
var stringRdd=sc.parallelize(List("China","America","France"))
```

将 StringRDD 转换为 Array。

```
stringRdd.collect()
```

运行后如图 5-4 所示。

图 5-4　StringRDD 的创建

3.　查看使用 parallelize 方法创建 RDD 的分区数

```
val seq = List(("American Person", List("Tom", "Jim")), ("China Person", List("LiLei", "HanMeiMei")),
 ("Color Type", List("Red", "Blue")))
val rdd1 = sc.parallelize(seq)
rdd1.partitions.size
val rdd2 = sc.parallelize(seq,3)
rdd2.partitions.size
```

第 1 行：创建一个 List 对象 seq，seq 中每个元素都由一个字符串和一个 List 构成 ("American Person", List("Tom", "Jim")), ("China Person", List("LiLei", "HanMeiMei")), ("Color Type", List("Red", "Blue"))。

第 2 行：使用 List 对象 seq 创建 RDD。

第 3 行：输出 RDD1 的分区个数，在不指定分区数的时候，使用系统给出的分区数 1，如图 5-5 所示。

第 4 行：指定分区数来创建 RDD 对象 RDD2，指定分区个数为 3。

第 5 行：输出 RDD2 的分区个数，在指定分区数的时候，显示指定的分区个数，如图 5-5 所示。

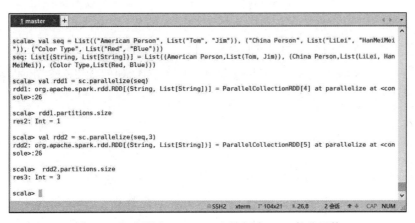

图 5-5　查看使用 parallelize 方法创建 RDD 的分区数

由 List 对象创建的 RDD 对象 seq，其创建过程如图 5-6 所示。

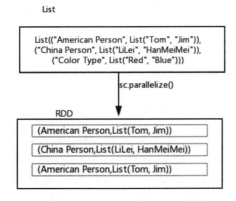

图 5-6　从 List 创建 RDD 示意图

【长知识】当调用 parallelize() 方法的时候，可以选择指定分区数。不指定分区数时，使用系统给出的分区数。

4. 使用 makeRDD 方法创建 RDD

```
val seq = List("American Person", "China Person","Color Type")
val rdd1 = sc.makeRDD(seq)
```

运行如图 5-7 所示。

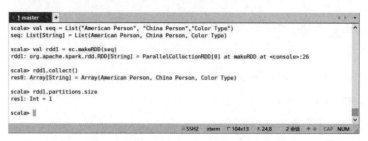

图 5-7　使用 makeRDD 方法创建 RDD

5. 使用 makeRDD 方法创建分布式 RDD

当使用 makeRDD 方法创建 RDD 时，接收的参数类型是 Seq[(T,Seq[String]] 时，生成的 RDD 中保存的是 T 的值，但是 Seq[String] 部分的数据会按照 Seq[(T,Seq[String])] 的顺序存放到各个分区中，一个 Seq[String] 对应存到一个分区，为数据提供位置信息。通过 preferredLocations 可以根据位置信息查看每一个分区的值。makeRDD 的实现不可以指定 RDD 的分区个数，而是固定为 Seq[String] 参数的个数，代码如下：

```
val seq= List(("American Person", List("Tom", "Jim")), ("China Person", List("LiLei", "HanMeiMei")),
 ("Color Type", List("Red", "Blue")))
val rdd1 = sc.makeRDD(seq)
rdd1.partitions.size
rdd1.preferredLocations(rdd1.partitions(0))
rdd1.preferredLocations(rdd1.partitions(1))
rdd1.preferredLocations(rdd1.partitions(2))
```

第 1 行：创建一个 List 对象 seq，seq 中每个元素都由一个字符串和一个 List 构成 ("American Person", List("Tom", "Jim")), ("China Person", List("LiLei", "HanMeiMei")), ("Color Type", List("Red", "Blue"))。

第 2 行：使用 makeRDD 方法创建 RDD。

第 3 行：输出 RDD1 的分区个数，根据代码，这里显示 3 个分区，如图 5-8 所示。

第 4、5、6 行：通过 preferredLocations 可以根据位置信息查看每一个分区的值，运行结果如图 5-8 所示。

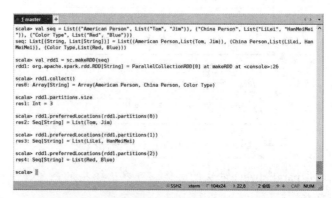

图 5-8　使用 makeRDD 方法创建分布式 RDD

6. 从 Linux 本地文件创建 RDD

在本地 user/local 路径下有文件 hello.txt，如图 5-9 所示。

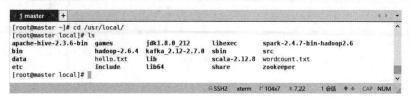

图 5-9　hello.txt 文件

使用 vim 命令查看 hello.txt 文件内容，如图 5-10 所示。

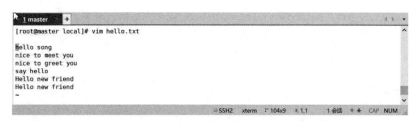

图 5-10　hello.txt 文件内容

textFile 加载本地文件系统中的数据 sc.textFile("file:/// 文件路径 ")。在 Spark-shell 交互式环境中，执行：

```
val file=sc.textFile("file:///usr/local/hello.txt")
file.collect()
```

运行结果如图 5-11 所示。

图 5-11　加载本地文件系统中的数据

org.apache.spark.rdd.RDD[String] 是执行 sc.textFile 命令后的返回信息，Spark 从本地文件 hello.txt 中加载数据到内存中生成了一个 file 对象，file 对象是一个类的实例。该实例对应关系如图 5-12 所示。

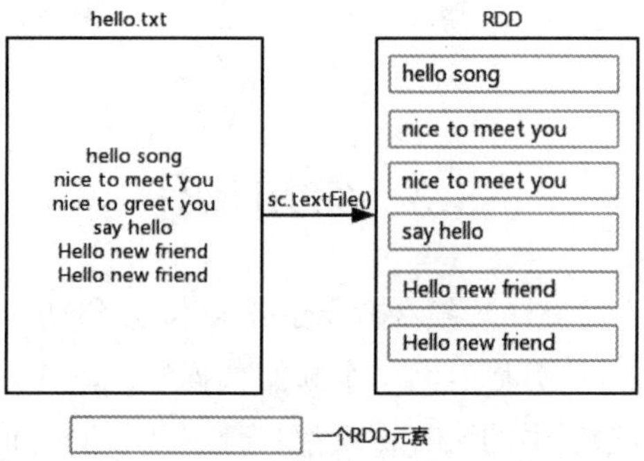

图 5-12　从文件中加载数据生成 RDD 示意图

7. 从 HDFS 文件创建 RDD

首先启动 HDFS 集群，然后将本地文件复制到集群文件系统中。代码如下：

```
[root@master ~]# start-dfs.sh
[root@master ~]# hdfs  dfs  -ls  /
[root@master ~]# hdfs dfs -mkdir /exam
[root@master ~]# hdfs  dfs  -put  /usr/local/hello.txt  / exam
[root@master ~]# hdfs  dfs  -ls  /exam
```

第 1 行：启动集群。

第 2 行：查看当前目录信息。

第 3 行：在根目录新建名为 exam 的路径。

第 4 行：将本地路径 /usr/local/ 下的文件 hello.txt 复制到集群文件系统 /exam 路径下。

第 5 行：查看当前目录下 tmp 路径下的信息。

运行结果如图 5-13 所示。

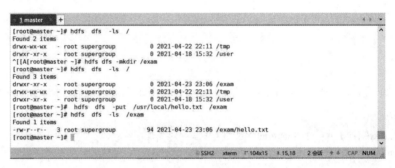

```
[root@master ~]# hdfs  dfs  -ls  /
Found 2 items
drwx-wx-wx   - root supergroup          0 2021-04-22 22:11 /tmp
drwxr-xr-x   - root supergroup          0 2021-04-18 15:32 /user
^[[A[[A[root@master ~]# hdfs dfs -mkdir /exam
[root@master ~]# hdfs  dfs  -ls  /
Found 3 items
drwxr-xr-x   - root supergroup          0 2021-04-23 23:06 /exam
drwx-wx-wx   - root supergroup          0 2021-04-22 22:11 /tmp
drwxr-xr-x   - root supergroup          0 2021-04-18 15:32 /user
[root@master ~]# hdfs  dfs  -put  /usr/local/hello.txt  /exam
[root@master ~]# hdfs  dfs  -ls  /exam
Found 1 items
-rw-r--r--   3 root supergroup         94 2021-04-23 23:06 /exam/hello.txt
[root@master ~]#
```

图 5-13　查看集群文件系统目录信息

在 Spark-shell 交互式环境中执行：

```
var file=sc.textFile("hdfs://master:9000/exam/hello.txt")
file.collect()
```

在 Spark 交互式环境加载 HDFS 文件系统中的数据，最后显示 sc.textFile 返回一个 RDD 实例，如图 5-14 所示。

```
scala> var file=sc.textFile("hdfs://master:9000/exam/hello.txt")
file: org.apache.spark.rdd.RDD[String] = hdfs://master:9000/exam/hello.txt MapPartitionsRDD[3] at textFile at <console>:24

scala> file.collect()
res1: Array[String] = Array(hello song, nice to meet you, nice to greet you, say hello, Hello new friend, Hello new friend)
```

图 5-14　加载集群文件系统中的数据代码

5.2　常用操作

RDD 的操作可以分为两类，转换（Transformation）和动作（Action）。转换将根据数据集创建一个新的数据集，计算后返回一个新的数据集。动作则是对结果计算后返回一个数值 value 给驱动程序。RDD 中的所有转换都是延迟加载的，也就是说，它们并不会直接计算结果，而是记住这些应用到基础数据集上的转换动作。只有当发生一个要求返回结果给动作时，这些转换才会真正运行。这种设计让 Spark 更加有效率地运行。

5.2.1　常用的转换

转换操作是从已经存在的数据集上创建一个新的数据集，是数据集的逻辑操作，但不会触发一次真正的计算。常用的转换算子操作见表 5-1。

转换（Transformation）操作

表 5-1　常用的转换

转换	含义
map(func)	数据集中的每个元素经过 func 函数转换后形成一个新的分布式数据集
filter(func)	过滤函数，选取数据集中让函数 func 返回值为 true 的元素，形成一个新的数据集
flatMap(func)	类似于 map，但是每一个输入元素可以被映射为 0 或多个输出元素（所以 func 应该返回一个序列，而不是单一元素）
union(otherDataset)	返回一个由原数据集和参数数据集联合（求并集）而成的新的数据集
intersection(otherDataset)	对源和参数求交集后返回一个新的数据集
subtract(otherDataset)	对源和参数求集合的差操作后返回一个新的数据集
distinct([numTasks]))	对数据集进行去重后返回一个新的数据集
cartesian(otherDataset)	生成两个数据集的笛卡儿积
groupByKey([numTasks])	当在一个由键值对 (K,V) 组成的数据集上调用时，按照 key 进行分组，返回一个 (K,Iterable <V>) 键值对的数据集
reduceByKey(func,[numTasks])	当在一个键值对 (K, V) 数据集上调用，按照 key 将数据分组，使用给定的 func 聚合 values 值，返回一个键值对 (K, V) 数据集
sortByKey([ascending], [numTasks])	返回一个以 key 排序（升序或者降序）的 (K, V) 键值对组成的数据集，其中布尔代数 ascending 参数决定升序还是降序
sortBy(func,[ascending], [numTasks])	与 sortByKey 类似，但是更灵活
join(otherDataset, [numTasks])	根据 key 连接两个数据集，将类型为 (K, V1) 和 (K, V2) 的数据集合并成一个 (K, (V1,V2)) 类型的数据集

1.　map(func)

map 方法是一种基础的 RDD 转换操作，用于将 RDD 中的每一个数据元素通过某种函数进行转换并返回新的 RDD，由于是转换操作，不会立即进行计算。转换操作是 RDD 的第二种创建方法，通过转换已有 RDD 来生成新的 RDD。因为 RDD 是一个不可变的集合，所以如果对其中的数据进行了某种转换，那么一定会生成一个新的 RDD。

```
val intRdd=sc.parallelize(List(1,2,3,4))
val map_add=intRdd.map(a=>a+1)
```

第 2 行 (a=>a+1) 作为参数 , 这是 lambda 语句的匿名函数。其中 a 是传入参数，a+1 是要执行的命令，使得原 RDD 运算每一个元素都要加 1。匿名函数的语句简洁，而且让程序代码更易读。

运行结果如图 5-15 所示。

【长知识】此处 map 算子与前文 2.11.3 中的 Map（映射）区别：Map（映射）是一种可迭代的键值对（key/value）结构，而此处的 map 是 RDD 的一个常用转换算子。

1 master
scala> val intRdd=sc.parallelize(List(1,2,3,4))
intRdd: org.apache.spark.rdd.RDD[Int] = ParallelCollectionRDD[1] at parallelize at <console>:24
scala> val map_add=intRdd.map(a=>a+1)
map_add: org.apache.spark.rdd.RDD[Int] = MapPartitionsRDD[2] at map at <console>:25
scala> map_add.collect()
res1: Array[Int] = Array(2, 3, 4, 5)
scala>
SSH2 xterm 104x10 7,8 2 会话 CAP NUM

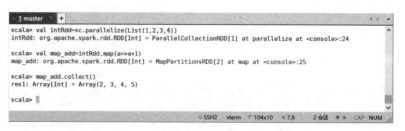

图 5-15 map 示例

2. filter (func)

filter 方法将布尔函数作为它的参数，并把这个函数作用在原 RDD 的每个元素上，从而创建一个新 RDD 实例。一个布尔函数只有一个参数作为输入，并返回 true 或 false。filter 方法返回一个新的 RDD 实例，这个 RDD 实例代表的数据集由布尔函数返回 true 的元素构成，新 RDD 实例数据集是原 RDD 的子集。

```
val map_f=map_add.filter(a=>a>3)
```

将 map_add 中大于 3 的元素返回成一个新的 RDD，运行结果如图 5-16 所示。

1 master
scala> map_add.collect()
res4: Array[Int] = Array(2, 3, 4, 5)
scala> val map_f=map_add.filter(a=>a>3)
map_f: org.apache.spark.rdd.RDD[Int] = MapPartitionsRDD[3] at filter at <console>:25
scala> map_f.collect()
res5: Array[Int] = Array(4, 5)
scala>
SSH2 xterm 104x23 36,8 1 会话 CAP NUM

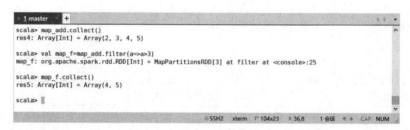

图 5-16 filter 示例

3. flatMap(func)

flatMap 方法类似于 map，但是每一个输入元素可以被映射为 0 或多个输出元素，所以 func 应该返回一个序列，而不是单一元素。

```
val rdd= sc.parallelize(1 to 5)
val flatMapRdd = rdd.flatMap(x=>(1 to x))
val mapRdd = rdd.map(x=>(1 to x))
```

第 1 行：使用 (1，2，3，4，5) 创建一个 RDD 对象 rdd。

第 2 行：使用 flatMap 方法将 rdd 中每个元素进行 1 to X 转换。

第 3 行：使用 map 方法将 rdd 中每个元素进行 1 to X 转换。

运行结果如图 5-17 所示。

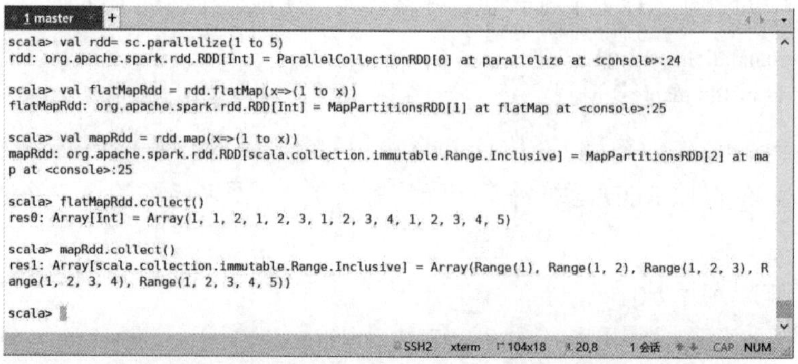

1 master
scala> val rdd= sc.parallelize(1 to 5)
rdd: org.apache.spark.rdd.RDD[Int] = ParallelCollectionRDD[0] at parallelize at <console>:24
scala> val flatMapRdd = rdd.flatMap(x=>(1 to x))
flatMapRdd: org.apache.spark.rdd.RDD[Int] = MapPartitionsRDD[1] at flatMap at <console>:25
scala> val mapRdd = rdd.map(x=>(1 to x))
mapRdd: org.apache.spark.rdd.RDD[scala.collection.immutable.Range.Inclusive] = MapPartitionsRDD[2] at ma
p at <console>:25
scala> flatMapRdd.collect()
res0: Array[Int] = Array(1, 1, 2, 1, 2, 3, 1, 2, 3, 4, 1, 2, 3, 4, 5)
scala> mapRdd.collect()
res1: Array[scala.collection.immutable.Range.Inclusive] = Array(Range(1), Range(1, 2), Range(1, 2, 3), R
ange(1, 2, 3, 4), Range(1, 2, 3, 4, 5))
scala>
SSH2 xterm 104x18 20,8 1 会话 CAP NUM

图 5-17 flatMap 示例

【长知识】flatMap 和 map 的区别：map 的作用是对 RDD 之中的元素逐一进行函数操作映射，形成新的 RDD；flatMap 的操作是将函数应用于 RDD 之中的每一个元素，将返回的迭代器的所有内容构成新的 RDD，通常用来切分单词。

```
val test = sc.parallelize(List("How are you" , "I am fine" , "What about you"))
val test_map=test.map(x=>x.split(" "))
val test_flatMap=test.flatMap ( x=>x.split(" "))
test.collect()
test_map.collect()
test_flatMap.collect()
```

第 1 行：使用 List("How are you" , "I am fine" , "What about you") 创建一个 RDD 对象 test。

第 2 行：使用 map 方法将 test 中元素使用 split(" ") 分割后进行转换。

第 3 行：使用 flatMap 方法将 test 中元素使用 split(" ") 分割后进行转换。

map 方法和 flatMap 方法区别如图 5-18 所示。

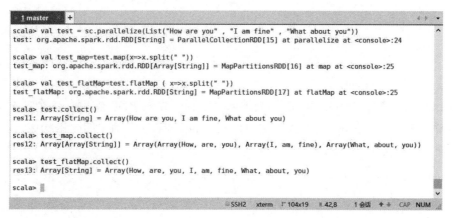

图 5-18　flatMap 方法区别

4. union(otherDataset)

union 方法把一个 RDD 实例作为输入，返回一个新 RDD 实例，这个新 RDD 实例的数据集是原 RDD 和输入 RDD 的合集，集合中元素不进行去重复操作。

```
val rdd_a= sc.parallelize(List( "apple","orange","pineapple"))
val rdd_b=sc.parallelize(List ("apple","orange","grape"))
val rdd_union = rdd_a.union(rdd_b)
rdd_union.collect()
```

创建两个 RDD，用其中一个 RDD 调用 union 方法，参数为另一个 RDD，得到两个数据集的并集并作为结果返回，代码运行结果如图 5-19 所示。

```
scala> val rdd_a= sc.parallelize(List( "apple","orange","pineapple"))
rdd_a: org.apache.spark.rdd.RDD[String] = ParallelCollectionRDD[18] at parallelize at <console>:24

scala> val rdd_b=sc.parallelize(List ("apple","orange","grape"))
rdd_b: org.apache.spark.rdd.RDD[String] = ParallelCollectionRDD[19] at parallelize at <console>:24

scala> val rdd_union = rdd_a.union(rdd_b)
rdd_union: org.apache.spark.rdd.RDD[String] = UnionRDD[20] at union at <console>:27

scala> rdd_union.collect()
res14: Array[String] = Array(apple, orange, pineapple, apple, orange, grape)
```

图 5-19　union 示例

5. intersection(otherDataset)

intersection 方法把一个 RDD 实例作为输入，返回一个新 RDD 实例，这个新 RDD 实例代表的数据集是原 RDD 和输入 RDD 的交集，集合中元素去重。

```
val rdd_a= sc.parallelize(List( "apple","orange","pineapple"))
val rdd_b=sc.parallelize(List ("apple","orange","grape"))
val rdd_intersection = rdd_a. intersection (rdd_b)
rdd_intersection.collect()
```

运行结果如图 5-20 所示。

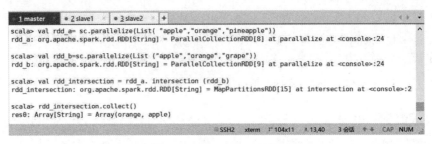

图 5-20　intersection 示例

6. subtract (otherDataset)

subtract 方法把一个 otherRDD 作为输入，返回一个新 RDD 实例，这个新 RDD 实例代表的数据集由那些存在于 RDD 实例中但不在 otherRDD 实例中的元素构成，集合中元素不进行去重复操作。

```
val rdd_a=sc.parallelize(List( "apple","orange","pineapple"))
val rdd_b=sc.parallelize(List ("apple","orange","grape"))
val rdd_subtract = rdd_a. subtract(rdd_b)
rdd_subtract.collect()
```

运行结果如图 5-21 所示。

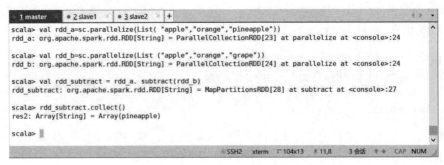

图 5-21　subtract 示例

7. distinct([numTasks])

distinct 方法返回一个新 RDD 实例，这个新 RDD 实例的数据集由原 RDD 的数据集去重后得到。

```
val rdd_a=sc.parallelize(List( "apple","orange","pineapple","apple","orange","grape"))
val rdd_distinct=rdd_a.distinct()
rdd_distinct.collect()
```

运行结果如图 5-22 所示。

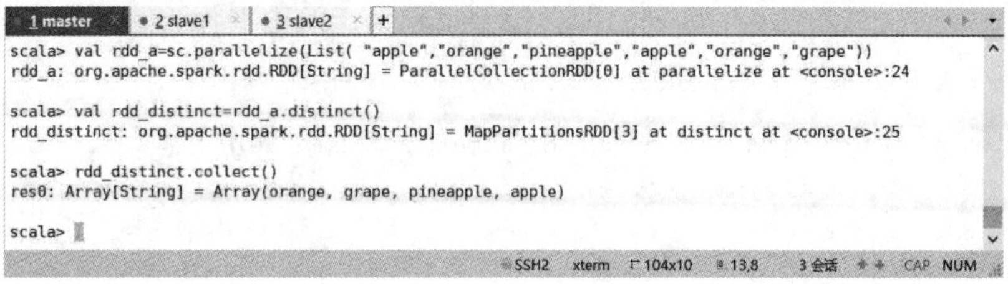

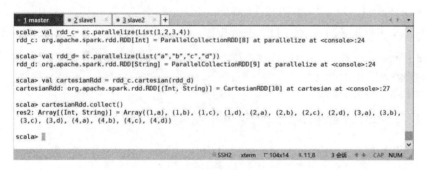

图 5-22　distinct 示例

8. cartesian(otherDataset)

cartesian 方法生成两个数据集的笛卡儿积，并返回所有可能的组合，即一个数据集的每个元素与另一个数据集的每个元素配对。

```
val rdd_c= sc.parallelize(List(1,2,3,4))
val rdd_d= sc.parallelize(List("a","b","c","d"))
val cartesianRdd = rdd_c.cartesian(rdd_d)
```

运行结果如图 5-23 所示。

图 5-23　cartesian 示例

9. groupByKey([numTasks])

groupByKey 方法是数据分组操作，当在一个由键值对 (K，V) 组成的数据集上调用时，按照 key 进行分组，返回一个 (K,Iterable<V>) 键值对的数据集。

```
val rdd = sc.parallelize(Array((1,3),(2,6),(2,2),(3,6)))
val rdd_groupByKey=rdd.groupByKey()
rdd_groupByKey.foreach(println)
```

新建 RDD 后，对该 RDD 中的 key 值进行分组，key 值相同的元素归为一组。运行结果如图 5-24 所示。

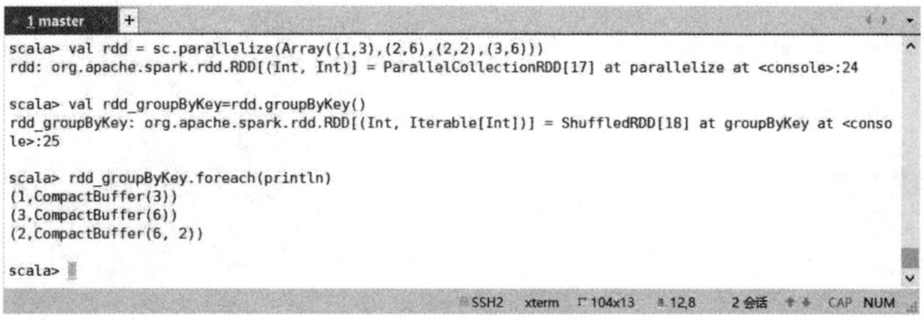

图 5-24　groupByKey 示例

10. reduceByKey(func,[numTasks])

reduceByKey 方法会寻找相同 key 的数据，当找到这样的两条记录时，会对其 value（分别记为 x，y）作 (x,y)=>x+y 的处理，即只保留求和之后的数据作为 value。反复执行这个操作直至每个 key 只留下一条记录。

```
val rdd = sc.parallelize(Array(("a",85), ("a",73),("a",66),("b",81),("b",90)))
val rdd_reduce=rdd.reduceByKey((x,y)=>x+y)
rdd_reduce.foreach(println)
```

运行结果如图 5-25 所示。

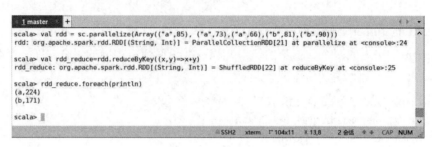

图 5-25   reduceByKey 示例

11.   sortByKey([ascending], [numTasks])

sortByKey 方法是对键值对 RDD 进行排序，也就是返回一个有 Key 和 Value 的 RDD。

```
val rdd = sc.parallelize(Array(("a",85), ("a",73),("a",66),("b",81),("b",90)))
rdd. sortByKey(true).collect()
rdd. sortByKey(false).collect()
```

第 2 行表示正序，第 3 行表示逆序。运行结果如图 5-26 所示。

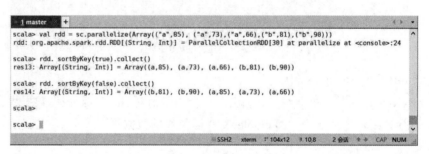

图 5-26   sortByKey 示例

12.   sortBy(func,[ascending], [numTasks])

sortBy 方法是对标准的 RDD 进行排序。

```
val rdd = sc.parallelize(List(3,1,90,3,5,12))
rdd.sortBy(x => x).collect
rdd.sortBy(x => x, false).collect
```

第 3 行代码是逆序排序。运行结果如图 5-27 所示。

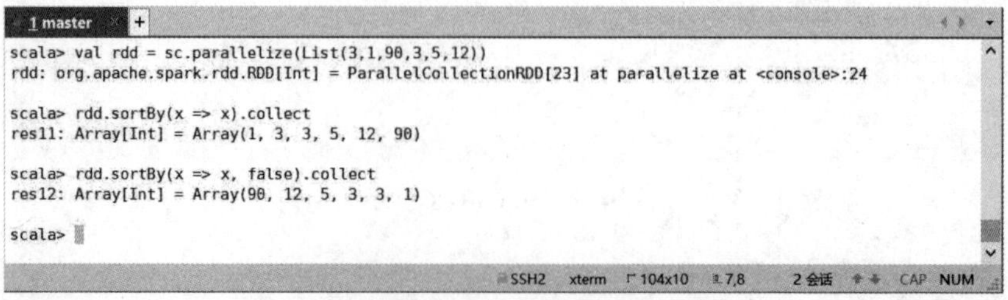

图 5-27   sortBy 示例

13. join(otherDataset, [numTasks])

join 方法把一个键值对型 RDD 作为参数输入，而后在原 RDD 和输入 RDD 上做内连接操作。它返回一个由二元组构成的 RDD。二元组的第一个元素是原 RDD 和输入 RDD 都有的键，第二个元素是一个元组，这个元组由原 RDD 和输入 RDD 中键对应的值构成。

```scala
val rdd1 = sc.parallelize(Array(("a",1),("b",1),("c",1)))
val rdd2 = sc.parallelize(Array(("a",2),("b",2),("c",2)))
val rdd3=rdd1.join(rdd2).collect()
```

根据键值形成新的 RDD 为 Array[(String, (Int, Int))] = Array((a,(1,2)), (b,(1,2)), (c,(1,2)))。运行结果如图 5-28 所示。

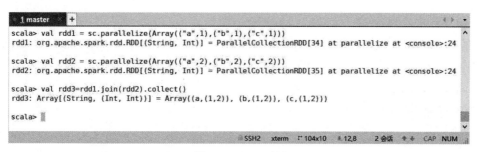

图 5-28　join 示例

5.2.2　常用的动作

动作是一种算法的描述，它通过 SparkContext 的方法提交作业。在 Spark 的程序中，每调用一次动作操作，都会触发一次 Spark 的调度并返回相应的结果。目前常用的动作算子见表 5-2。

动作（Action）操作

表 5-2　常用的动作

动作	含义
reduce(func)	通过 func 函数聚集 RDD 中的所有元素
reduceByKey(func)	通过 func 函数聚集 RDD 中 key 相同的元素
collect()	在驱动程序中，以数组的形式返回数据集的所有元素
count()	返回数据集的元素个数
first()	返回数据集的第一个元素
take(n)	返回一个由数据集的前 n 个元素组成的数组
takeOrdered(n, [ordering])	返回自然顺序或者自定义顺序的前 n 个元素
saveAsTextFile(path)	保存文件
foreach(func)	在数据集的每一个元素上运行函数 func
foreachPartition(func)	在数据集的每一个分区上运行函数 func

1. reduce(func)

Reduce 方法将 RDD 中前两个元素传给输入函数，产生一个新的 return 值，新产生的 return 值与 RDD 中下一个元素（即第三个元素）组成两个元素，再传给输入函数，直到最后只有一个值为止。

```
val rdd1 = sc.parallelize(Array(1,2,3,4,5,6,7,8,9,10))
val rdd2=rdd1.reduce((x,y)=>x+y)
```

运行结果如图 5-29 所示。

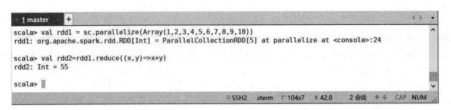

图 5-29　reduce 示例

2. reduceByKey(func)

reduceByKey 方法的作用对象是 (key, value) 形式的 RDD，reduceByKey 的作用就是对相同 key 的数据进行参数 func 定义的处理，最终每个 key 只保留一条记录。

```
val words = Array("a", "a", "a", "b", "b", "b")
val wordPairsRDD = sc.parallelize(words).map(word => (word, 1))
val word_Reduce = wordPairsRDD.reduceByKey(_ + _).collect()
val word_Group = wordPairsRDD.groupByKey().map(t => (t._1, t._2.sum)) .collect()
```

运行结果如图 5-30 所示。

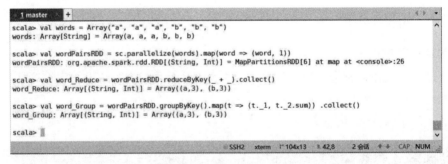

图 5-30　reduceByKey 示例

【长知识】reduceByKey 与 groupByKey 进行对比。

返回值类型不同：reduceByKey 返回的是 RDD[(K, V)]，而 groupByKey 返回的是 RDD[(K, Iterable[V])]。以 (a,1),(a,2),(a,3),(b,1),(b,2),(c,1) 为例，reduceByKey 产生的中间结果 (a,6),(b,3),(c,1)，而 groupByKey 产生的中间结果结果为 ((a,1)(a,2)(a,3)),((b,1)(b,2)),(c,1)(以上结果为一个分区中的中间结果)。可见 groupByKey 的结果更加消耗资源。

作用不同：reduceByKey 作用是聚合、异或等，groupByKey 作用主要是分组，也可以作聚合（分组之后）。

3. collect()

collect 方法收集一个弹性分布式数据集的所有元素到一个数组中。

```
val words = Array("a", "a", "a", "b", "b", "b")
val wordPairsRDD = sc.parallelize(words).map(word => (word, 1))
wordPairsRDD.collect()
```

运行结果如图 5-31 所示。

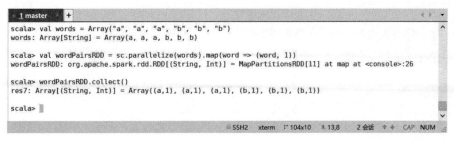

图 5-31　collect 示例

【长知识】collect 方法是动作类型的一个算子，根据 RDD 的惰性机制，真正的计算发生在 RDD 的动作操作。collect 方法在 local 模式下运行并无太大区别，可若放在分布式环境下运行，一次 collect 操作会将分布式各个节点上的数据汇聚到一个驱动节点上，后续所执行的运算和操作就会脱离这个分布式环境而相当于在单机环境下运行，这与 Spark 的分布式理念不合。另外如果操作一个有大数据集的 RDD，把在其他节点的数据移给了驱动程序，还有可能会导致驱动程序崩溃。

4. count()

count 方法返回数据集的元素个数。运行结果如图 5-32 所示。

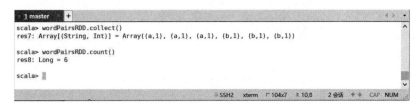

图 5-32　count 示例

5. first()

first 方法返回数据集的第一个元素。运行结果如图 5-33 所示。

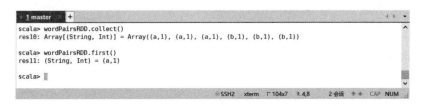

图 5-33　first 示例

6. take(n)

take 方法返回一个由数据集的前 n 个元素组成的数组。运行结果如图 5-34 所示。

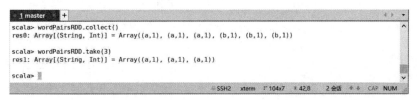

图 5-34　take 示例

7. takeOrdered(n, [ordering])

takeOrdered 方法返回自然顺序或者自定义顺序的前 n 个元素。

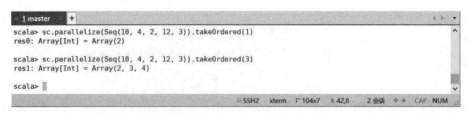

```
sc.parallelize(Seq(10, 4, 2, 12, 3)).takeOrdered(1)
sc.parallelize(Seq(10, 4, 2, 12, 3)).takeOrdered(3)
```

运行结果如图 5-35 所示。

图 5-35　takeOrdered 示例

8.　saveAsTextFile(path)

saveAsTextFile 方法将数据集的元素作为一个文本文件（或文本文件的集合）保存至本地文件系统中的给定目录、HDFS 或任何其他 Hadoop HDFS 支持的文件系统。Spark 会对每个元素调用 toString 方法将其转换为一个文件中的文本行，通过函数将 RDD 的每个分区存储为 HDFS 中的一个 Block。示意图如图 5-36 所示。

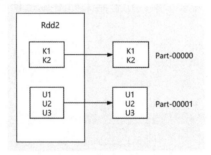

图 5-36　saveAsTextFile 对 RDD 转换

```
val seq = List(("American Person", List("Tom", "Jim")), ("China Person", List("LiLei", "HanMeiMei")),、
("Color Type", List("Red", "Blue")))
val rdd1 = sc.parallelize(seq)
val rdd2 = sc.parallelize(seq,2)
rdd1.saveAsTextFile("/usr/local/ex501_rdd1")
rdd2.saveAsTextFile("/usr/local/ex501_rdd2")
```

第 2 行：创建一个 RDD，默认分区数为 1。

第 3 行：创建一个 RDD，分区数为 2。

第 4、5 行：ex501_rdd1 和 ex501_rdd2 其实是路径名，saveAsTextFile 方法将两个 RDD 分别保存至路径 ex501_rdd1 和 ex501_rdd2 中。rdd1 分区数为 1，保存至路径 /usr/local/ex501_rdd1 中的 part-00000 文件中。rdd2 分区数为 2，分别保存至路径 /usr/local/ex501_rdd2 中的 part-00000 文件和 part-00001 文件中。保存结果如图 5-37 所示。

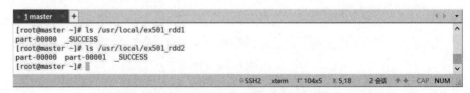

图 5-37　saveAsTextFile 示例

9. foreach(func)

```scala
val seq = List(("American Person", List("Tom", "Jim")), ("China Person", List("LiLei", "HanMeiMei")),
("Color Type", List("Red", "Blue")))
val rdd1 = sc.parallelize(seq)
rdd1.foreach(println)
```

运行结果如图 5-38 所示。

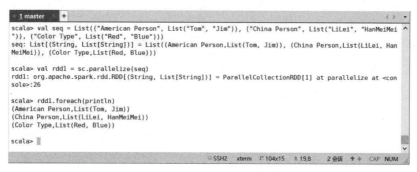

图 5-38　foreach 示例

10. foreachPartition(func)

foreachPartition 属于算子操作，可以提高模型效率。用 foreachPartition 算子可以一次性处理一个 partition 的数据，对于每个 partition，只要创建一个数据库连接即可，然后执行批量插入操作，此时性能是比较高的。

```scala
val seq = List(("American Person", List("Tom", "Jim")), ("China Person", List("LiLei", "HanMeiMei")),
("Color Type", List("Red", "Blue")))
val rdd1 = sc.parallelize(seq,2)
rdd1. foreachPartition (x=>println(x.size))
```

运行结果如图 5-39 所示。

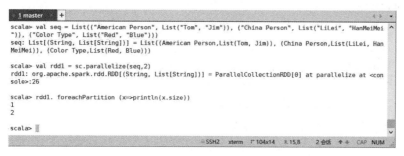

图 5-39　foreachPartition 示例

5.2.3　实例操作

下面将结合一些实例对这些操作进行介绍。

【例 5-1】集合中所有元素乘 2 后排序。

map(func)：返回一个新的数据集，由每一个输入元素经过 func 函数转换后组成。

filter(func)：返回一个新的数据集，由经过 func 函数计算后返回值为 true 的输入元素组成。

collect() 在驱动程序中，以数组的形式返回数据集的所有元素。

```scala
val add1 = sc.parallelize(List(5, 6, 4, 7, 3, 8, 2, 9, 1, 10))
```

实例操作

```
val add2= add1.map(_ * 2)   // 对 1 里的每一个元素乘 2
add2.collect()   // 将元素以数组的方式在客户端显示
val add3=add2.sortBy(x => x, true)  // 升序排序
add3.collect()
```

运行结果如图 5-40 所示。

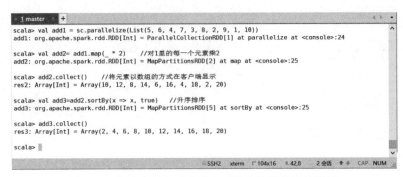

图 5-40　集合中所有元素乘 2 后排序的代码运行示例

【例 5-2】集合元素求并集，交集去重复。

union(otherDataset)：对源和参数求并集后返回一个新的。

intersection(otherDataset)：对源和参数求交集后返回一个新的。

distinct([numTasks]))：对源进行去重后返回一个新的。

```
val rdd1 = sc.parallelize(List(5, 6, 4, 3))
val rdd2 = sc.parallelize(List(1, 2, 3, 4))
val rdd3 = rdd1.union(rdd2)     // 求并集
rdd3.collect()
val rdd4 = rdd1.intersection(rdd2)   // 求交集
rdd4.collect()
var rdd5=rdd3.distinct   // 去重
rdd5.collect()
```

运行结果如图 5-41 所示。

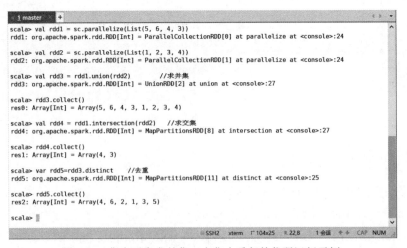

图 5-41　集合元素求并集，交集去重复的代码运行示例

【例 5-3】集合的连接、分组操作。

join(otherDataset, [numTasks]) 在类型为 (K,V) 和 (K,W) 的数据集上调用，返回一个相同 key 对应的所有元素对在一起的数据集。

groupByKey([numTasks]) 在一个 (K,V) 的数据集上调用，返回一个 (K, Iterator[V]) 的
数据集。

```
val rdd1 = sc.parallelize(List(("tom", 1), ("jerry", 3), ("kitty", 2)))
val rdd2 = sc.parallelize(List(("jerry", 2), ("tom", 1), ("shuke", 2)))
val rdd3 = rdd1.join(rdd2) // 求 join
rdd3.collect()
val rdd4 = rdd1 union rdd2// 求并集
rdd4.collect()
val rdd5=rdd4.groupByKey// 按 key 进行分组
rdd5.collect()
```

转换过程如图 5-42 所示。

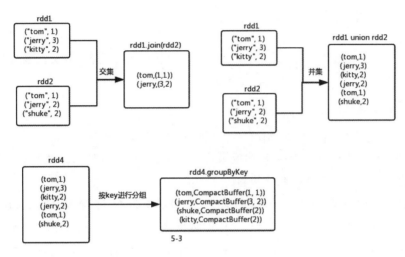

图 5-42　集合的连接、分组操作示意图

运行结果如图 5-43 所示。

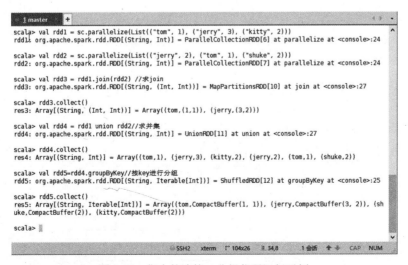

图 5-43　集合的连接、分组代码运行示例

【例 5-4】分区相关操作。

repartition(numPartitions)：重新分区。

coalesce(numPartitions)：减少分区数到指定值。

```
val rdd1 = sc.parallelize(1 to 10,3)
rdd1.repartition(2).partitions.size// 利用 repartition 改变 1 分区数
rdd1.repartition(4).partitions.size// 增加分区
rdd1.coalesce(2).partitions.size// 利用 coalesce 改变 1 分区数
rdd1.collect()
```

运行结果如图 5-44 所示。

图 5-44　分区相关操作代码运行示例

【例 5-5】词频统计并排序。

reduceByKey(func, [numTasks]) 在一个 (K,V) 的数据集上调用，返回一个数据集，使用指定的 reduce 函数，将相同 key 的值聚合到一起。与 groupByKey 类似，reduce 任务的个数可以通过第二个可选的参数来设置。

sortByKey([ascending], [numTasks]) 在一个 (K,V) 的数据集上调用，K 必须实现 Ordered 接口，返回一个按照 key 进行排序的数据集。

```
val rdd1 = sc.parallelize(List(("tom", 1), ("jerry", 3), ("kitty", 2),("shuke", 1)))
val rdd2 = sc.parallelize(List(("jerry", 2), ("tom", 3), ("shuke", 2), ("kitty", 5)))
val rdd3 = rdd1.union(rdd2)
rdd3.collect()
val rdd4 = rdd3.reduceByKey(_ + _)// 按 key 进行聚合
rdd4.collect()
val rdd5 = rdd4.map(t => (t._2, t._1)).sortByKey(false) // 按 value 的降序排序
rdd5.foreach(println)
```

转换过程如图 5-45 所示。

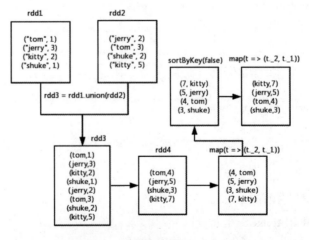

图 5-45　词频统计并排序示意图

运行结果如图 5-46 所示。

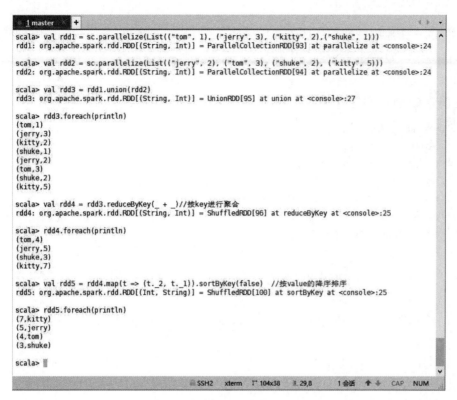

图 5-46　词频统计并排序代码运行示例

5.3　RDD 的分区

5.3.1　分区的概念

凡是弹性分布式数据集通常都很大，所以会被分成很多个分区，分别保存在不同的节点上。RDD 的数据集在逻辑上被划分为多个分区，分区是 RDD 内部并行计算的一个计算单元，每个分区的数值计算都是在一个任务中进行的，任务的个数是由分区数决定的。分区示意如图 5-47 所示。

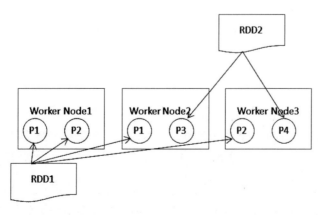

图 5-47　RDD 的分区示意图

5.3.2 分区原则和方法

分区的一个原则是使得分区的个数尽量等于集群中的 CPU 核心数目。用户可以自行指定多少分区，如果没有指定，那么将会使用默认值。

1. 默认方式

在创建 RDD 时不指定分区，这样创建的 RDD 就采用系统默认的分区数。

```
scala> val array=Array(1,2,3)
array: Array[Int] = Array(1, 2, 3)
scala> val array=sc.parallelize(array)
array: org.apache.spark..[Int] = ParallelCollection[0] at parallelize at <console>:26
scala>  val numPartitions=array.getNumPartitions
numPartitions: Int = 1
scala> println(numPartitions)
1
```

第三行 val array=sc.parallelize(array) 表示创建 RDD 时未指定分区数。

2. 手动设置

在创建 RDD 时可以使用参数指定分区，设置了几个分区就是几个分区。手动设置分区代码如下：

```
scala> val array=Array(1,2,3)
array: Array[Int] = Array(1, 2, 3)
scala> val array=sc.parallelize(array,numSlices=2)// 设置 2 个分区
array:org.apache.spark..[Int] = ParallelCollection[0] at parallelize at <console>:26
scala> val numPartitions=array.getNumPartitions
numPartitions: Int = 2
scala> println(numPartitions)
2
scala> val array3=sc.parallelize(array,3) // 设置 3 个分区
array3:org.apache.spark..[Int] = ParallelCollection[1] at parallelize at <console>:26
scala>  val numPartitions3=array3.getNumPartitions
numPartitions3: Int = 3
scala> println(numPartitions3)
3
```

第三行 val array=sc.parallelize(array,numSlices=2) 表示创建 RDD 时指定分 2 个分区。

3. 使用 reparititon 方法重新设置分区个数

```
val file=sc.textFile("file:///usr/local/Exam_Score.txt",3) // 分区数为 3
file.repartition(2)  // 重新分区分区数为 2
```

5.4 持久化

由于 RDD 是惰性求值的，如果需要对一个 RDD 多次使用，那么调用行动操作时每次都需要重复计算 RDD 以及它的依赖。在迭代算法计算中，由于常常需要对同一组数据多次使用，因此消耗会格外大。所以为了避免多次计算同一个 RDD，可以让 Spark 对数据进行持久化。

每个 RDD 一般情况下是由多个分区组成的，RDD 的数据分布在多个节点中，所以

Spark 持久化一个 RDD 时，由参与计算该 RDD 的节点各自保存自己所求出的分区数据。持久化 RDD 后，在再一次需要计算该 RDD 时将不需要重新计算，直接取各分区保存好的数据即可。如果其中有一个节点因为某种原因出现故障，Spark 需要用到缓存数据时会重算丢失的分区，但不需要计算所有的分区。如果希望节点故障不影响执行速度，在内存充足的情况下，可以使用双副本保存的高可靠机制，这样其中一个副本有分区丢失的话，就会从另一个保存的副本中读取数据。

RDD 持久化操作有 cache() 和 persist() 两种方法。cache() 和 persist() 的区别在于，cache() 是 persist() 的一种简化方式，cache() 的底层就是调用的 persist() 的无参版本，同时就是调用 persist(MEMORY_ONLY) 将数据持久化到内存中。如果需要从内存中去除缓存，那么可以使用 unpersist() 方法。

5.4.1　持久化存储级别

持久化代码示例如下：

```
// 计算参加考试的人数
import org.apache.spark.storage.StorageLevel
val file=sc.textFile("file:///usr/local/Exam_Score.txt")
val arr = file.take(1)
val name=file.filter(!arr.contains(_))
name.persist(StorageLevel.DISK_ONLY) // 使用 persist() 方法持久化
// 这里也可以使用 name.cache () 默认级别为 MEMORY_ONLY
val name1 = name.map(_.split(" "))
val name2=name1.map(x=>{x(0)+ ":"+x(1)})
val name3=name2.distinct
val nameCount=name3.count()
```

第五行 name.persist(StorageLevel.DISK_ONLY) 表示使用 persist 方法将反序列化的数据存入内存。

DISK_ONLY 这个等级选择是将一个 org.apache.spark.storage.StorageLevel 对象传递给 persist 方法进行确定。也可以使用不带参数的 cache 方法，默认级别为 MEMORY_ONLY。持久化存储级别选项详解见表 5-3。

表 5-3　持久化策略

持久化级别	含义
MEMORY_ONLY	数据仅保留在内存中
MYMORY_AND_DISK	数据先写到内存，内存放不下则溢写到磁盘上
MEMORY_ONLY_SER	数据序列化后保存在内存中
MEMORY_AND_DISK_SER	序列化的数据先写到内存，内存不足则溢写到磁盘
DISK_ONLY	仅仅使用磁盘存储的数据（未经序列化）
MEMORY_ONLY_2, MEMORY_AND_DISK_2, etc.	以 MEMORY_ONLY_2 为例，MEMORY_ONLY_2 相比于 MEMORY_ONLY 存储数据的方式是相同的，不同的是会将数据备份到集群中两个不同的节点

5.4.2　持久化存储级别的选择

默认情况下，性能最高的当然是 MEMORY_ONLY，但前提是你的内存必须足够大，可以绰绰有余地存放下所有数据。但是在实际的生产环境中，恐怕能够直接用这种策略的场景还是有限的，如果数据比较多时直接用这种持久化级别，会导致内存溢出异常。

MEMORY_ONLY_SER 会将数据序列化后再保存在内存中，此时每个分区仅仅是一个字节数组而已，大大减少了对象数量，并降低了内存占用。这种级别比 MEMORY_ONLY 多出来的性能开销主要就是序列化与反序列化的开销。但是后续算子可以基于纯内存进行操作，因此性能总体还是比较高的。

如果纯内存的级别都无法使用，那么建议使用 MEMORY_AND_DISK_SER 策略，而不是 MEMORY_AND_DISK 策略。因为纯内存的级别都无法使用的情况下数据量很大，而序列化后的数据比较少，可以节省内存和磁盘的空间开销。同时该策略会优先尝试将数据缓存在内存中，内存缓存不下才会写入磁盘。

通常不建议使用 DISK_ONLY 和后缀为 _2 的级别，因为完全基于磁盘文件进行数据的读写会导致性能急剧降低。后缀为 _2 的级别必须将所有数据都复制一份副本并发送到其他节点上，数据复制以及网络传输会导致较大的性能开销，除非是要求作业的可靠性非常高，否则不建议使用。

5.5　容错机制

Spark 中对于数据保存除了持久化操作之外还存在检查点方式。

RDD 的缓存能够在第一次计算完成后，将计算结果保存到内存、本地文件系统或者分布式内存文件系统中。通过缓存，Spark 避免了 RDD 上的重复计算，极大地提升了计算速度。缓存的方式虽然也可以以文件形式保存在磁盘中，但是磁盘会出现损坏，文件也会出现丢失，如果缓存丢失了，则需要重新计算。如果计算特别复杂或者计算耗时特别多，那么缓存丢失对于整个工作的影响是不容忽视的。为了避免缓存丢失重新计算带来的开销，Spark 又引入检查点机制。

检查点的产生就是为了相对更加可靠的持久化操作，在检查点可以指定把数据放在本地并且是以多副本方式，但是在正常的生产环境下是放在 HDFS，这就借助了 HDFS 高容错、高可靠的特性完成了最大化的可靠持久化数据的方式，从而降低数据被破坏或者丢失的风险，也减少了数据重新计算时的开销。

综合实例

5.6　综合实例

某文件记载了不同班级的学生成绩，通过分析可以得到学生成绩各方面的结果，例如参加考试人数、某科目平均分、某学生成绩平均分等。文件内容如图 5-48 所示。

1. 统计参加考试人数

```
val file=sc.textFile("file:///usr/local/Exam_Score.txt")    // 从本地文件读取
// val file=sc.textFile("hdfs://master:9000/user/Exam_Score.txt/")    // 从 HDFS 集群文件系统读取文件
val arr = file.take(1)
val name=file.filter(!arr.contains(_))
val name1 = name.map(_.split(" "))
val name2=name1.map(x=>{x(0)+ ":"+x(1)})
val name3=name2.distinct
val nameCount=name3.count()
```

图 5-48　Exam_Score.txt 内容

转换过程如图 5-49 所示。

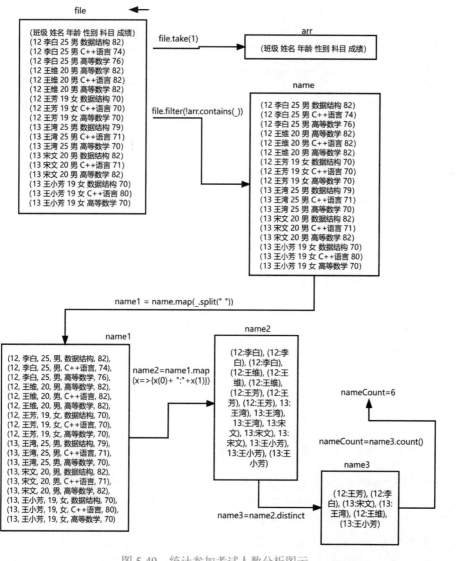

图 5-49　统计参加考试人数分析图示

2. 统计 20 岁以下参加考试人数

```
val file=sc.textFile("file:///usr/local/Exam_Score.txt")
val arr = file.take(1)
val name=file.filter(!arr.contains(_))
val age = name.map(x => {val line = x.split(" ");line(0) + "," + line(1) + "," + line(2)})
val numPeo = age.distinct.filter(_.split(",")(2).toInt<=20).count()
```

转换过程如图 5-50 所示。

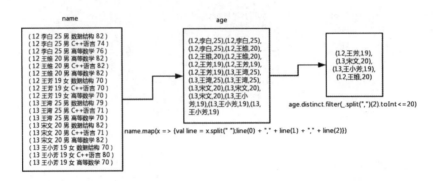

图 5-50　统计 20 岁以下参加考试人数分析图示

3. 统计男生参加考试人数

```
val file=sc.textFile("file:///usr/local/Exam_Score.txt")
val arr = file.take(1)
val name=file.filter(!arr.contains(_))
val sex = name.map(x => {val line = x.split(" ");line(0) + "," + line(1) + "," + line(3)})
val numPeo = sex.distinct.filter(_.split(",")(2) == " 男 ").count()
```

转换过程如图 5-51 所示。

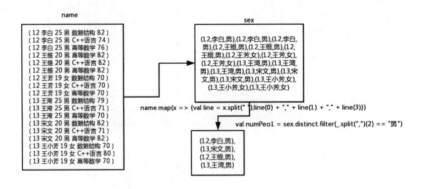

图 5-51　统计男生参加考试人数分析图示

4. 统计女生参加考试人数

```
val file=sc.textFile("file:///usr/local/Exam_Score.txt")
val arr = file.take(1)
val name=file.filter(!arr.contains(_))
val sex = name.map(x => {val line = x.split(" ");line(0) + "," + line(1) + "," + line(3)})
val numPeo = sex.distinct.filter(_.split(",")(2) == " 女 ").count()
```

5. 统计 12 班参加考试人数

```
val file=sc.textFile("file:///usr/local/Exam_Score.txt")
```

```
val arr = file.take(1)
val name=file.filter(!arr.contains(_))
val classNum = name.map(x => {val line = x.split(" ");line(0) + "," + line(1) })
val numPeo = classNum.distinct.filter(_.split(",")(0).toInt == 12).count()
```

转换过程如图 5-52 所示。

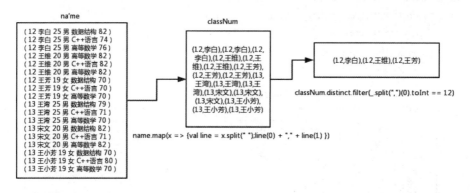

图 5-52　统计 12 班参加考试人数分析图示

【长知识】保存到本地的是一个文件夹 class12numPeo。

6. 统计 13 班参加考试人数

```
val file=sc.textFile("file:///usr/local/Exam_Score.txt")
val arr = file.take(1)
val name=file.filter(!arr.contains(_))
val classNum = name.map(x => {val line = x.split(" ");line(0) + "," + line(1) })
val numPeo = classNum.distinct.filter(_.split(",")(0).toInt == 13).count()
```

7. 统计高等数学科目的平均成绩

```
val file=sc.textFile("file:///usr/local/Exam_Score.txt")
val arr=file.take(1)
val name=file.filter(!arr.contains(_))
val mathLine=name.map(x=>{val line=x.split(" ");line(4)+","+line(5)})
val mathGennal=mathLine.filter(_.split("，")(0)=="高等数学 ")
val mathLength=mathGennal.count.toInt//7
val mathSum=mathGennal.map(_.split(",")(1).toInt).reduce(_+_)//532
val mathAvg=mathSum/mathLength//76
```

转换过程如图 5-53 所示。

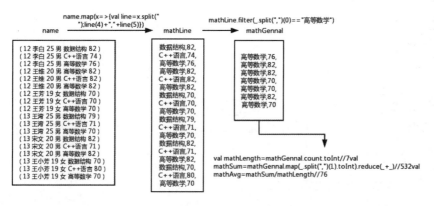

图 5-53　统计高等数学科目的平均成绩分析图示

8. 统计某人考试平均成绩

```
val file=sc.textFile("file:///usr/local/Exam_Score.txt")
val arr=file.take(1)
val name=file.filter(!arr.contains(_))
val scoreLine = name.map(x => {val line = x.split(" "); (line(0)+","+line(1),line(5).toInt)})
val perScore = scoreLine.map(a => (a._1,(a._2,1)))
val perScore1=perScore.reduceByKey((a,b) => (a._1+b._1,a._2+b._2))
val perScore2=perScore1.map(y => (y._1,y._2._1/y._2._2))
```

转换过程如图 5-54 所示。

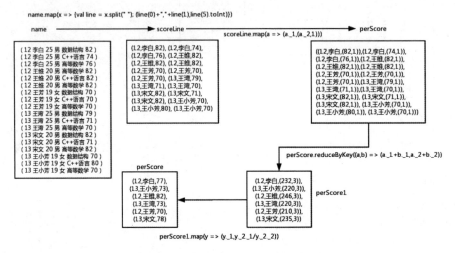

图 5-54 统计某人考试平均成绩分析图示

9. 统计某班平均成绩

```
val file=sc.textFile("file:///usr/local/Exam_Score.txt")
val arr=file.take(1)
val name=file.filter(!arr.contains(_))
val classScore = name.map(x => {val line = x.split(" ");
(line(0),line(5).toInt)}).filter(a =>(a._1 == "12"))
val classScore1=classScore.map(a => (a._1,(a._2,1)))
val classScore2=classScore1.reduceByKey((a,b) => (a._1+b._1,a._2+b._2))
val classScore3=classScore2.map(y => (y._1,y._2._1/y._2._2))//12,60
val classScore4=classScore3.saveAsTextFile("file:///usr/local/Exam/perClass12")
```

转换过程如图 5-55 所示。

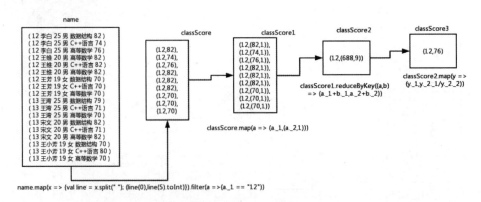

图 5-55 统计某班平均成绩分析图示

10. 统计 12 班男生平均成绩

```
val file=sc.textFile("file:///usr/local/Exam_Score.txt")
val arr=file.take(1)
val name=file.filter(!arr.contains(_))
val BoyclassScore12 = name.map(x => {val line = x.split(" "); (line(0) + "," + line(3) + "," + line(5).
toInt)}).filter(_.split(",")(0) == "12").filter(_.split(",")(1)=="男")
val BoyclassScore12Num = BoyclassScore12.count  //6
val BoyclassScore12Sum_0=BoyclassScore12.map(y => {val row = y.split(",");row(2).toInt})
val BoyclassScore12Sum= BoyclassScore12Sum_0.reduce(_+_)  //478
val BoyperClass12 = BoyclassScore12Sum/BoyclassScore12Num  //79
```

转换过程如图 5-56 所示。

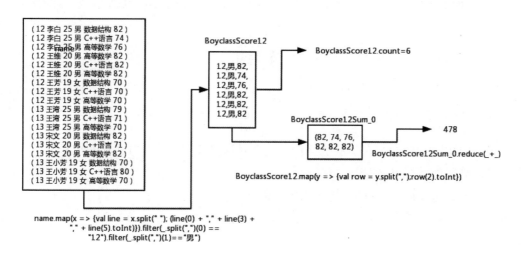

图 5-56　统计 12 班男生平均成绩分析图示

11. 求全校某科目成绩最高分

```
val file=sc.textFile("file:///usr/local/Exam_Score.txt")
val arr=file.take(1)
val name=file.filter(!arr.contains(_))
val Line = name.map(x => {val line = x.split(" ");line(4)+ "," + line(5)})
val Max = Line.distinct.filter(_.split(",")(0) == "数据结构").max
```

转换过程如图 5-57 所示。

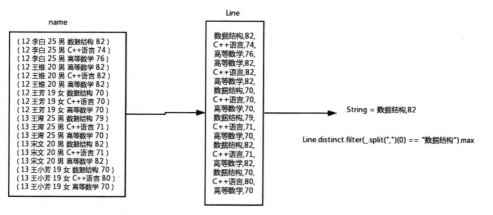

图 5-57　全校某科目成绩最高分分析图示

本章小结

Spark RDD 弹性分布式数据集是 Spark 的核心概念，是一个容错的、并行的数据结构。本章首先介绍了 RDD 的特征：RDD 是一种不可变的数据结构，是一组数据的分区，是可容错的、处理数据的接口，它可以表示不同类型的数据，允许在内存中缓存或长期驻留。然后重点介绍了创建 RDD 的方式：可以使用 parallelize 方法或者 makeRDD 方法创建，也可使用 textFile 加载本地或者集群文件系统中的数据。还介绍了 RDD 的常用操作：转换操作和动作操作，RDD 中的所有转换都是延迟加载的，只有要求返回结果给动作时，这些转换才会真正运行。最后结合综合实例，展示了如何更好地运用 RDD 解决实际问题。

练习五

一、简答题

1．RDD 是什么？能处理什么样的数据？对这些数据的处理方式相同吗？

2．简述创建 RDD 的方式。

3．什么是 Transformation 操作的惰性机制？

4．在依赖关系中，为什么说窄依赖要比宽依赖好？

二、操作题

1．创建一个 RDD，然后用代码实现下列要求：

（1）求出 RDD 中每一个元素（字符串对象）长度。

（2）筛选包含特定字段（spark）的 RDD 元素。

（3）对 RDD 中的每个元素乘 2。

（4）筛选出偶数。

2．A:List(1,2,3,4)，B:List(3,4,5,6)，对于 A、B 求并集、交集、去重操作。

3．将数组 Array(1,2,3,4,5) 创建成一个并行集合，并进行数组元素相加操作。

4．自选一篇文章，统计该文章的词频度。

5．给定一组键值对:('iPhone",2), ("Huawei",6), ("Xiaomi",5), ("OPPO",4), ('iPhone",1), ("Huawei",4),("Xiaomi",3), ("OPPO",6)。键值对的 key 表示手机品牌，value 表示某天的手机销量，请计算每个键对应的平均值，也就是计算每种手机的每天平均销量。

第6章 Spark SQL 结构化数据处理引擎

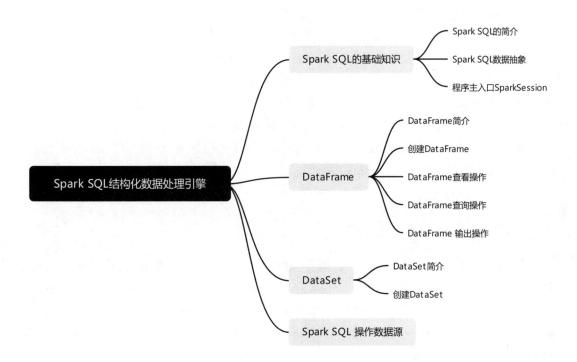

本章导读

　　Spark SQL 是一个运行在 Spark 之上的 Spark 库。Spark SQL 不仅为 Spark 提供了 SQL 接口，它还让 Spark 更加易用、运行更快，提升了开发者的生产力。本章首先介绍 Spark SQL 的架构、特点和程序主入口等，接着介绍了在 Spark SQL 的两个抽象编程模型 DataFrame 和 DataSet，并介绍了 DataFrame 和 DataSet 的创建方法和常用操作。最后介绍了使用 Spark SQL 操作 MySQL 数据源的方法。

本章要点

- ♀ Spark SQL 的特点
- ♀ DataFrame 的创建和操作
- ♀ DataSet 的创建和操作
- ♀ 使用 Spark SQL 操作 MySQL 数据源

6.1 Spark SQL 的基础知识

6.1.1 Spark SQL 简介

Spark SQL 是一个用来处理结构化数据的 Spark 组件，它可被视为一个分布式的 SQL 查询引擎。Spark SQL 在数据兼容方面的发展使得开发人员不仅可以直接处理 RDD，同时也可以处理 Parquet 文件或 JSON 文件，甚至可以处理外部数据库中的数据以及 Hive 中存在的表。Spark SQL 的一个重要特点是其能够统一处理关系表和 RDD，使得开发人员可以轻松地使用 SQL 命令进行外部查询，同时进行更复杂的数据分析。

Spark SQL 的特点：

- 和 Spark Core 的无缝集成：可以在写 RDD 应用时配置 Spark SQL，完成逻辑实现。
- 统一的数据访问方式：Spark SQL 提供标准化的 SQL 查询。
- Hive 的继承：Spark SQL 通过内嵌的 Hive 或连接外部已经部署好的 Hive 案例，实现了对 Hive 语法的继承和操作。
- 标准化的连接方式。

6.1.2 Spark SQL 数据抽象

在 Spark SQL 中，Spark 提供了两个操作 Spark SQL 的抽象编程模型，分别是 DataFrame 和 DataSet，也就是说，我们操作 Spark SQL 一般都是通过 DataFrame 或 DataSet 实现的。DataFrame 是一种以 RDD 为基础的带有 Schema 元信息的分布式数据集，类似于关系型数据库的数据表。DataSet 包含了 DataFrame 的功能，DataFrame 表示为 DataSet[Row]，即 DataSet 的子集。

6.1.3 程序主入口 SparkSession

程序主入口 SparkSession

从 Spark 2.0 以上版本开始，Spark SQL 模块的编程主入口点是 SparkSession，SparkSession 对象不仅为用户提供了创建 DataFrame 对象、读取外部数据源并转化为 DataFrame 对象以及执行 SQL 查询的 API，还负责记录着用户希望 Spark 应用在 Spark 集群运行的控制、调优参数，是 Spark 运行的基础。

一般我们先通过 SparkSession. builder() 创建一个基本的 SparkSession 对象，并为该 Spark SQL 应用配置一些初始化参数，例如设置应用的名称或通过 config 方法配置相关运行参数。然后使用该 SparkSession 对象读取 JSON 文件成为 DataFrame 对象，再使用 show() 方法查看内容。

```
import org.apache.spark.sql.SparkSession
val sp=SparkSession.builder().appName("Spark SQL basic example").config("spark.some.config.option",
"some-value").getOrCreate()
val df=spark.read.json("file:///usr/local/Exam/employees.json")
df.show()
```

代码运行结果如图 6-1 所示。

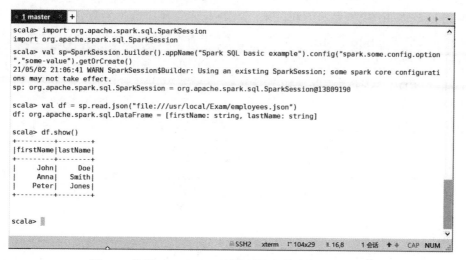

图 6-1　使用 SparkSession 对象读取文件成为 DataFrame

因为 SparkSession 对象是 Spark 运行的基础，是必不可少的，所以在启动进入 Spark-shell 后，Spark-shell 会默认提供了一个 SparkSession 对象，名称为 spark，因此在进入 Spark-shell 之后进行各种数据操作时，可以声明创建一个 SparkSession 对象，也可以直接使用 Spark-shell 提供的默认的 SparkSession 对象，即 spark，如图 6-2 所示。

```
val df=spark.read.json("file:///usr/local/Exam/employees.json")
df.show()
```

图 6-2　使用默认 SparkSession 对象 Spark 读取文件成为 DataFrame

6.2　DataFrame

6.2.1　DataFrame 简介

Spark SQL 提供了一个名为 DataFrame 的抽象编程模型。可以把 DataFrame 理解为一个分布式关系型数据库中的数据表对象，该数据集合包含列的详细模式信息。DataFrame 和 RDD 一样均为 Spark 平台对数据的一种抽象、一种组织方式，但是两者的地位和设计目的截然不同：RDD 是整个 Spark 平台的存储、计算以及任务调度的逻辑基础，更具有通用性，适用于各类数据源，是分布式数据集；而 DataFrame 是针对结构化数据源的高层数据抽象，是只能读取且具有鲜明结构的数据集。DataFrame 实现了 RDD 的绝大多数功能。

DataFrame 与 RDD 最大的不同在于，RDD 仅是一条条数据的集合，Spark 作业执行只能调度阶段层面进行简单通用的优化。而对于带有数据集内部结构的 DataFrame，Spark 可以根据结构信息进行针对性的优化，提供了比 RDD 更丰富的算子、更高的执行效率，DataFrame 与 RDD 的对比如图 6-3 所示。

person
person
person

person
person
person
person

RDD[person]

ID	name	age
String	String	Int
String	String	Int
String	String	Int
String	String	Int
String	String	Int
String	String	Int
String	String	Int

DataFrame

图 6-3　RDD 和 DataFrame 对比

6.2.2　创建 DataFrame

创建 DataFrame

DataFrame 可以通过结构化数据文件、外部数据库、Spark 计算过程中生成的 RDD 进行创建。上述几种数据源转换成 DataFrame 的方式不同，下面详细介绍如何利用不同的数据源创建 DataFrame。

1. 通过结构化数据文件直接创建 DataFrame

数据通常保存在结构化文件中，进行数据分析可以将文件读取成 DataFrame，然后再进行数据处理。

（1）使用本地 JSON 文件创建 DataFrame。本地 /usr/local/Exam 路径下有 employees. json 文件，文件内容如图 6-4 所示，在 Linux 中查看 employees.json 文件内容，如图 6-5 所示。

图 6-4　编辑器中查看 employees.json 文件内容

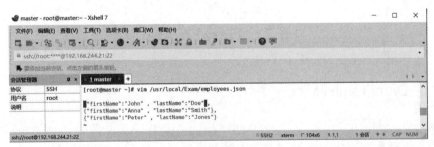

图 6-5　在 Linux 中查看 employees.json 文件内容

使用本地 JSON 文件创建 DataFrame 的代码如下：

```
val df = spark.read.json("file:///usr/local/Exam/employees.json")
df.show()
```

使用 SparkSession 对象 spark 读取本地文件然后转换为 DataFrame 对象 df，再使用

show 方法显示。运行结果如图 6-6 所示。

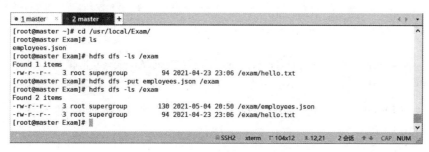

图 6-6　使用本地 JSON 文件创建 DataFrame

（2）使用 HDFS 上的 JSON 文件创建 DataFrame。将本地目录下的 /usr/local/Exam/
employees.json 文件上传至 HDFS 的 /exam 目录下。代码如下。

```
[root@master Exam]# hdfs dfs -putemployees.json /exam/    // 文件上传
```

执行结果如图 6-7 所示。

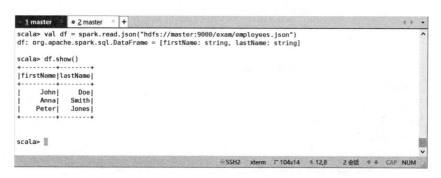

图 6-7　文件上传至 HDFS 的 exam 目录下

运行下述代码，运行结果如图 6-8 所示。

```
val df = spark.read.json("hdfs://master:9000/exam/employees.json")
df.show()
```

使用 SparkSession 对象 spark 读取分布式文件系统中的文件然后转换为 DataFrame 对
象 df，再使用 show 方法显示。

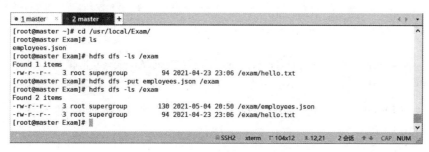

图 6-8　使用 HDFS 上的 JSON 文件创建 DataFrame

（3）使用 format() 方法和 load() 方法将 JSON 文件转换为 DataFrame。

```
spark.read.format("json").load(path)
spark.read.format("text").load(path)
spark.read.format("org.apache.spark.sql.parquet").load(path)
spark.read.format("com.databricks.spark.csv").option("...","...").load(path)
```

不同于 spark.read.json 方法是专门读取 json 文件的，spark.read.format 方法是更通用的读取文件的方法。数据源类型需要使用其限定名来指定，比如 json 表示读取 json 文件，text 表示文本文件，org.apache.spark.sql.parquet 是表示 parquet 文件，com.databricks.spark.csv 是表示 csv 文件等。对于 Spark SQL 的 DataFrame 来说，无论是从什么数据源创建出 DataFrame，都有一些共同的 load 和 save 操作。load 操作主要用于从指定路径加载数据。

我们使用这个方法将 JSON 文件 employees.json 读入并转换为 DataFrame，运行结果如图 6-9 所示。

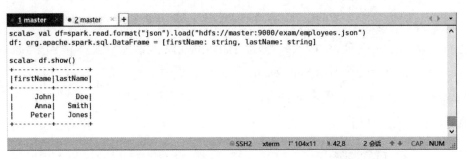

图 6-9　使用 format() 方法和 load() 方法将 JSON 文件转换为 DataFrame

```
val df = spark.read.formate("json").load("hdfs://master:9000/exam/employees.json")
df.show()
```

（4）使用 format() 方法和 load() 方法将 CSV 文件转换为 DataFrame 对象。CSV 文件内容如图 6-10 所示。

图 6-10　CSV 文件内容

```
val df = spark.read.format("com.databricks.spark.csv").
option("header", "true").
option("delimiter", ",").
option("quote", "\"").
option("nullValue", "\\N").
option("inferSchema", "true").
load("file:///usr/local/Exam/employees.csv");
df.show()
```

参数说明：

第 1 行：指定操作的数据源类型 com.databricks.spark.csv，即 CSV 文件。

第 2 行：header 第一行不作为数据内容，作为标题。

第 3 行：delimiter 分隔符，默认为逗号（,）。

第 4 行：quote 引号字符，默认为双引号（"）。

第 5 行：nullValue 指定一个字符串代表 null 值。

第 6 行：inferSchema 自动推测字段类型。

第 7 行：数据源路径。

第 8 行：显示新生成的 DataFrame。

运行结果如图 6-11 所示。

```
scala> val df = spark.read.format("com.databricks.spark.csv").
     | option("header", "true").
     | option("delimiter", ",").
     | option("quote", "'").
     | option("nullValue", "\\N").
     | option("inferSchema", "true").
     | load("file:///usr/local/Exam/employees.csv");
df: org.apache.spark.sql.DataFrame = [firstName: string, lastName: string]

scala> df.show()
+---------+--------+
|firstName|lastName|
+---------+--------+
|     John|     Doe|
|     Anna|   Smith|
|    Peter|   Jones|
+---------+--------+
```

图 6-11　使用 format() 方法和 load() 方法将 CSV 文件转换为 DataFrame

2. 通过 RDD 转换创建 DataFrame

Spark SQL 支持两种不同的方法用于转换已存在的 RDD 成为 DataFrame。第一种方法是使用反射机制自动推断 RDD 的 Schema 进行隐式转化。在 Spark 应用程序中，已知 Schema 时，这个基于反射的方法可以让代码更简洁，并且运行效果良好。第二种方法是通过编程接口，构造一个 Schema，然后将其应用到已存在的 RDD[Row]（将 RDD[T] 转化为 Row 对象组成的 RDD）。下面就这两种方法进行详细介绍。

（1）通过反射机制推理出 Schema 创建 DataFrame。采用这种方式转化为 DataFrame 对象，往往是因为被转化的 RDD 所包含的对象本身就是具有典型的一维表的字段结构对象，因此 Spark SQL 很容易就可以自动推断出合理的 Schema，这种基于反射机制隐式地创建 DataFrame 的方法往往仅需简洁的代码即可完成转化，并且运行效果良好。

Spark SQL 的接口支持自动将包含样例类 case class 对象的 RDD 转换为 DataFrame 对象。在样例类的声明中已预先定义了表的结构信息，内部通过反射机制即可读取样例类的参数的名称、类型，转化为 DataFrame 对象的 Schema 样例类不仅可以包含 Int、Double、String 这样的简单数据类型，也可以嵌套或包含复杂类型，例如 Seq 或 Arrays。

文件 people.txt 内容如图 6-12 所示。

```
people.txt - 记事本                    —   □   ×
文件(F)  编辑(E)  格式(O)  查看(V)  帮助(H)
张骁,25
邓力夫,23
蒲卉子,22
彭雅琪,21
罗秋蒙,24
邹诗雨,21
刘强,23
徐牧,25

100%    Unix (LF)              带有 BOM 的 UTF
```

图 6-12　文件 people.txt

```
case class Person (name: String, age: Int)
val rdd= sc.textFile("file:///usr/local/Exam/people.txt").
map(_.split(",")).
map(p => Person(p(0), p(1).trim.toInt))
val df=rdd.toDF()
df.show()
```

第 1 行：定义 Person 样例类。

第 2、3、4 行：通过本地文件获取一个 RDD 数据集。

第 5 行：将 RDD 数据集转换为 DataFrame。

第 6 行：显示 DataFrame。

首先声明 Person 样例类（Person 类对象用于装载 name、age），然后读取文件创建 RDD，最后转化为 DataFrame。

运行结果如图 6-13 所示。

图 6-13　通过反射机制推理出 Schema 方法创建 DataFrame

（2）构造 Schema 创建 DataFrame。允许先构建 Schema，然后将其应用到现有的 RDD(Row)。与前一种由样例类或基本数据类型（Int、String）对象组成的 RDD 直接隐式转化为 DataFrame 的方法不同，构造 Schema 创建 DataFrame 的方法不仅需要根据需求以及数据结构构建 Schema，而且需要将 RDD 转化为 Row 对象组成的 RDD(Row)，这种方法虽然代码量大一些，但也提供了更高的自由度，更加灵活。

当 case 类不能提前定义时（例如数据集的结构信息已包含在每一行中、一个文本数据集的字段对不同用户来说需要被解析成不同的字段名），这时就可以通过以下步骤完成 DataFrame 的转化。

【例 6-1】首先根据 RDD 中的结构构建一个 Schema，然后用 createDataFrame 方法将模式应用于行的 RDD。代码如下：

```
import org.apache.spark.sql.types._
val schema = StructType(List(
StructField("integer_column", IntegerType, nullable = false),
StructField("string_column", StringType, nullable = true),
StructField("date_column", DateType, nullable = true)
```

```
))
val rdd = sc.parallelize(
Seq(
Row(1, "First Value", java.sql.Date.valueOf("2010-01-01")),
Row(2, "Second Value", java.sql.Date.valueOf("2010-02-01"))
))
val df = spark.sqlContext.createDataFrame(rdd, schema)
df.show()
```

第 2 行表示创建了一个 Schema，第一列列名为 integer_column，类型为 IntegerType（整型），第二列列名为 string_column，类型为 StringType（字符串类型），第三列列名为 date_column，类型为 DateType（日期类型）。

第 12 行表示将 RDD 转换为指定 Schema 的 DataFrame。

例 6-1 的运行过程如图 6-14 所示。

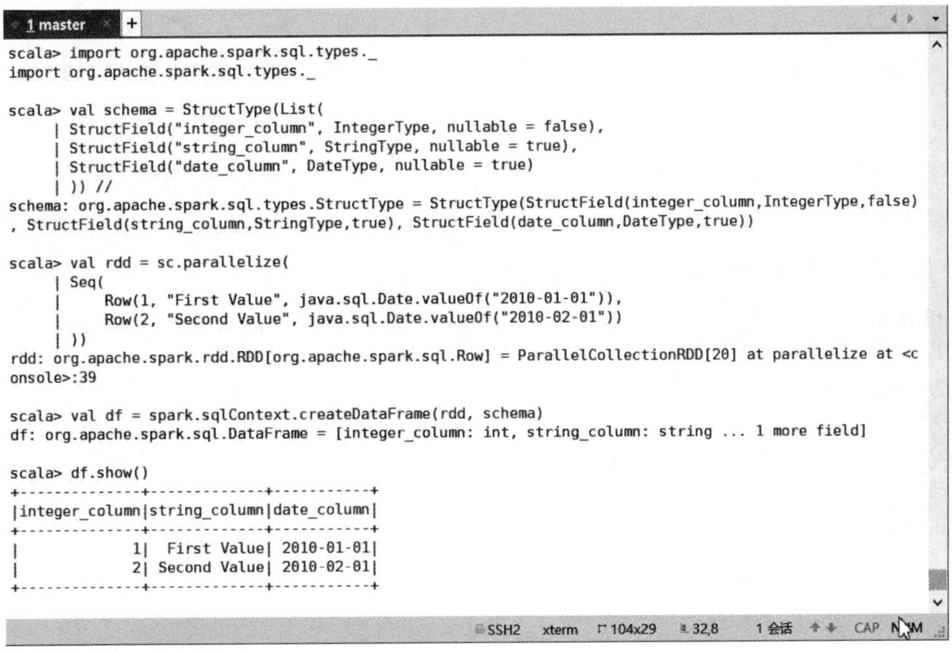

图 6-14　构造 Schema 方法将 RDD 转化为 DataFrame

【长知识】创建 Schema 需要声明 import org.apache.spark.sql.types._。

【例 6-2】采用指定 Schema 的方式将文件 people.txt 生成的 RDD 数据转换成 DataFrame。

文件 people.txt 内容如图 6-12 所示。

```
val rdd= sc.textFile("file:///usr/local/Exam/people.txt").
map(_.split(",")).
map(p =>Row(p(0), p(1).trim))
val schemaString="name age"
val schema=StructType(
schemaString.split(" ").
map(fieldName=>StructField(fieldName,StringType,true)))
val df= spark.createDataFrame(rdd,schema)
```

例 6-2 的运行过程如图 6-15 所示。

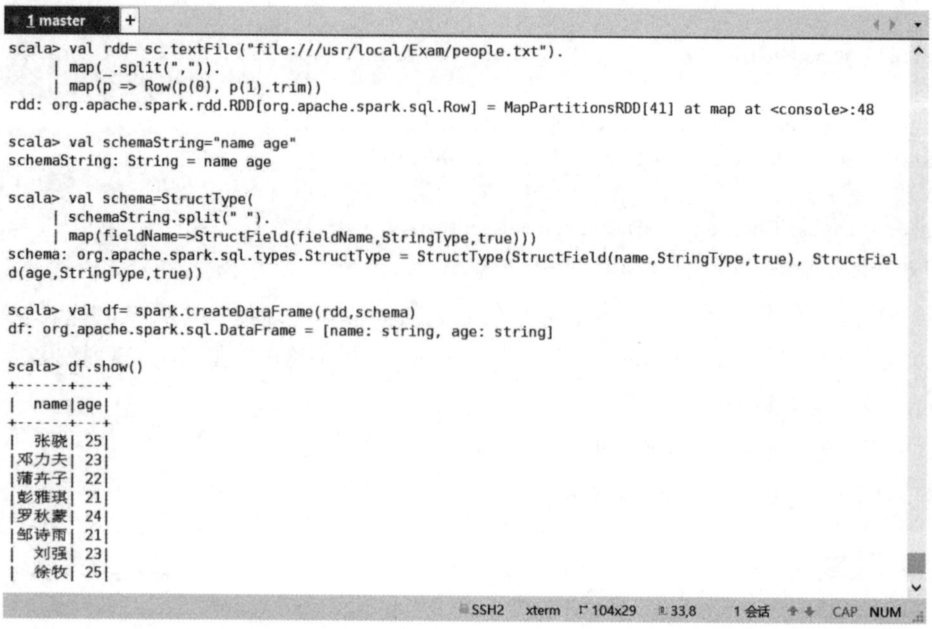

图 6-15   由开发者指定 Schema 方法将文件转化为 DataFrame

3. 使用 toDF 函数创建 DataFrame

本地序列（seq）转为 DataFrame 要求数据的内容是指定的非 Any 数据类型，且各元组相同位置的数据类型必须一致，否则会因为 Schema 自动变为 Any 而报错。

```
val df=Seq(
(1," 张飒 ","1999-01-01"),
(2," 李思 ","2000-02-01"),
(3," 王武 ","2000-02-01"),
(4," 刘梅 ","2000-02-01")).
toDF("id","name","birthDate")
df.show()
```

运行过程如图 6-16 所示。

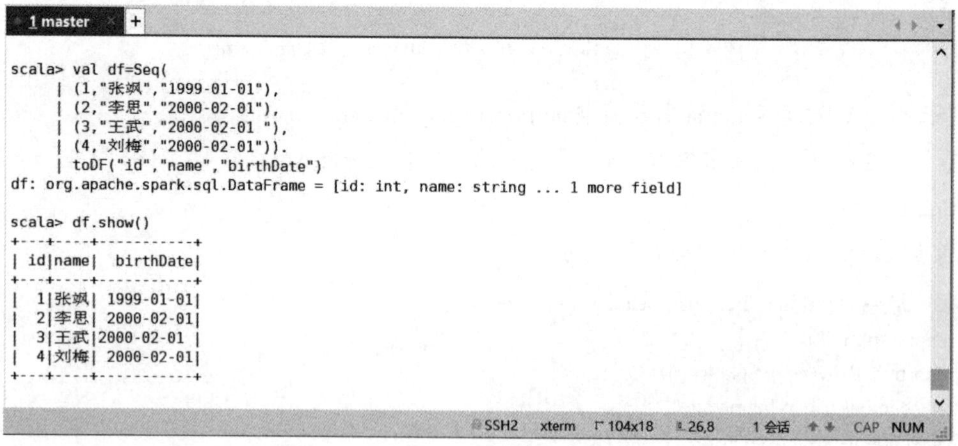

图 6-16   使用 toDF 函数创建 DataFrame

如果直接用 toDF() 而不指定列名字，那么默认列名为 "_1"，"_2"，…，运行过程如图 6-17 所示。

图 6-17   直接用 toDF() 不指定列名

DataFrame 查看操作

6.2.3 DataFrame 查看操作

DataFrame 提供了两种语法风格，即 DSL 语法风格和 SQL 语法风格，两者在功能上没有区别，用户根据可习惯自定义选择操作方式。DataFrame 提供了一个领域特定语言（DSL）来操作结构化数据。

1. 查看 DataFrame 中的内容 show

本地文件 usr/local/Exam/student.txt 内容如图 6-18 所示。

图 6-18   student.txt 文件内容

查看加载进 DataFrame 里的数据的方法有很多种，其中最简单的是使用 show 方法。show 方法还有 4 个扩展版本见表 6-1。

表 6-1   show 方法的相关版本

方法	含义
show()	显示前 20 个记录
show(numRow:Int)	显示前 numRow 个记录
show(truncate:Boolean)	是否最多显示前 20 个字符，默认为 true
show(numRow:Int,truncate:Boolean)	显示 numRows 条记录并设置过长字符串的显示格式

```
case class student(name:String,age:Int,nationality:String,specialty:String,Height:Int,Weight:Int)
import spark.implicits._
val rdd=sc.textFile("file:///usr/local/Exam/student.txt").
map(_.split(",")).
map(elements=>student(elements(0),elements(1).trim.toInt,elements(2),elements(3),elements(4).trim.
toInt,elements(5).trim.toInt))
val df=rdd.toDF()
df.show()
```

第 1 行定义 student 样例类。

第 6 行基于反射机制隐式地创建 DataFrame。

运行过程如图 6-19 所示。

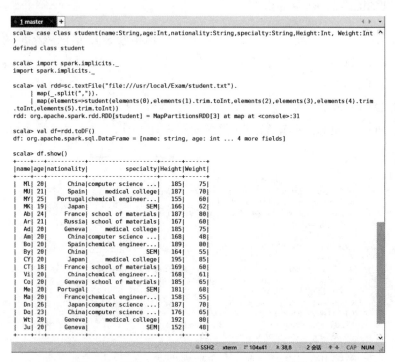

图 6-19　使用 show 方法查看 student.txt 中的数据

```
df.show(3) // 显示前三行记录
df.show(5,false) // 显示前 5 行记录的全部字符
```

运行过程如图 6-20 所示。

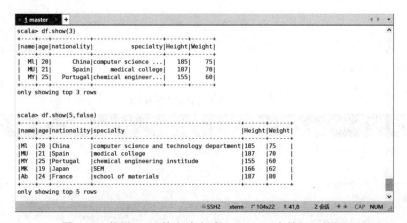

图 6-20　使用 show 的方法查看 student.txt 中的部分数据

2. 打印模式信息 printSchema

在创建完 DataFrame 之后，可以通过 printSchema 函数来查看 DataFrame 的数据模式，它会打印出列的名称和类型。

df.printSchema // 将 DataFrame 的模式信息显示出来

运行结果如图 6-21 所示。

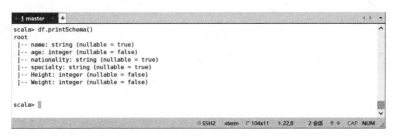

图 6-21   打印 DataFrame 对象 df 的模式信息

3. 获取若干行记录

要获取 DataFrame 若干行记录，除了使用 show 方法以外，还可以使用 first、head、take、takeAsList 等方法，见表 6-2。

表 6-2   DataFrame 获取若干行记录的方法

方法	含义
first	获取第一行记录
head(n:Int)	获取前 n 行记录
take(n:Int)	获取前 n 行记录
takeAsList (n:Int)	获取前 n 行记录，并以 List 的形式展现

first 和 head 功能相同，以 Row 或 Array[Row] 的形式返回一行或多行数据。take 和 takeAsList 方法会将获得的数据返回到控制端，为避免控制端发生内存溢出错误，使用这两个方法时需要注意数据量。这 4 个方法的使用如图 6-22 所示。

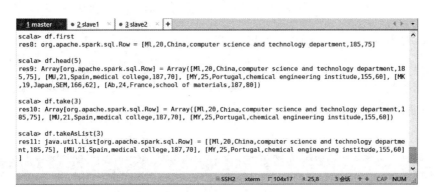

图 6-22   使用 first、head、take、takeAsList 的方法查看数据

4. 获取所有数据

collect 方法可以获取 DataFrame 中的所有数据，并返回一个 Array 对象，而 collectAsList 方法可以获取所有数据到 List，其功能和 collect 类似，但返回的结构变成了 List 对象。collect 相关方法的用法如图 6-23 所示。

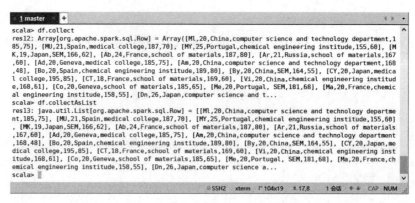

图 6-23 collect 和 collectAsList 方法的使用

6.2.4 DataFrame 查询操作

DataFrame 查询有两种方法，第一种是将 DataFrame 注册成临时表，然后通过 SQL 语句进行查询。例如，查询图 6-19 中得到的 DataFrame 对象中年龄大于 20 的数据，可使用 createOrReplaceTempView 方法，先将该 DataFrame 注册成临时表，再通过 spark.sql() 的方式进行查询，如图 6-24 所示。

```
df.createOrReplaceTempView("student")
spark.sql("select * from student where age > 20 ").show()
```

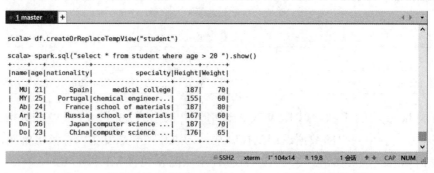

图 6-24 注册成临时表后，再通过 spark.sql() 的方式进行查询

第二种方法是直接在 DataFrame 对象上进行查询。DataFrame 提供了很多查询的方法，类似于 Spark RDD 的 Transformation 操作，DataFrame 的查询操作也是一个懒操作，它仅仅生成一个查询计划，只有触发 Action 操作时才会进行计算并返回查询结果。表 6-3 是 DataFrame 常用的查询方法。

表 6-3 DataFrame 获取若干行记录的方法

方法	含义
where/filter	条件查询
select/selectExpr/col/apply	查询指定字段的数据信息
limit	查询前 n 行记录
orderBy/sort	排序查询
groupBy	分组查询
join	连接查询

1. 条件查询

查询国籍为 "China" 并且年龄小于 24 岁的学生信息。

（1）where。

```
df.where("nationality='china' and age<24").show()
```

运行过程如图 6-25 所示。

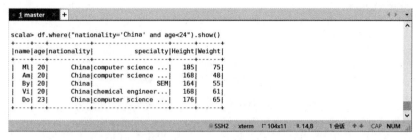

图 6-25　where 查询

（2）filter。

```
df.filter("nationality='china' and age<24").show()
```

运行过程如图 6-26 所示。

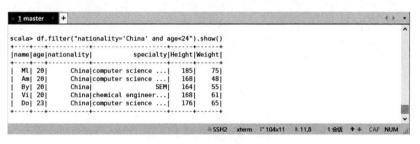

图 6-26　filter 查询

2. 查询指定字段的数据信息

where 或 filter 查询的数据包含的是所有字段的信息，但有时候用户只需要查询某些字段的值，这时就需要寻找其他的方法。DataFrame 提供了很多种查询指定字段的值的方法。比如表 6-3 中的 select、selectExpr、col、apply 等。

（1）select。查询国籍为 "China" 的姓名和年龄列。

```
df.select("name","age").where("nationality='China'").show()
```

运行过程如图 6-27 所示。

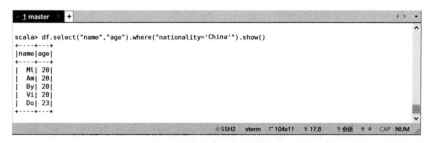

图 6-27　select 选择多列

（2）selectExpr。selectExpr 可对某些字段做一些特殊处理，例如为某个字段取别名，或者对某个字段的数据进行计算。

```
df. selectExpr ("name as studentName","age+1").where("nationality='China'").show()
```

运行过程如图 6-28 所示。

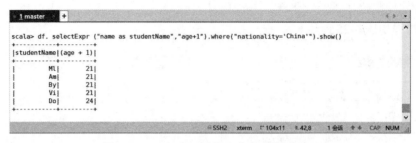

图 6-28　selectExpr 对指定字段做特殊处理

（3）col、apply。col 或 apply 方法也可以获取 DataFrame 指定字段。运行过程如图 6-29 所示。

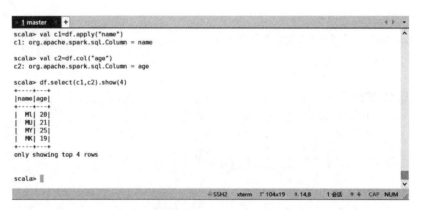

图 6-29　col、apply 方法

【长知识】使用 col、apply 一次只能获取一个字段，并且返回对象为数据列类型。

3. 获取前 n 行记录

limit 方法可获取 DataFrame 的前 n 行记录，得到一个新的 DataFrame 对象，它 是 Action 操作。运行过程如图 6-30 所示。

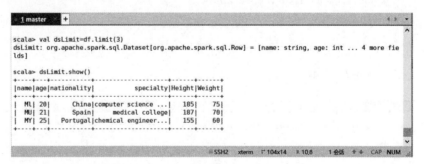

图 6-30　limit 查询

4. 排序操作

（1）orderBy。orderBy 方法是根据字段进行排序操作，它有两种调用方式，可以传入 String 类型的字段名，也可传入 Column 类型的对象。

对 student 数据按照 Height 降序排序，第二排序字段为按 name 升序。

```
val c1=df.col("name")
df.orderBy(desc("Height"),c1).show()
```

运行过程如图 6-31 所示。

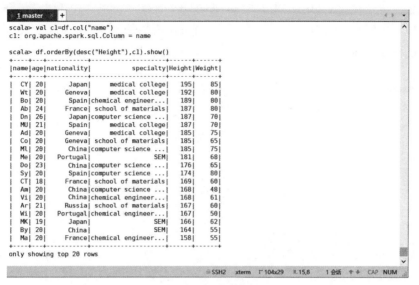

图 6-31　orderBy 查询

（2）sort。sort 方法与 orderBy 方法一样，也是根据指定字段排序，运行过程如图 6-32 所示。

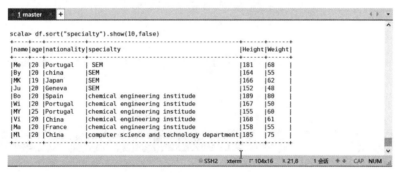

图 6-32　sort 查询

5. 分组操作 groupBy

groupBy 方法是根据字段进行分组操作，它有两种调用方式，可以传入 String 类型的字段名，也可传入 Column 类型的对象。groupBy 方法返回的是 GroupedData 对象，GroupedData 提供的常用方法见表 6-4。

表 6-4　DataFrame 获取若干行记录的方法

方法	含义
max(colNames:String)	获取分组中指定字段或所有的数值类型字段的最大值
min(colNames:String)	获取分组中指定字段或所有的数值类型字段的最小值
mean(colNames:String)	获取分组中指定字段或所有的数值类型字段的平均值
sum(colNames:String)	获取分组中指定字段或所有的数值类型字段的总值
count()	获取分组中的元素个数

在 student 数据中，根据国籍统计人数，根据国籍统计最小的年龄数。

```
df.groupBy("nationality").count().show()
df.groupBy("nationality").mean("age").show()
```

第 1 行：根据 nationality 字段分组统计数量并显示。

第 2 行：根据 nationality 字段分组，统计 age 字段的平均值并显示。

运行过程如图 6-33 所示。

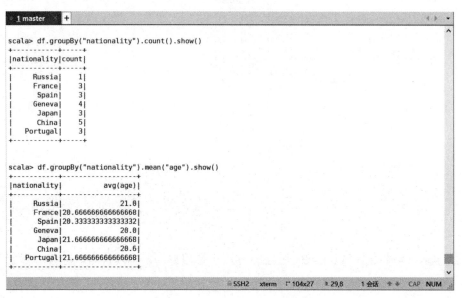

图 6-33　分组聚合

6. 连接查询

根据业务需求，连接两个表才可以查询出业务所需的结果。DataFrame 提供了 3 种 join 方法用于连接两个表，见表 6-5。

表 6-5　join 的常用方法

方法	含义
join(right:DataFrame)	两个表做笛卡儿积
join(right:DataFrame,joinExprs:Column)	根据两表中相同的指定字段进行连接
join(right:DataFrame,joinExprs:Column,joinType:String)	根据两表中相同的指定字段进行连接并指定连接类型

【例 6-3】根据保存学生信息（学号、姓名、性别）的文件和保存学生成绩（学号、科目、分数）的文件，显示学生的学号、姓名、性别、科目、成绩数据。

样例数据保存在 usr/local/Exam/stu_info.json 和 usr/local/Exam/stu_sco.json 中，样例数据如图 6-34 和图 6-35 所示。

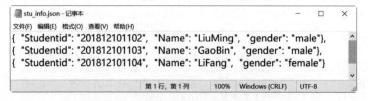

图 6-34　stu_info.json 文件内容

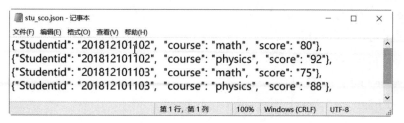

图 6-35　stu_sco.json 文件内容

使用代码为两个 JSON 文件创建相应的 DataFrame 对象。

```
dfStuInfo=spark.read.json("file:///usr/local/Exam/stu_info.json")
val dfStuSco=spark.read.json("file:///usr/local/Exam/stu_sco.json")
dfStuInfo.show()
dfStuSco.show()
```

运行结果如图 6-36 所示。

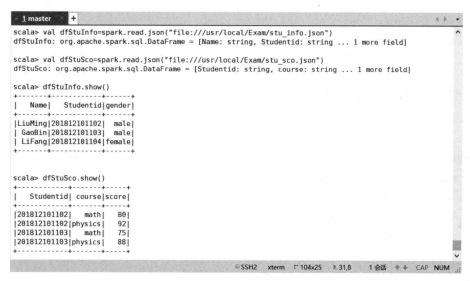

图 6-36　将两个 JSON 文件转化为 DataFrame

使用 join(right:DataFrame,joinExprs:Column) 方法对两表中相同的 Studentid 字段进行连接。

```
dfStuInfo.join(dfStuSco,dfStuInfo("Studentid")===dfStuSco("Studentid")).show()
```

运行结果如图 6-37 所示。

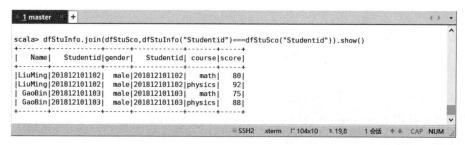

图 6-37　join(right:DataFrame,joinExprs:Column) 方法

使用 join(right:DataFrame,joinExprs:Column,joinType:String) 方法对 Studentid 字段进行连接，连接类型 joinType 的可选项是：

Inner Join：内连接。

Full Outer Join：全外连接。

Left Outer Join：左外连接。

Right Outer Join：右外连接。

Left Semi Join：左半连接。

Left Anti Join：左反连接。

Natural Join：自然连接。

Cross (or Cartesian) Join：交叉（或笛卡儿）连接。

```
dfStuInfo.join(dfStuSco,dfStuInfo("Studentid")===dfStuSco("Studentid"),"right_outer").show()
dfStuInfo.join(dfStuSco,dfStuInfo("Studentid")===dfStuSco("Studentid"),"left_outer").show()
```

第 1 行：dfStuSco 对象和 dfStuInfo 对象使用 Studentid 字段进行右外连接。

第 2 行：dfStuSco 对象和 dfStuInfo 对象使用 Studentid 字段进行左外连接。

运行过程如图 6-38 所示。

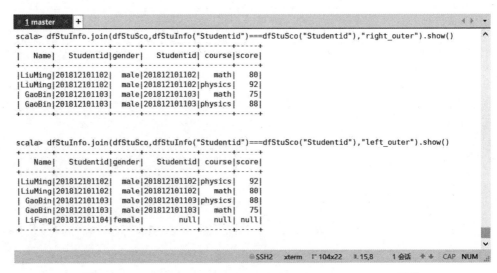

图 6-38　join(right:DataFrame,joinExprs:Column,joinType:String) 操作

DataFrame 输出操作

6.2.5　DataFrame 输出操作

DataFrame 中提供了很多种输出操作方法。其中 save 方法可以将 DataFrame 保存成文件，其保存默认格式为 parquet 格式，它可以通过读取文件将新保存的文件读取到 DataFrame 中并显示。

```
dfStuInfo.join(dfStuSco,"Studentid").write.save("file:///usr/local/Exam/e.parquet")
val df=spark.read.parquet("file:///usr/local/Exam/e.parquet")
df.show()
```

第 1 行：将 dfStuInfo 和 dfStuSco 连接以后写入 usr/local/Exam/e.parquet 中。

第 2 行：使用 spark.read 方法将 e.parquet 文件读入到 df 中。

第 3 行：显示 df。

运行过程如图 6-39 所示。

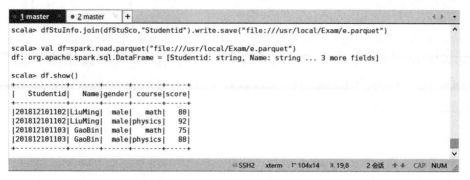

图 6-39　DataFrame 输出默认文件格式操作

如果使用 format() 指定保存类型，也可以进行保存。具体实现如图 6-40 所示。

```
dfStuInfo.join(dfStuSco,"Studentid").write.format("json").save("file:///usr/local/Exam/e.json")
val df=spark.read.json("file:///usr/local/Exam/e.json")
df.show()
```

第 1 行：将 dfStuInfo 和 dfStuSco 使用 join 方法连接后，写入到一个 JSON 文件中，具体路径为 usr/local/Exam/e.parquet。

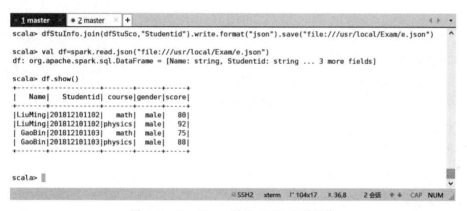

图 6-40　DataFrame 输出 JSON 文件操作

保存文件后查看文件存储结果，如图 6-41 所示。

图 6-41　保存结果

6.3　DataSet

6.3.1　DataSet 简介

DataSet 是数据的分布式集合。DataSet 是在 Spark 1.6 中添加的一个新接口，是 DataFrame 之上更高一级的抽象。它具备 RDD 的优点（强类型化，使用强大的 lambda 函数的能力）以及 Spark SQL 优化后的执行引擎的优点。一个 DataSet 可以从内存对象构造，然后使用函数转换（map、flatMap、filter 等）操作。对于分布式程序来说，提交一次作业需要编译、打包、上传、运行，如果提交到集群运行时才发现错误，这将浪费大量的资源和时间。为解决这个问题，DataSet 提供了编译时类型检查的步骤，这是 DataFrame 所缺少的。

　　RDD、DataFrame、DataSet 的区别：假设 RDD 中的两行数据如图 6-42 所示，则 DataFrame 中的数据如图 6-43 所示。

| 1，张三，20 |
| 2，李四，21 |

图 6-42　RDD 中的数据

ID: String	name: String	age: Int
1	张三	20
2	李四	21

图 6-43　DataFrame 中的数据

Dataset 中的数据如图 6-44 所示或如图 6-45 所示（每行数据是个 Object）。

value: String
1，张三，20
2，李四，21

图 6-44　Dataset 中的数据

```
value: people[ ID: String, name:String, age:Int]
        people(id=1, name=张三, age=20)
        people(id=2, name=李四, age=21)
```

图 6-45　Dataset 中的数据（每行数据是个 Object）

创建 DataSet

6.3.2　创建 DataSet

　　创建 DataSet 有多种方法：通过 SparkSession.createDataset() 直接创建；通过 toDS() 方法转换；由 DataFrame 转化成为 Dataset。方法应用如下：

　　1. 通过 spark.createDataset 直接创建 DataSet

```
val ds=spark.createDataset(1 to 5)
 ds.show
```

　　运行过程如图 6-46 所示。

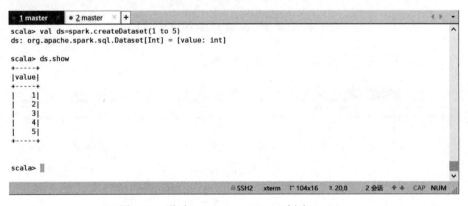

图 6-46　通过 spark.createDataset 创建 DataSet

　　2. 通过 toDS() 方法生成 DataSet

```
case class person(name:String,age:Int)
val p=List(person(" 刘明 ",18),person(" 张丽 ",19))
val ds=p.toDS
ds.show()
ds.where（"name=' 刘明 '").show()
```

　　运行过程如图 6-47 所示。

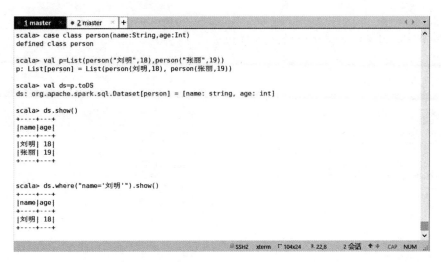

图 6-47　通过 toDS() 方法生成 DataSet

3. 通过 RDD 构建 DataSet

将图 6-12 所示的 people.txt 文件读入创建一个 RDD，使用该 RDD 创建 DataSet，如图 6-48 所示。

```
case class person (name: String, age: Int)
val rdd=sc.textFile("file:///usr/local/Exam/people.txt").
map(_.split(",")).
map(p => person(p(0), p(1).trim.toInt))
val ds=spark.createDataset(rdd)
ds.show()
ds.orderBy("age").limit(3).show()
```

```
1 master  ● 2 master  × +

scala> case class person (name: String, age: Int)
defined class person

scala> val rdd=sc.textFile("file:///usr/local/Exam/people.txt").
     |  map(_.split(",")).
     |  map(p => person(p(0), p(1).trim.toInt))
rdd: org.apache.spark.rdd.RDD[person] = MapPartitionsRDD[27] at map at <console>:30

scala> val ds=spark.createDataset(rdd)
ds: org.apache.spark.sql.Dataset[person] = [name: string, age: int]

scala> ds.show()
+------+---+
| name|age|
+------+---+
| 张晓| 25|
|邓力夫| 23|
|蒲卉子| 22|
|彭雅琪| 21|
|罗秋蒙| 24|
|邹诗雨| 21|
| 刘强| 23|
| 徐牧| 25|
+------+---+

scala> ds.orderBy("age").limit(3).show()
+------+---+
| name|age|
+------+---+
|彭雅琪| 21|
|邹诗雨| 21|
|蒲卉子| 22|
+------+---+
                                                   ⊟SSH2  xterm  ⌐ 104x34  ⬦ 37,8   2 会话 ⬆⬇  CAP  NUM
```

图 6-48　通过 RDD 构建 DataSet

4. 通过 DataFrame 转化为 DataSet

```
case class emp(firstName:String,lastName:String)
val df = spark.read.json("file:///usr/local/Exam/employees.json")
```

```
df.show
val ds=df.as[emp]  // 使用 as[ 类型 ] 转换为 DataSet
ds.show
```

运行过程如图 6-49 所示。

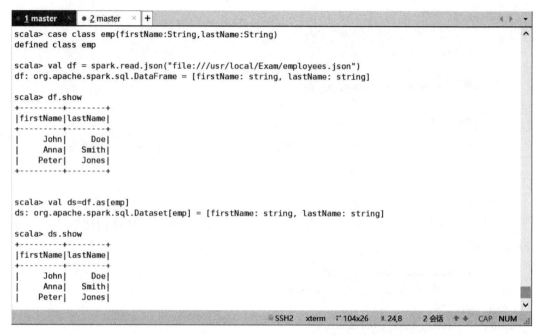

图 6-49   通过 DataFrame 转化为 DataSet

操作 MySQL

6.4   Spark SQL 操作数据源

在 Spark 中使用 JDBC 需要做以下准备：

第 1 步：将路径 /usr/local/spark-2.4.7-bin-hadoop2.6/conf/ 下的 hive-site.xml 文件拷贝到 /usr/local/spark-2.4.7-bin-hadoop2.6/conf 目录下，将 mysql-connector-java-8.0.18.jar 拷贝到目录 apache-hive-2.3.6-bin 下。

第 2 步：在 /usr/local/spark-2.4.7-bin-hadoop2.6/conf/spark-env.sh 文件中加入。

```
export SPARK_CLASSPATH=/path/mysql-connector-java-8.0.18.jar
```

第 3 步：任务提交时加入以下代码。

```
--jars /usr/local/apache-hive-2.3.6-bin/lib/mysql-connector-java-8.0.18.jar
```

第 4 步：从 Spark Shell 连接到 MySQL。

```
spark-shell --jars /usr/local/apache-hive-2.3.6-bin/lib/mysql-connector-java-8.0.18.jar
```

1. 读取 MySQL 数据库代码实例

首先准备数据：

```
[root@master ~]# mysql -h localhost -u root -p
Enter password: // 输入数据库登录密码 Root123!
mysql> create database dbstudent; // 创建名为 dbstudent 的数据库
mysql> use dbstudent; // 设置 dbstudent 为当前数据库
Database changed // 表示当前数据库设置成功
```

```
mysql> create table stuInfo(id CHAR(10),name CHAR(20),age INT(4));
// 在当前数据库创建数据表
Query OK, 0 rows affected, 1 warning (0.02 sec) // 设置成功
mysql> insert into stuInfo values('2017120101',' 刘静 ',20);
Query OK, 1 row affected (0.01 sec)  // 在数据表中添加一条记录成功
mysql> insert into stuInfo values('2017120102',' 王伟 ',20);
mysql> select * from stuInfo; // 显示 stuInfo 表中所有数据
```

运行过程如图 6-50 所示。

```
mysql>  select * from stuInfo;
+------------+--------+------+
| id         | name   | age  |
+------------+--------+------+
| 2017120101 | 刘静   |   20 |
| 2017120102 | 王伟   |   20 |
+------------+--------+------+
2 rows in set (0.00 sec)

mysql>
```

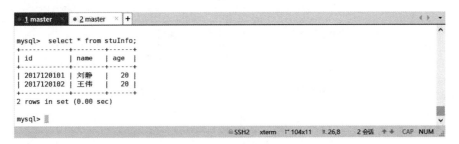

图 6-50　显示 stuInfo 数据表内容

然后进行读取操作，启动 Spark-shell，必须指定 MySQL 连接驱动 jar 包，连接方法如下代码所示。

```
[root@master ~]#
spark-shell --jars /usr/local/apache-hive-2.3.6-bin/lib/mysql-connector-java-8.0.18.jar
```

然后启动 Spark，就可以获取 MySQL 数据到 DataFrame 了。

```
val mysqlDF = spark.read.
format("jdbc").
option("driver","com.mysql.cj.jdbc.Driver").
option("url","jdbc:mysql://localhost:3306/dbstudent").
option("user","root").
option("password","Root123!").
option("dbtable","stuInfo").
option("fetchsize","100").// 读取条数限制
option("useSSL","false").load()
mysqlDF.show()
```

运行过程如图 6-51 所示。

```
scala> val mysqlDF = spark.read.
     | format("jdbc").
     | option("driver","com.mysql.cj.jdbc.Driver").
     | option("url","jdbc:mysql://localhost:3306/dbstudent").
     | option("user","root").
     | option("password","Root123!").
     | option("dbtable","stuInfo").
     | option("fetchsize","100"). //读取条数限制
     | option("useSSL","false").load()
mysqlDF: org.apache.spark.sql.DataFrame = [id: string, name: string ... 1 more field]

scala> mysqlDF.show()
+----------+----+---+
|        id|name|age|
+----------+----+---+
|2017120101|刘静| 20|
|2017120102|王伟| 20|
+----------+----+---+
```

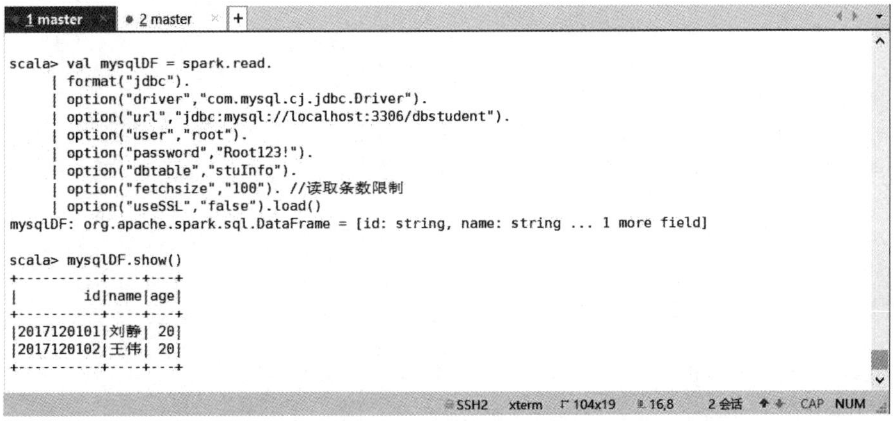

图 6-51　获取 MySQL 数据到 DataFrame

用户可以在数据源选项中指定 JDBC 连接属性，具体见表 6-6。

表 6-6　登录数据源的属性

属性	含义
driver	用于连接到此 URL 的 JDBC 驱动程序的类名
url	要连接的 JDBC URL。例如：jdbc:mysql://ip:3306
dbtable	读取的 JDBC 表
fetchsize	仅适用于 read 数据。JDBC 提取大小，用于确定每次获取的行数
useSSL	MySQL 在高版本需要指明是否进行 SSL 连接
partitionColumn lowerBound upperBound numPartitions	这些属性仅适用于 read 数据，它们必须同时被指定： 分区字段； 下界（必须为整数）； 上界（必须为整数）； 最大分区数量（必须为整数）
partitionColumn	必须是表中的数字列
lowerBound upperBound	仅用于决定分区的大小，而不是用于过滤表中的行。表中的所有行将被分割并返回
batchsize	仅适用于 write 数据，用于确定每次插入数据的行数
isolationLevel	仅适用于 write 数据。事务隔离级别，适用于当前连接。它可以是一个 NONE，READ_COMMITTED，READ_UNCOMMITTED，REPEATABLE_READ，或 SERIALIZABLE，对应由 JDBC 的连接对象定义，缺省值为标准事务隔离级别 READ_UNCOMMITTED
truncate	仅适用于 write 数据。当 SaveMode.Overwrite 启用时，此选项会缩短在 MySQL 中的表，而不是删除，再重建其现有的表。这更有效，并且可以防止表元数据（例如，索引）被去除。默认为 false
createTableOptions	仅适用于 write 数据。此选项允许在创建表（例如 CREATE TABLE t (name string) ENGINE=InnoDB.）时设置特定的数据库表和分区选项

2. 写入 MySQL 数据库代码实例

首先准备待写入的数据 dataList，然后将 dataList 转换为 DataSet，最后使用 write 方法写入到 MySQL 数据库中。

```scala
val dataList: List[(String,String,Int)]=List(("2017121011"," 张三 ",21),("2017121012"," 李四 ",19),
("2017121013"," 王五 ",20))
val df = dataList.toDF("id", "name", "age")
df.write.mode("Append").format("jdbc").
option("driver","com.mysql.cj.jdbc.Driver").
option("url","jdbc:mysql://localhost:3306/dbstudent").
option("user","root").
option("password","Root123!").
option("dbtable","stuInfo").
option("truncate "," true ").
save()
// 读出并显示
val mysqlDF = spark.read.
format("jdbc").
option("driver","com.mysql.cj.jdbc.Driver").
option("url","jdbc:mysql://localhost:3306/dbstudent").
```

```
option("user","root").
option("password","Root123!").
option("dbtable","stuInfo").
option("fetchsize","100").    // 读取条数限制
option("useSSL","false").load()
mysqlDF.show()
```

运行过程如图 6-52 所示。

图 6-52　获取 MySQL 数据到 DataFrame

关于添加数据的属性及取值含义：

当 SaveMode=Append 时，则直接写数据，追加数据。

当 SaveMode=Overwrite 时，需要先清理表，然后再写数据。清理表的方法又分两种：第一种是 truncate，即清空表，如果是这种方法，则先清空表，然后再写数据；第二种是 drop 表，如果是这种方法，则先清空表，然后建表，最后写数据。以上两种方式可以通过参数 truncate（默认是 false）控制。因为用 truncate 清空数据可能会失败，所以最好使用 drop table 的方式，但不是所有的数据库都支持 truncate table，例如 PostgresDialect 就不支持。

当 SaveMode=ErrorIfExists 时，则直接抛异常。

当 SaveMode=Ignore 时，则直接不做任何事情。

本章小结

本章对 Spark SQL 进行了概述，包括架构、特点和程序主入口等。Spark SQL 是一个用来处理结构化数据的 Spark 组件。Spark 为我们提供了两个操作 Spark SQL 的抽象，分别是 DataFrame 和 DataSet。DataFrame 实现了 RDD 的绝大多数功能，可以把它理解为一个分布式的 Row 对象的数据集合。Dataset 是在 Spark 1.6 中添加的一个新接口，是 DataFrame 之上更高一级的抽象。它提供了 RDD 的优点（强类型化，使用强大的 lambda

函数的能力）以及 Spark SQL 优化后的执行引擎的优点。本章还介绍了创建 DataFrame 的方法，包括从各种外部数据源创建 DataFrame 以及将 RDD 转换生成 DataFrame，重点介绍了 DataFrame 的查看操作、查询操作和输出操作等。另外，本章还介绍了创建 DataSet 的方法，创建 Datasets 的三种方式，包括通过 SparkSession.createDataset() 直接创建、通过 toDS() 方法转换、由 DataFrame 转化成为 Dataset。

练习六

一、简答题

1．Spark SQL 有哪些特点？

2．DataFrame 与 RDD 的区别是什么？

3．简述通过 RDD 转换成 DataFrame 的两种方法。

4．简述如何实现从外部数据源创建 DataFrame。

5．利用 save 方法对文件保存时，默认数据源是什么？不同数据源转存为默认数据源是怎么实现的？

二、操作题

1．已知学生信息（student）、教师信息（teacher）、课程信息（course）和成绩信息（score），请通过 Spark SQL 对这些信息进行查询，分别得到需要的结果。

学生信息如图 6-53 所示。

```
108,ZhangSan,male,1995/9/1,95033
105,KangWeiWei,female,1996/6/1,95031
107,GuiGui,male,1992/5/5,95033
101,WangFeng,male,1993/8/8,95031
106,LiuBing, female,1996/5/20,95033
109,DuBingYan,male,1995/5/21,95031
```

图 6-53　学生信息

教师信息如图 6-54 所示。

```
825,LinYu,male,1958/1/1,Associate professor,department of computer
801 ,DuMei, female,1962/1/1,Assistant professor,computer science department
888,RenLi,male,1972/5/1,Lecturer,department of electronic engneering
852,GongMOMO,female,1986/1/5,Associate professor,computer science department
864,DuanMu,male,1985/6/1,Assistant professor,department of computer
```

图 6-54　教师信息

课程信息如图 6-55 所示。

```
3-105,Introduction to computer,825
3-245,The operating system,804
6-101,Spark SQL,888
6-102,Spark,8529-106,Scala,864
```

图 6-55　课程信息

成绩信息如图 6-56 所示。

```
108,3-105,99
105,3-105,88
107,3-105,77
105,3-245,87
108,3-245,89
107,3-245,82
106,3-245,74
107,6-101,75
108,6-101,82
106,6-101,65
109,6-102,99
101,6-102,79
105,9-106,81
106,9-106,97
107,9-106,65
108,9-106,100
109,9-106,82
105.6-102.85
```

图 6-56　成绩信息

（1）请用 DataFrame 的 API 实现查询 95033 班的学生的信息。

（2）请用 DataFrame 的 API 实现按班级显示每个班级的平均成绩，按照课程显示每门课的平均成绩。

2. 如图 6-57 所示，该数据表记录了用户播放某首歌曲的次数，数据包含 3 个字段，分别为 userid（用户 ID）、artistid（艺术家 ID）、playcount（播放次数）。

1000006	3000201	35
1000006	3000202	38
1000006	3000203	5
1000006	3000209	44
1000006	3000205	15
1000006	3000206	40
1000006	3000207	15
1000006	3000208	3
1000006	3000309	2
1000006	3000210	1

图 6-57　音乐数据

使用 Spark SQL 相关知识对该数据进行分析，回答下述问题：

（1）统计非重复的用户个数。

（2）统计用户听过的歌曲总数。

（3）找出 ID 为"1000006"的用户最喜欢的 3 首歌曲（即播放次数最多的 3 首歌曲）。

第 7 章 Spark Streaming 实时流处理引擎

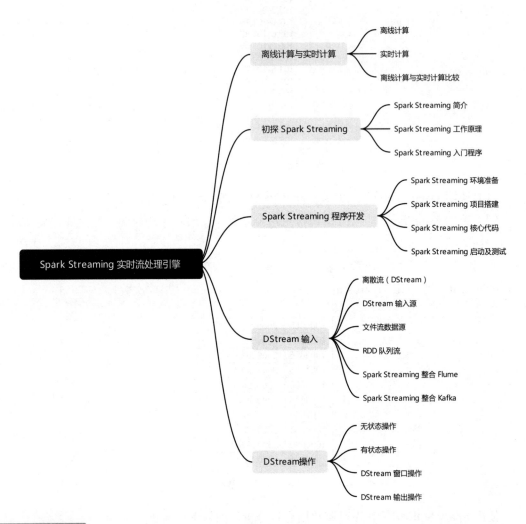

本章导读

本章主要介绍 Spark Streaming 相关基础概念、基本工作原理、程序开发,并在 Spark Streaming 离散流基础上讲解 DStream 输入源、转换和输出等操作。读者应在理解相关概念的基础上学会使用 Spark Streaming 进行程序开发,同时能够灵活运用 DStream 高级操作。

本章要点

- ♀ Spark Streaming 工作原理
- ♀ Spark Streaming 程序开发
- ♀ DStream 高级数据源使用方法
- ♀ DStream 数据转换操作
- ♀ DStream 输入操作

7.1　离线计算与实时计算

在大数据处理的实际需求中，实时计算和离线计算是最常见的两种需求。针对这两种数据处理的需求，有两类计算框架来解决相应的问题。对于大数据工程师而言，这两类计算框架是他们必须掌握的重要内容。

实时计算和离线计算两者主要的区别在于对数据处理的延迟性有不同的要求。

7.1.1　离线计算

离线计算，通常也被称为"批处理"，是指计算开始前对已知所有静态数据（数据源有边界）进行集中处理的过程，具有较高的延时。离线计算的特点是计算量较大且计算时间较长，因此离线计算适用于实时性要求不高的场景，如离线数据分析等。离线计算的延时一般在分钟级或小时级，多数场景是定时周期性执行一个任务，任务周期可以小到分钟级（比如每五分钟做一次统计分析），大到月级或年级（比如每月执行一次任务）。我们最熟悉的 MapReduce 就是一个离线计算框架，Spark SQL 也通常用于离线计算任务。

7.1.2　实时计算

实时计算，通常也称为"实时流计算""流式计算"，是指实时或低延时的流数据处理过程。与离线计算相比，实时计算运行时间短且计算量级相对较小。实时计算强调计算过程的时间短，即要求实时给出实验结果，因此实时计算通常应用在实时性要求高的场景，比如实时 ETL、实时监控等，延时一般都在毫秒级甚至更低。实时计算主要侧重于对当日数据的实时监控。与实时计算相比，离线计算的业务逻辑更加简单且统计指标相对较少。实时计算更注重数据的时效性和用户的交互性。

目前比较流行的实时框架有 Spark Streaming、Storm 和 Flink。其中 Spark Streaming 属于"微批处理"，它的基本思想是把"流处理"当作"批处理"，因此具有高吞吐量和高延时的特性，这使得 Streaming 的应用场景也受到了一定的限制。Flink 则是事件驱动的流处理引擎，是一种把"流处理"当作一种有限流的设计思想，具有高吞吐、低延时的特点。

7.1.3　离线计算与实时计算比较

离线计算和实时计算从技术实现及应用场景等多个维度都有不同区别，表 7-1 从多个维度比较了离线计算和实时计算的差异性及关联性。

表 7-1　离线计算与实时计算比较

	离线计算	实时计算
数据来源	数据源有界	数据源无界
数据量	数据量大	数据量较少
处理过程	批处理	流处理
延迟性	计算延迟高	计算延迟低
进程角度	进程启动，任务完成销毁	线程一直启动，等待数据进入进行处理
应用框架	MapReduce	Spark Streaming/Storm/Flink

7.2　初探 Spark Streaming

大数据兴起之初，Hadoop 并没有给出实时计算解决方案，导致 Storm、Spark Streaming、Flink 等实时计算框架应运而生，而 Kafka、ES 的广泛应用使得实时计算领域的技术越来越完善。随着物联网、机器学习等技术的推广，可以预见实时流式计算将在这些领域得到充分的应用。

本章基于前面章节选择 Spark Streaming 实时处理计算框架作为讲解内容。

7.2.1　Spark Streaming 简介

Spark Streaming 是 Spark Core API 的一种扩展，是一种具有可伸缩、高吞吐量、高容错等特点的实时流处理框架。它支持从很多种数据源中读取数据，比如 Kafka、Flume、Twitter、ZeroMQ、Kinesis、ZMQ 和 TCP Socket 等，并且能够使用类似高阶函数的复杂算法来进行数据处理，比如 map、reduce、join 和 window，处理后的数据可以被保存到文件系统、数据库和实时仪表板中，也可以在数据流上应用 Spark 的机器学习和图形处理算法。

Spark Streaming 是一种由 Spark 提供的对大数据进行实时计算的一种框架，它基于 Spark Core 技术。Spark Streaming 基本计算模型是基于内存的大数据实时计算模型，底层核心组件依然是 RDD，Spark Streaming 在 Spark 生态中的位置如图 7-1 所示。

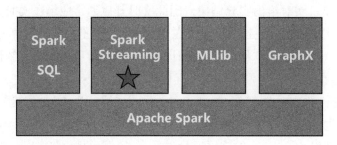

图 7-1　Spark 生态圈

7.2.2　Spark Streaming 工作原理

在内部结构上，Spark Streaming 对 Spark Core 进行了一层封装，隐藏了许多细节，对开发人员提供了方便易用的高层次 API。Spark Streaming 会持续不断地接收实时输入数据流，并将数据分成多个批次，然后由 Spark 引擎处理，最终以批的形式生成结果流。Spark Streaming 处理流程与内部结构如图 7-2 和图 7-3 所示。

图 7-2　Spark Streaming 处理流程

图 7-3　Spark Streaming 内部结构

Spark Streaming 提供了称为离散化流或 DStream 的高级抽象以表示连续的数据流。DStream 可以从 Kafka、Flume、Twitter、Kinesis 等数据源的输入数据流中创建，也可以通过在其他 DStream 上应用高级操作来创建。

在内部，DStream 表示为 RDD 序列，对 DStream 应用的算子（比如 map），在底层会被翻译为对 DStream 中每个 RDD 的操作。比如对一个 DStream 执行一个 map 操作，会产生一个新的 DStream，但在底层会被翻译为，对输入 DStream 中每个时间段的 RDD 都应用一遍 map 操作，然后生成的新的 RDD，即作为新的 DStream 中该时间段的一个 RDD。DStream 的操作如图 7-4 所示。

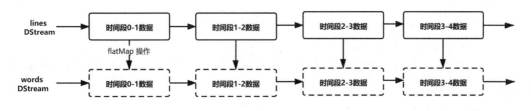

图 7-4　DStream 操作流程

从原理上看，把传统的 Spark 批处理程序变成 Streaming 程序，Spark 需要构建以下内容：一个静态的 RDD DAG 模板来表示处理逻辑；一个动态的工作控制器，将连续的 Streaming data 切分为数据片段，并按照模板复制出新的 RDD；DAG 的实例对数据片段进行处理；Receiver 进行原始数据的产生和导入，并将接收到的数据合并为数据块并保存到内存或硬盘中，供后续 Batch RDD 进行消费；为了保障任务长时间运行，包括输入数据失效后的重构，处理任务失败后的重新调用，Streaming 数据处理过程如图 7-5 所示。

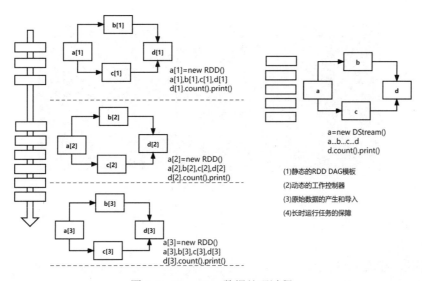

图 7-5　Streaming 数据处理过程

Wordcount 词频统计案例

7.2.3　Spark Streaming 入门程序

Spark Streaming 程序开发与运行程序和 Spark Core 基本类似，运行程序可以通过 Spark-shell 模式及开发工具直接运行。在详细介绍如何编写 Spark Streaming 程序之前，先快速解析一下简单的 Spark Streaming 程序并查看运行结果。假设要计算从 TCP 套接字中侦听的数据服务器接收到文本数据中的单词数。

在编写 Spark Streaming 程序时，需要一个通用的编程入口 StreamingContext。启动 Spark-shell 后，就已经获取了一个默认的 SparkConext 对象，也就是下面代码中的 sc，因此可以采用以下方式创建从 TCP 套接字里获取文本计算词频的统计功能：

```
import org.apache.spark.streaming._
val ssc=new StreamingContext(sc,Seconds(5))
val lines=ssc.socketTextStream（"node1"，8888)
val words=lines.flatMap(_.split（" "）).map(x=>(x,1))
words.print()
ssc.start()
```

new StreamingContext(sc,Seconds(5)) 的两个参数中，sc 表示 SparkConext，Seconds(5) 表示在对 Spark Streaming 的数据流进行分段时，每 5 秒切成一个分段，这个数字可以调整大小（最小是 1，也就是最小可以每 1 秒切成一个分段）。

从 TCP 套接字侦听的数据使用 Centos 系统中的 nc 工具进行测试，如果 Centos 系统中默认没有该工具，需要先安装该工具。

安装 nc 工具的命令：

```
[root@node1 ~]# yum install -y nc
```

安装完成后首先在 node1 虚拟机中输入 nc 命令开启网络监听端口，本例中开启 8888 端口，命令如下：

```
[root@node1 ~]# nc -lk 8888
```

完成以上准备工具后启动 Spark-shell，启动 Spark 集群，这里使用了本地模式启动 Spark，运行结果如图 7-6 所示。

```
[root@node1 bin]# ./spark-shell
```

图 7-6　启动 Spark

进入 Spark-shell 控制台后，在命令行中输入词频统计代码，提交作业（Job），作业结果如图 7-7 所示。

新打开一个窗口作为 nc 窗口，在此窗口中启动 nc 程序，端口为 8888，输入 hello word hello spark，如图 7-8 所示。

```
scala> import org.apache.spark.streaming._
import org.apache.spark.streaming._

scala> val ssc=new StreamingContext(sc,Seconds(5))
ssc: org.apache.spark.streaming.StreamingContext = org.apache.spark.streaming.St
reamingContext@6af02de0

scala> val lines=ssc.socketTextStream("localhost", 8888)
lines: org.apache.spark.streaming.dstream.ReceiverInputDStream[String] = org.apa
che.spark.streaming.dstream.SocketInputDStream@515b7335

scala> val words=lines.flatMap(_.split(" ")).map(x=>(x,1))
words: org.apache.spark.streaming.dstream.DStream[(String, Int)] = org.apache.sp
ark.streaming.dstream.MappedDStream@8497c23

scala> words.print()

scala> ssc.start()
```

图 7-7　提交代码

```
[root@node1 ~]# nc -lk 8888
hello word
hello spark
```

图 7-8　在 nc 输入文本

程序运行结果如图 7-9 所示。

```
Time: 1618139315000 ms
-------------------------------------------
(hello,1)
(word,1)

[Stage 0:>                                              (0 + 1) / 1]
21/04/11 19:08:36 WARN RandomBlockReplicationPolicy: Expecting 1 replicas with o
nly 0 peer/s.
21/04/11 19:08:36 WARN BlockManager: Block input-0-1618139316400 replicated to o
nly 0 peer(s) instead of 1 peers
-------------------------------------------
Time: 1618139320000 ms
-------------------------------------------
(hello,1)
(spark,1)
```

图 7-9　Spark 计算结果

【长知识】nc 是 netcat 的简写，它有着"网络界的瑞士军刀"美誉，因为它短小精悍、功能实用。作为一个简单、可靠的网络工具，它既能够实现 TCP/UDP 端口的侦听，又能够以 TCP 或 UDP 方式扫描指定端口，还可以实现机器之间网络测速及传输文件。

nc 的安装方式：yum 安装（yum install -y netcat 或者 yum install -y nc）。安装完毕后，在终端模式下运行 nc -help 查看命令是否正常安装。nc 常用参数见表 7-2。

表 7-2　nc 常用参数

参数	说明
-l	用于指定 nc 处于侦听模式
-s	指定发送数据的源 IP 地址，适用于多网卡主机
-u	指定 nc 使用 UDP 协议，默认为 TCP
-v	输出交互或出错信息，新手调试时尤为有用
-w	超时秒数，后接数字
-z	表示 zero，表示扫描时不发送任何数据

7.3 Spark Streaming 程序开发

7.2.3 节案例简单介绍了如何使用 Spark-shell 侦听单词数，但在实际应用中，用户通常更愿意使用开发工具来进行程序开发，并把程序发布至集群执行。本节主要讲解如何使用 IDEA 开发工具开发 Spark Streaming 程序。

7.3.1 Spark Streaming 环境准备

Spark Streaming 程序开发与 Spark Core 编程基本相同，都需要安装 IDEA 开发工具及相关的 JDK、Scala 等编程环境，安装基础编程环境过程已在前面章节介绍完毕，本节不予赘述。

7.3.2 Spark Streaming 项目搭建

1. 创建项目

IDEA 工具中新建 Maven 项目，如图 7-10 所示。

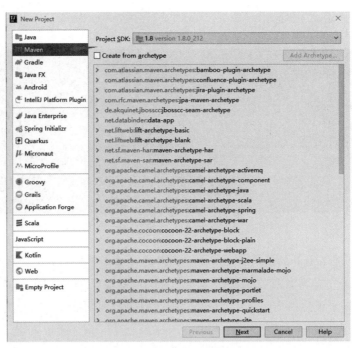

图 7-10　Maven 创建项目

2. 添加依赖

在项目中将 pom.xml 文件添加相关 Spark Streaming 依赖。

```
<dependency>
    <groupId>org.apache.spark</groupId>
    <artifactId>spark-core_2.12</artifactId>
    <version>2.4.7</version>
</dependency>
<dependency>
    <groupId>org.apache.spark</groupId>
```

IDEA 开发
Spark Streaming 程序

```
<artifactId>spark-streaming_2.12</artifactId>
<version>2.4.7</version>
</dependency>
```

3. 创建源码目录

在 src/mian 目录中添加 scala 目录，用来存放 Spark Streaming 源码。

7.3.3 Spark Streaming 核心代码

在上面的环节中已准备好相关基础环境及编码基础，现在开始实现核心的业务代码。核心代码的编写分为如下几个重要的步骤：

1. 创建主类及主函数

在 scala 目录中添加 Scala Class，并在弹出框中选择 Object，相关步骤如图 7-11 和图 7-12 所示。

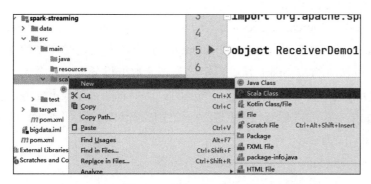

图 7-11 添加 Scala Class

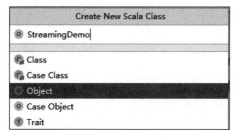

图 7-12 创建 Object

在 Object 类中定义主方法，这个方法为整个 Srteaming 程序提供总入口，相关代码在此方法中完成。

```
object ReceiverDemo1 {
  def main(args: Array[String]): Unit = {

  }
}
```

2. 定义配置文件

配 置 语 句：val conf: SparkConf = new SparkConf().setAppName("streaming").setMaster("local[2]")。

在这条配置语句中，setAppName 的参数为提交作业名称，这里是 streaming；setMaster 参数值为提交作业的集群 master 地址。这里需要注意的是：示例代码使用的是本地模式，配置为 local[2]，意味着是 Spark 开启 2 个线程处理作业。这里不能配置为 local[1]，因为对于流数据的处理，Spark 必须有一个独立的 Executor 来接收数据，再由其他的 Executor 来处理数据，所以为了保证数据能够被处理，至少要有 2 个 Executor。这里的程序只有一个数据流，在并行读取多个数据流的时候，也需要保证至少 2 个 Executor 来接收和处理数据。

【长知识】Driver 向集群管理者申请 Spark 应用所需的资源（一定数量的 Executor），Executor 进程宿主在 Worker 节点上，一个 Worker 可以有多个 Executor。每个 Executor 都占用一定数量的 CPU 和 Memory。Driver 进程会将 Spark 应用代码拆分成多个 Stage（每个 Stage 执行一部分代码片段），并为每个 Stage 创建一批 Task，然后将这些 Task 分配到各个 Executor 中执行。每个 Executor 持有一个线程池，每个线程可以执行一个 Task，Executor 执行完 Task 以后将结果返回给 Driver，每个 Executor 执行的 Task 都属于同一个应用。

3. 创建 StreamingContext

创建语句：val ssc: StreamingContext = new StreamingContext(conf,Seconds(5))。

Spark Streaming 编程的入口类是 StreamingContext，在创建时需要指明 SparkConf 和 batchDuration（批次时间）。Spark 流处理本质是将流数据拆分为一个个批次，然后进行微批处理，batchDuration 就是批次拆分的时间间隔。这个时间可以根据业务需求和服务器性能进行指定，如果业务要求低延迟并且服务器性能也允许，则这个时间可以指定得很短，本段代码中时间间隔为 5 秒。

4. 创建 InputDStream

创建语句：val ds: ReceiverInputDStream[String] = ssc.socketTextStream("node1", 8888)。

在示例代码中使用的是 socketTextStream 来创建基于 Socket 的数据流，代码中 node1 为 Socket 数据源主机，8888 为监听端口。实际上 Spark 还支持多种数据源，在后续的章节 7.4 中将详细介绍数据源。

5. 转换操作

转换操作语句：val value = ds.flatMap(_.split(" ")).map((_, 1)).reduceByKey(_ + _)。

转换操作主要针对 DStream 进行转换映射等操作，本段代码意义为把数据源以空格分隔并扁平化映射，再对扁平化数据进行单词和 1 数字的映射，最终按 key 进行聚合。

6. 输出操作

输出操作语句：value.print()。

7. 启动 Streaming 程序

启动 Streaming 程序语句：ssc.start()。

8. 等待停止

等待停止语句：ssc.awaitTermination()。

完整的代码为：

```
object ReceiverDemo1 {
  def main(args: Array[String]): Unit = {
    val conf: SparkConf = new SparkConf().setAppName("streaming").setMaster("local[2]") // 定义配置文件
    val ssc: StreamingContext = new StreamingContext(conf,Seconds(5)) // 创建 StreamingContext
    ssc.sparkContext.setLogLevel("ERROR") // 日志级别为 ERROR
    val ds: ReceiverInputDStream[String] = ssc.socketTextStream("192.168.30.111", 8888)  // 创建 InputDStream
    val value: DStream[(String, Int)] = ds.flatMap(_.split(" ")).map((_, 1)).reduceByKey(_ + _) // 转换操作
```

```
    value.print() // 输出操作
    ssc.start() // 启动 Streaming 程序
    ssc.awaitTermination() // 等待停止
  }
}
```

7.3.4　Spark Streaming 启动及测试

1. 启动监听

在目标 Centos 系统中启动 TCP/UDP 端口侦听，运行界面如图 7-13 所示。

```
[root@node1 ~]# nc -lk 8888
```

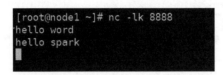

图 7-13　打开监听程序

2. 在 IDEA 中启动 Streaming 程序

在 StreamingDemo 类中右击运行程序，运行结果如图 7-14 所示。

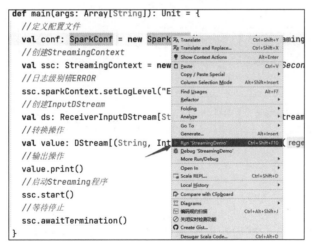

图 7-14　运行程序

3. 验证效果

启动程序以后在控制台中每隔 5 秒会输出一次结果，在 nc 中输入文字以后，IDEA 控制台中将按照时间间隔计算单词出现次数，运行结果如图 7-15 所示。

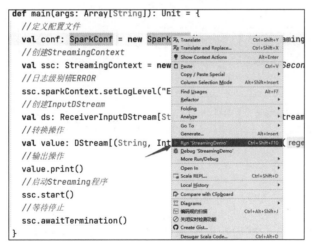

图 7-15　运行结果

7.4　DStream 输入

7.4.1　离散流（DStream）

离散流（DStream）是 Spark Streaming 提供的基本抽象。它表示连续的数据流，可以是从源接收的输入数据流，也可以是通过对输入流进行转换而生成的已处理的数据流。在 Spark 内部，DStream 由一系列连续的 RDD 表示，是对不变的分布式数据集的抽象。DStream 中的每个 RDD 都包含来自特定间隔的数据，如图 7-16 所示。

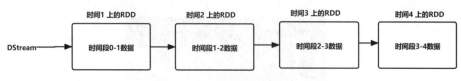

图 7-16　DStream 数据流

在 DStream 上执行的任何操作都会转换为对基础 RDD 的操作。例如，在将行流转换为单词的示例中，该 flatMap 操作应用于 lines DStream 中的每个 RDD，用来生成 DStream 的 wordsRDD。转换过程如图 7-17 所示。

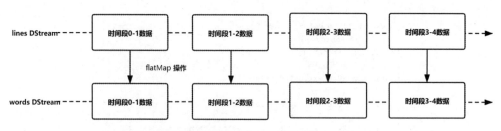

图 7-17　wordsRDD 数据流

7.4.2　DStream 输入源

输入 DStream 表示从数据源获取输入数据流的 DStream。在图 7-17 中，lines 表示输入 DStream，它代表从 nc 服务器获取的数据流。每一个输入流 DStream 和一个 Receiver 对象相关联，这个 Receiver 从源中获取数据，并将数据存入内存中用于处理。Spark Streaming 拥有以下两类数据源：

（1）基本源（Basic sources）：这些源在 StreamingContext API 中直接可用。例如文件系统、套接字连接、Akka 的 actor 等。

（2）高级源（Advanced sources）：这些源包括 Kafka、Flume、Kinesis、Twitter 等。它们需要通过额外的类来使用。

注意：利用 DStream 来接收多个数据流，需要创建多个 Receiver 接收多个数据流。多个 Receiver 运行在 Spark Worker 或 Executor 中，它需占用多个核。同样，Spark Streaming 应用程序处理数据也要占用多个核，所以，为了保证多个数据流的接收和处理正常进行，系统必须分配给 Spark 应用足够数量的核。比如：当在本地运行时，如果 master URL 被设置成了 local，这表示只能有一个核运行任务，这样 Spark 是无法正常处理数据的。

以上两种输入源也可按照使用场景及来源进行分类，基本输入源分为三种，高级输入源分为两种，见表 7-3。

表 7-3　数据源类型

输入源	分类名称	说明
基本输入源（内置）	FileInputDStream	创建输入源来监控文件系统的变化，若有新文件添加，则将它读入并作为输入数据流
	SocketInputDStream	通过 TCP 套接字接入创建输入源
	QueueInputDStream	通过 RDD 队列创建输入源
高级输入源（第三方）	DirectKafkaInputDStream	通过读取 Kafka 分布式队列作为数据输入源
	FlumeInputDStream	通过读取 Flume 作为数据输入源

Spark Streaming 数据源也可按照数据获取方式进行分类，可分为 Receiver 方式和 Direct 方式。

1. Receiver 方式

需要在 Worker 端启动 Receiver 来接收数据，适用于数据源不可重放的情况，如 Socket。该模式如图 7-18 所示。

（1）在 Executor 上会有 Receiver 从 Kafka 接收数据并存储在 Spark Executor 中，在到了 batch 时间后触发 Job 去处理接收到的数据，1 个 Receiver 占用 1 个 core。

（2）为了不丢数据需要开启 WAL 机制，这会使 Receiver 将接收到的数据写一份备份到第三方系统上（如 HDFS）。

（3）Receiver 内部使用 Kafka High Level API 去消费数据及自动更新 offset。

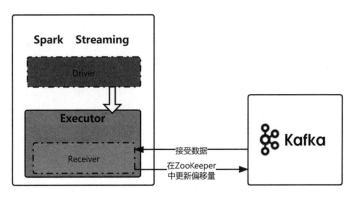

图 7-18　Receiver 方式

2. Direct 方式

这种方式无需额外的 Receiver，计算时去数据源获取数据，适用于数据源可重放的情况，如 file/Kafka。该模式如图 7-19 所示。

（1）没有 Receiver，无需额外的 core 去接收数据，只需定期查询 Kafka 中每个 partition 最新的 offset，每个批次拉取上次处理的 offset 和当前查询的 offset 范围的数据进行处理。

（2）为了防止数据丢失，无需将数据进行备份，而只需要手动保存 offset 即可。

（3）内部使用 Kafka API 去消费数据，需要手动维护 offset，ZooKeeper 上不会自动更新 offset。

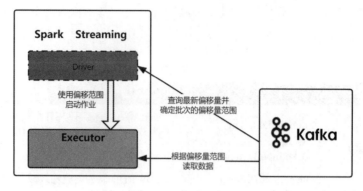

图 7-19　Direct 方式

3. Receiver 与 Direct 方式的区别

（1）前者在 Executor 中由 Receiver 接收数据，并且 1 个 Receiver 占用一个 core，而后者无 Receiver，所以不会占用 core。

（2）前者 InputDStream 的分区是 Receiver 数量 × 批次频率，后者的分区数是 Kafka topic 分区的数量。Receiver 模式下 Receiver 数量的设置不合理会影响性能或造成资源浪费。如果设置太少，并行度不够，整个链路功能将是接收数据的瓶颈；如果设置太多，则会浪费资源。

（3）前者使用 ZooKeeper 来维护 consumer 的偏移量，而后者需要自己维护偏移量。

（4）为了保证不丢失数据，前者需要开启 WAL 机制，而后者只需要在程序中成功消费完数据后再更新偏移量即可。

7.4.3　文件流数据源

在前面 7.3.3 节的例子中看到，ssc.socketTextStream(...) 方法用来把从 TCP 套接字获取的文本数据创建成 DStream。除了用套接字作为输入源，还可以使用文件作为输入源创建 DStream。

从任何与 HDFS API 兼容的文件系统中读取数据，DStream 都可以通过如下方式创建。

```
StreamingContext.fileStream[keyClass, valueClass,inputFormatClass](dataDirectory)
```

Spark Streaming 将会监控 dataDirectory 目录，并且处理目录下生成的任何文件（嵌套目录不被支持）。需要注意以下三点：

（1）所有文件必须具有相同的数据格式。

（2）所有文件必须在 dataDirectory 目录下创建，文件被自动地移动和重命名到数据目录下。

（3）一旦移动，文件必须被修改。所以如果文件被持续地附加数据，新的数据不会被读取。

对于文本文件，有一个更简单的 StreamingContext.textFileStream(dataDirectory) 方法可以被调用。文件流不需要运行一个 Receiver，所以不需要分配核。

```
import org.apache.spark.streaming._
val ssc=new StreamingContext(sc,Seconds(5))
val lines=ssc.textFileStream("file:///sparktest")
val words=lines.flatMap(_.split(" "))
val wordcounts=words.map(x=>(x,1)).reduceByKey(_+_)
```

```
wordcounts.print()
ssc.start()
ssc.awaitTermination()
```

以上代码在 Spark-shell 中执行，执行结果如图 7-20 所示。

```
Time: 1626963865000 ms

(spark,1)
(word,1)
(hello,2)
```

图 7-20   运行结果

7.4.4   RDD 队列流

RDD 队列流是一种基础数据源，即定时创建一个 RDD 队列流，传入 Spark Streaming 程序进行计算并返回结果。可以使用 StreamingContext.queueStream() 创建基于 RDD 队列的 DStream。下面代码实现的功能是：每隔 1 秒创建一个 1 ～ 10 的 RDD，一共创建 3 组，Streaming 每隔 4 秒就对数据进行处理。

```
val conf: SparkConf = new SparkConf().setAppName("streaming").setMaster("local[2]")// 定义配置文件
val ssc = new StreamingContext(conf ,Seconds(4)) // 创建 StreamingContext
ssc.sparkContext.setLogLevel("ERROR") // 日志级别为 ERROR
val rddQueue = new mutable.Queue[RDD[Int]]() // 创建队列
for (x<- 1 to 10) {
 rddQueue += ssc.sparkContext.makeRDD(1 to 10)
 Thread.sleep(1000)
}// 从队列读取 RDD
val queueRdd = ssc.queueStream(rddQueue).map(_*2)
queueRdd.print()// 输出操作
ssc.start()// 启动 Spark Streaming 程序
ssc.awaitTermination()// 等待停止
```

以上程序运行结果如图 7-21 所示。

```
Time: 1626962120000 ms

2
4
6
8
10
12
14
16
18
20
```

图 7-21   运行结果

7.4.5   Spark Streaming 整合 Flume

Flume 是一个分布式、高可用的数据收集系统，可以从不同的数据源收集数据，经过聚合后发送到分布式计算框架或存储系统中。本节将介绍配置 Flume 的方法以及 Spark

Streaming 从 Flume 中接收数据的方法。Spark Straming 提供了以下两种方式用于 Flume 的整合。

1. 推送式方法

在推送式方法（Flume-style Push-based Approach）中，Spark Streaming 程序需要对服务器的特定端口进行监听，Flume 通过 Avro Sink 将数据源源不断地推送到该端口。这里以监听日志文件为例，具体整合方式如下：

（1）新建配置 netcat.properties，使用 tail 命令监听文件内容变化，然后将新的文件内容通过 avro sink 发送到 192.168.30.10 这台服务器的 8888 端口。

```
# 指定 agent 的 sources,sinks,channels
a1.sources = r1
a1.sinks = k1
a1.channels = c1
# Describe/configure the source
a1.sources.r1.type = exec
a1.sources.r1.command = tail -F /tmp/log.txt
# Describe the sink
a1.sinks.k1.type = avro
a1.sinks.k1.hostname = 192.168.30.10
a1.sinks.k1.port = 8888
# Use a channel which buffers events in memory
a1.channels.c1.type = memory
a1.channels.c1.capacity = 1000
a1.channels.c1.transactionCapacity = 100
# Bind the source and sink to the channel
a1.sources.r1.channels = c1
a1.sinks.k1.channel = c1
```

（2）项目采用 Maven 工程进行构建，主要依赖于 Spark Streaming 和 Spark Streaming Flume。

```
<dependencies>
<!-- Spark Streaming-->
<dependency>
    <groupId>org.apache.spark</groupId>
    <artifactId>spark-streaming_2.12</artifactId>
    <version>2.4.7</version>
  </dependency>
<!-- Spark Streaming 整合 Flume 依赖 -->
 <dependency>
    <groupId>org.apache.spark</groupId>
    <artifactId>spark-streaming-flume_${scala.version}</artifactId>
    <version>2.4.7</version>
  </dependency>
</dependencies>
```

（3）调用 FlumeUtils 工具类的 createStream 方法，对 192.168.30.10 的 8888 端口进行监听，获取到流数据并进行词频统计。

```
import org.apache.spark.SparkConf
import org.apache.spark.storage.StorageLevel
import org.apache.spark.streaming.flume.FlumeUtils
```

```
import org.apache.spark.streaming.{Seconds, StreamingContext}
object PushBasedWordCount {
  def main(args: Array[String]): Unit = {
    val conf: SparkConf = new SparkConf().setAppName("streaming").setMaster("local[2]")
// 定义配置文件
    val ssc = new StreamingContext(conf ,Seconds(5)) // 创建 StreamingContext
    ssc.sparkContext.setLogLevel("ERROR") // 日志级别为 ERROR
    val lines = FlumeUtils.createStream(ssc,
      "192.168.30.10",
        8888,
        StorageLevel.MEMORY_ONLY_SER_2) // 接收 Flume 数据源
    lines.map(line => new String(line.event.getBody.array()).trim)
        .flatMap(_.split(" "))
        .map(word=>(word,1))
        .reduceByKey(_+_)
        .print() // 获取 Flume 的 event 消息体部分
    ssc.start() // 启动 Spark Streaming 程序
    ssc.awaitTermination() // 等待停止
  }
}
```

（4）启动 Spark 程序计算数据，运行结果如图 7-22 所示。

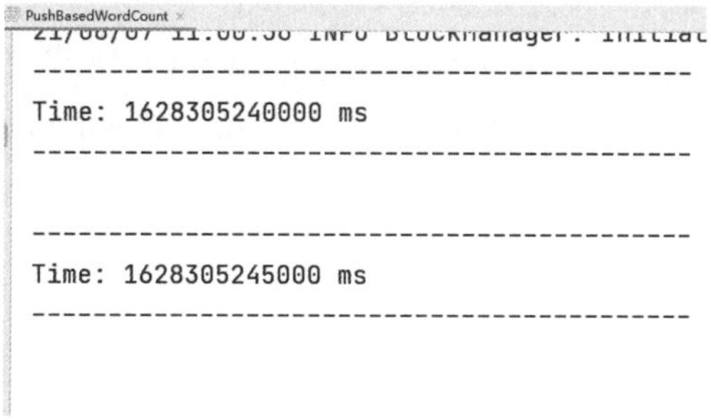

图 7-22　运行结果

（5）启动 Flume 程序，监听文件 log.txt，运行结果如图 7-23 所示。

```
[root@node3 ~]# flume-ng agent -n a1  -f netcat.properties
```

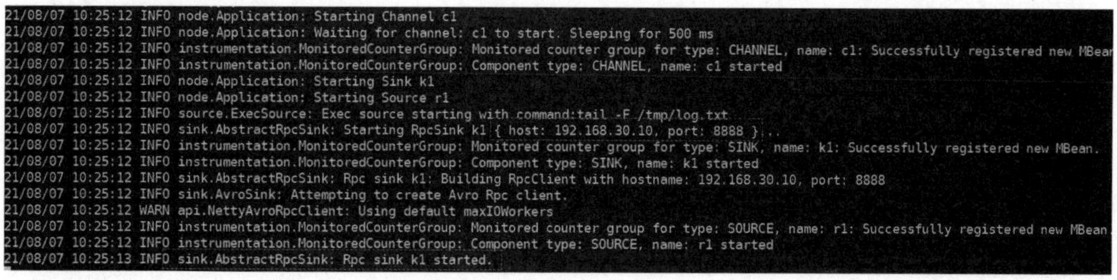

图 7-23　启动 Flume

（6）在 log.txt 文件中添加文本，结果如图 7-24 和图 7-25 所示。

图 7-24　添加文本

```
-----------------------------------------------
Time: 1628303235000 ms
-----------------------------------------------
(hello,1)
(spark,1)


-----------------------------------------------
Time: 1628303240000 ms
```

图 7-25　计算结果

注意：无论先启动 Spark 程序还是 Flume 程序，由于两者的启动都需要一定的时间，先启动的程序会短暂地提示端口拒绝连接异常告警，此时不需要进行任何操作，等待两个程序都启动完成即可。最好保证用于本地开发和编译的 Scala 版本和 Spark 的 Scala 版本一致，至少要保证大版本一致。

2. 拉取式方法

拉取式方法（Pull-based Approach using a Custom Sink）是将数据推送到 SparkSink 接收器中，此时数据会保持缓冲状态，Spark Streaming 定时从接收器中拉取数据。这种方式是基于事务的，只有在 Spark Streaming 接收和复制数据完成后才会删除缓存的数据。与推送式方法相比，拉取式方法具有更强的可靠性和容错保证。具体整合方式如下：

（1）新建 Flume 配置文件 netcat-sparkSink.properties。配置和推送式基本一致，只是把 a1.sinks.k1.type 的属性修改为 org.apache.spark.streaming.flume.sink.SparkSink，即采用 Spark 接收器。

```
a1.sources = r1
a1.sinks = k1
a1.channels = c1
# Describe/configure the source
a1.sources.r1.type = exec
a1.sources.r1.command = tail -F /tmp/log.txt
# Describe the sink
a1.sinks.k1.type = org.apache.spark.streaming.flume.sink.SparkSink
a1.sinks.k1.hostname = 192.168.30.113
a1.sinks.k1.port = 8888
# Use a channel which buffers events in memory
a1.channels.c1.type = memory
a1.channels.c1.capacity = 1000
a1.channels.c1.transactionCapacity = 100
# Bind the source and sink to the channel
a1.sources.r1.channels = c1
a1.sinks.k1.channel = c1
```

（2）指定 Jar 包 Flume 的安装目录（Scala 库 Jar、Sink Jars、Commons Lang3 Jar）。
（3）这里和推送式方法的代码基本相同，只是将调用方法改为 createPollingStream。

```
import org.apache.spark.SparkConf
import org.apache.spark.streaming.flume.FlumeUtils
import org.apache.spark.streaming.{Seconds, StreamingContext}
object PullBasedWordCount {
  def main(args: Array[String]): Unit = {
```

```
val conf: SparkConf = new SparkConf().setAppName("streaming").setMaster("local[2]")// 定义配置文件
val ssc = new StreamingContext(conf ,Seconds(5))  // 创建 StreamingContext
ssc.sparkContext.setLogLevel("ERROR")// 日志级别为 ERROR
val lines = FlumeUtils.createPollingStream(ssc,
  "192.168.30.113",
  8888)// 接受 Flume 数据源
lines.map(line => new String(line.event.getBody.array()).trim)
    .flatMap(_.split(" "))
    .map(word=>(word,1))
    .reduceByKey(_+_)
    .print()// 获取 Flume 的 event 消息体部分
ssc.start()// 启动 Spark Streaming 程序
ssc.awaitTermination()// 等待停止
  }
}
```

（4）启动 Flume 监听日志，如图 7-26 所示。

图 7-26　Flume 启动结果

Spark Streaming 程序运行结果如图 7-27 所示。

图 7-27　程序结果

7.4.6　Spark Streaming 整合 Kafka

Kafka 最初由 Linkedin 公司开发，是一个分布式的、分区的、多副本的、多订阅者的基于 ZooKeeper 协调的分布式日志系统，常用于 Web/nginx 日志、访问日志和消息服务等，Linkedin 于 2010 年将 Kafka 分享给 Apache 基金会，Kafka 成为顶级开源项目。

Kafka 是一个分布式消息队列。Kafka 对消息保存时，根据 Topic 进行归类，消息发送者称为 Producer，消息接受者称为 Consumer。此外 Kafka 集群由多个 Kafka 实例组成，每个实例（Server）称为 Broker。无论是 Kafka 集群，还是 Consumer，都依赖于 Zookeeper 集群保存一些 meta 信息，以此来保证系统可用性。Spark Streaming 整合 Kafka 步骤如下：

（1）项目采用 Maven 进行构建，代码如下：

```
<dependencies>
  <dependency>
    <groupId>org.apache.spark</groupId>
    <artifactId>spark-streaming_2.12</artifactId>
```

Spark Streaming 整合
Kafka 案例

```
        <version>2.4.7</version>
    </dependency>
    <!-- Spark Streaming 整合 Kafka 依赖 -->
        <dependency>
            <groupId>org.apache.spark</groupId>
            <artifactId>spark-streaming-kafka-0-10_2.12</artifactId>
            <version>2.4.7</version>
        </dependency>
    </dependencies>
```

（2）通过调用 KafkaUtils 对象的 createDirectStream 方法来创建输入流，完整代码如下：

```
import org.apache.kafka.common.serialization.StringDeserializer
import org.apache.spark.SparkConf
import org.apache.spark.streaming.kafka010.ConsumerStrategies.Subscribe
import org.apache.spark.streaming.kafka010.LocationStrategies.PreferConsistent
import org.apache.spark.streaming.kafka010._
import org.apache.spark.streaming.{Seconds, StreamingContext}
object KafkaDirectStream {
  def main(args: Array[String]): Unit = {
    val conf: SparkConf = new SparkConf()
      .setAppName("metric")
      .setMaster("local[2]")
      .set("spark.serializer", "org.apache.spark.serializer.KryoSerializer") // 定义配置文件
    val ssc: StreamingContext = new StreamingContext(conf,Seconds(5)) // 创建 StreamingContext
     ssc.sparkContext.setLogLevel("ERROR")  // 日志级别为 ERROR
    val kafkaParams = Map[String, Object](
      "bootstrap.servers" -> "192.168.30.112:9092,192.168.30.113:9092,192.168.30.114:9092",
      "key.deserializer" -> classOf[StringDeserializer],
      "group.id" -> "groupId",
      "value.deserializer" -> classOf[StringDeserializer],
      "auto.offset.reset" -> "latest"
    ) //kafka 配置信息
    val topics = Array("spark-streaming-topic") // 可以同时订阅多个主题
    val kafkaStreaming=KafkaUtils.createDirectStream[String,String](
      ssc,
      PreferConsistent,
      Subscribe[String, String](topics, kafkaParams)
    )//kafka dsStream
    kafkaStreaming.map(record => (record.key, record.value)).print() // 打印输入流
    ssc.start()
    ssc.awaitTermination()
  }
}
```

（3）启动测试：Kafka 的运行依赖于 ZooKeeper，需要预先启动，可以启动 Kafka 内置的 ZooKeeper，也可以启动自己安装的 ZooKeeper。

ZooKeeper 启动后执行 zkServer.sh status 命令查看运行状态，如图 7-28 所示。

图 7-28　启动 ZooKeeper

（4）启动 Kafka 用于测试。

```
[root@node2 kafka]# bin/kafka-server-start.sh config/server.properties
[root@node3 kafka]# bin/kafka-server-start.sh config/server.properties
[root@node4 kafka]# bin/kafka-server-start.sh config/server.properties
```

（5）创建 Topic。

创建用于测试主题，命令如下所示：

```
[root@node2 kafka]# bin/kafka-topics.sh --create \
        --bootstrap-server 192.168.30.112:9092 \
        --replication-factor 1 \
        --partitions 1  \
        --topic spark-streaming-topic
// 查看所有主题命令如下
[root@node2 kafka]#bin/kafka-topics.sh --list --bootstrap-server 192.168.30.112:9092
```

运行结果如图 7-29 所示。

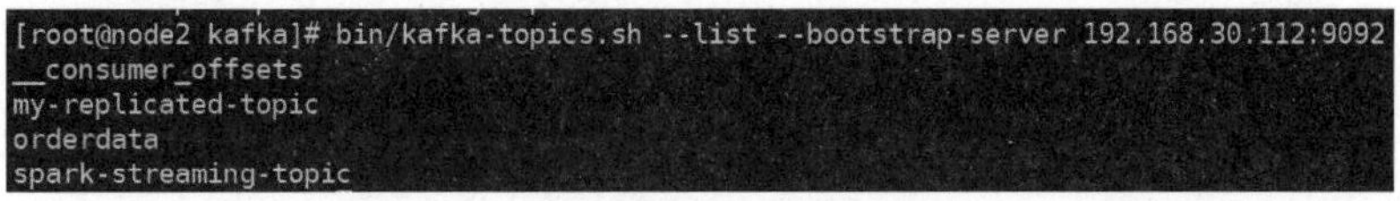

图 7-29　查看所有主题

（6）创建一个 Kafka 生产者，用于发送测试数据。

```
[root@node2 kafka]# bin/kafka-console-producer.sh --broker-list 192.168.30.112:9092 --topic spark-streaming-topic
```

运行结果如图 7-30 所示。

图 7-30　发送测试数据

直接使用本地模式启动 Spark Streaming 程序。启动后使用生产者发送数据，从控制台查看计算结果，运行结果如图 7-31 所示。

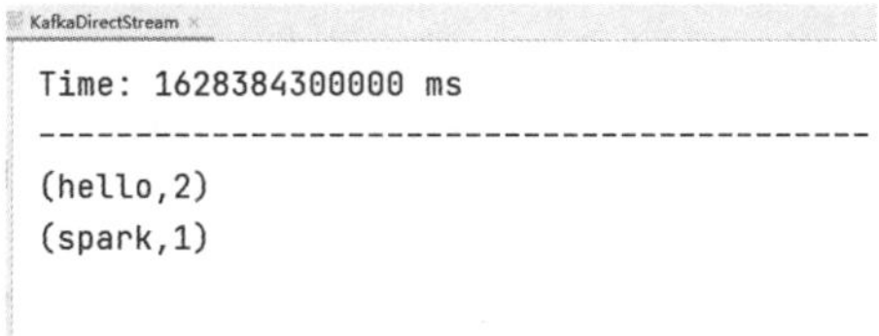

图 7-31　运行结果

7.5　DStream 操作

DStream 和 RDD 类似，它支持很多在 RDD 中可用的转换算子。DStream 转换算子分为无状态操作和有状态操作，无状态操作中大部分算子与 RDD 相似，本节不做详细介绍。

7.5.1 无状态操作

无状态转化操作就是把简单的 RDD 转化操作应用到每个批次上，也就是转化 DStream 中的每一个 RDD。部分无状态转化操作见表 7-4。

表 7-4　RDD 转换操作

转换操作	说明
map	利用函数 func 处理原 DStream 的每个元素，返回一个新的 DStream
flatMap	与 map 相似，但是每个输入项可被映射为 0 个或者多个输出项
filter	返回一个新的 DStream，它仅仅包含源 DStream 中满足函数 func 的项
repartition	通过创建更多或更少的 partition 改变这个 DStream 的并行级别
union	返回一个新的 DStream，它包含源 DStream 和 otherStream 的联合元素
count	通过计算源 DStream 中每个 RDD 的元素数量，返回一个包含单元素 RDDs 的新 DStream
reduce	利用函数 func 聚集源 DStream 中每个 RDD 的元素，返回一个包含单元素 RDDs 的新 DStream
countByValue	DStream 中的元素类型为 K，调用这个方法后，返回的 DStream 的元素为 (K,Long) 对，Long 值是原 DStream 中每个 RDD 元素 key 出现的频率
reduceByKey	当在一个由 (K,V) 对组成的 DStream 上调用这个算子，返回一个新的由 (K,V) 对组成的 DStream，每一个 key 的值均由给定的 reduce 函数聚集起来
join	当应用于两个 DStream（一个包含 (K,V) 对，一个包含 (K,W) 对），返回一个包含 (K,(V,W)) 对的新 DStream
cogroup	当应用于两个 DStream（一个包含 (K,V) 对，一个包含 (K,W) 对），返回一个包含 (K,Seq[V],Seq[W]) 的元组
transform	通过对源 DStream 的每个 RDD 应用 RDD-to-RDD 函数，创建一个新的 DStream。可以在 DStream 中的任何 RDD 操作中使用

注意：尽管这些函数看起来像作用在整个流上，但事实上每个 DStream 在内部是由许多 RDD（批次）组成，且无状态转化操作是分别应用到每个 RDD 上的。

7.5.2 有状态操作

本节讲解 updateStateByKey 操作，利用 updateStateByKey 操作对 DStream 中的数据按 key 做 reduce 操作，然后对各个批次的数据进行累加。对于有状态操作，若再有新的数据信息进入或更新时，可以根据保持的历史状态，不断地把当前数据和历史数据累加计算，随着时间的推移，数据规模会变得越来越大。

【例 7-1】利用 updateStateByKey 操作实现文本单词的运行次数的计算，代码如下所示：

```
val conf: SparkConf = new SparkConf().setAppName("streaming").setMaster("local[2]") // 定义配置文件
val ssc = new StreamingContext(conf ,Seconds(5)) // 创建 StreamingContext
ssc.checkpoint("D:\\bigdata\\spark-streaming\\data\\checkpoint") // 设置检查点
ssc.sparkContext.setLogLevel("ERROR")  // 日志级别为 ERROR
val lines = ssc.socketTextStream（"node1"，8888)
val words=lines.flatMap(_.split（" "))
val mapDS: DStream[(String, Int)] = words.map(word => (word, 1))
val updateDS: DStream[(String, Int)] = mapDS.updateStateByKey(
```

```
  (seq: Seq[Int], buffer: Option[Int]) => {
    Option(seq.sum + buffer.getOrElse(0))
  }
)
updateDS.print()
ssc.start() // 启动 Spark Streaming 程序
ssc.awaitTermination() // 等待停止
```

以上程序直接使用本地模式启动。启动后在 node1 主机上用 nc 命令在 8888 端口上发送数据，输入数据如图 7-32 所示，从程序控制台查看计算结果，运行结果如图 7-33 所示。

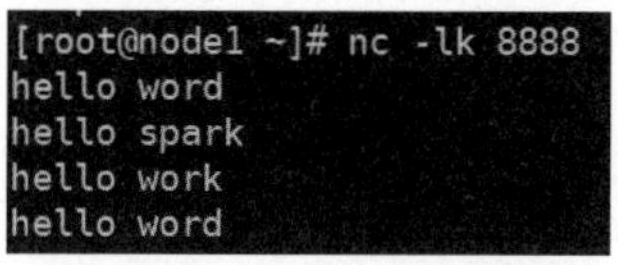

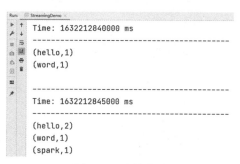

图 7-32　nc 输入数据

图 7-33　计算结果

7.5.3　DStream 窗口操作

Spark Streaming 支持窗口计算，它允许在一个滑动窗口上应用 transformation 算子，滑动窗口的结构如图 7-34 所示。

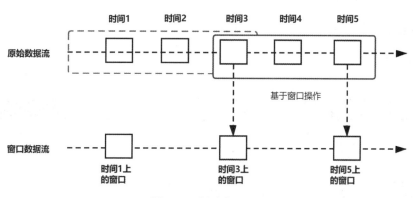

图 7-34　滑动窗口

窗口在源 DStream 上滑动，对落入窗口内的源 RDD 进行合并操作，产生窗口化的 DStream 的 RDD。程序在三个时间单元的数据上进行窗口操作，并且每两个时间单元滑动一次，因此，任何一个窗口操作都需要指定两个参数：

（1）窗口长度：窗口的持续时间。

（2）滑动时间间隔：窗口操作执行的时间间隔。

这两个参数必须是源 DStream 的批次时间间隔的倍数。

【例 7-2】在例 7-1 的基础上扩展，计算过去 30 秒的词频统计，间隔时间是 10 秒。为了实现正确的输出结果，需要在 30 秒的 DStream 上应用 reduceByKey 操作，用 reduceByKeyAndWindow 方法实现，代码如下：

```
val conf: SparkConf = new SparkConf().setAppName("streaming").setMaster("local[2]") // 定义配置文件
val ssc = new StreamingContext(conf ,Seconds(5)) // 创建 StreamingContext
ssc.checkpoint("D:\\bigdata\\spark-streaming\\data\\checkpoint") // 设置检查点
ssc.sparkContext.setLogLevel("ERROR") // 日志级别为 ERROR
val lines = ssc.socketTextStream("node1", 8888)
val words=lines.flatMap(_.split(" "))
val WordCounts = words.reduceByKeyAndWindow((a:Int,b:Int) => (a + b), Seconds(30), Seconds(10))
// 统计 30 秒内的单词出现次数，每隔 10 秒作为时间滑动窗口
WordCounts .print()
ssc.start() // 启动 Spark Streaming 程序
ssc.awaitTermination() // 等待停止
```

以上程序直接使用本地模式启动。启动后在 node1 主机上用 nc 命令在 8888 端口上发送数据，发送数据为如图 7-35 所示，在控制台查看计算结果，运行结果如图 7-36 所示。

图 7-35　nc 输入数据

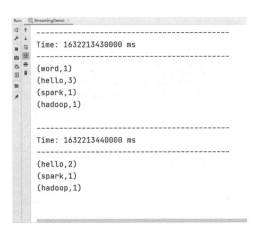

图 7-36　计算结果

一些常用的窗口操作见表 7-5，这些操作都需要用到上文提到的两个参数：窗口长度和滑动时间间隔。

表 7-5　滑动窗口操作

窗口操作	说明
window	基于源 DStream 产生的窗口化的批数据计算一个新的 DStream
countByWindow	返回流中元素的一个滑动窗口数
reduceByWindow	返回一个单元素流
reduceByKeyAndWindow	应用到一个 (K,V) 对组成的 DStream 上，返回一个由 (K,V) 对组成的新的 DStream。每一个 key 的值均由给定的 reduce 函数聚集起来
countByValueAndWindow	应用到一个 (K,V) 对组成的 DStream 上，返回一个由 (K,V) 对组成的新的 DStream。每个 key 的值都是它们在滑动窗口中出现的频率

7.5.4　DStream 输出操作

1. 输出操作

DStream 输出操作允许 DStream 的操作推到数据库、文件系统等外部系统中，这样外部系统就可以消费输出操作转换后的数据。典型的几种输出操作见表 7-6。

DStream 输出操作

表 7-6　输出操作

操作	说明
print()	在 DStream 的每个批数据中打印前 10 条元素。这个操作在开发和调试中都非常有用
saveAsTextFiles(prefix, [suffix])	保存 DStream 的内容为一个文本文件。每一个批间隔的文件的文件名都基于 prefix 和 suffix 生成
saveAsHadoopFiles(prefix, [suffix])	保存 DStream 的内容为一个 Hadoop 文件。每一个批间隔的文件的文件名都基于 prefix 和 suffix 生成
foreachRDD(func)	在从流中生成的每个 RDD 上应用函数 func 的最通用的输出操作。这个函数推送每个 RDD 的数据到外部系统

2. foreachRDD 的设计模式

DStream.foreachRDD 是一个强大的转换操作，它可以发送数据到外部系统中。数据发送到外部系统需要建立一个连接对象（例如到远程服务器的 TCP 连接），用这个对象发送数据到远程系统。

为实现良好的编程效果，在开发过程中，既要考虑编码的可读性，也要考虑程序运行效率。下面从四个方面解读不同的编码引发的不同问题，从而说明编码规范的重要性。例 7-3 表明程序会出现序列化错误问题；例 7-4 表明程序会出现资源消耗严重的问题；例 7-5 表明程序会产生创建连接对象过多的问题；例 7-6 是建议使用的编程方法。

【例 7-3】在 Spark 驱动中创建一个连接对象，在 Spark Worker 中尝试调用这个连接对象保存记录到 RDD 中，具体代码如下所示：

```
dstream.foreachRDD(rdd => {
  val connection = createNewConnection()
  rdd.foreach(record => {
    connection.send(record) // Worker 端执行
  })
})
```

这段代码是存在问题的，这样的连接对象在机器之间不能传送，因为需要先序列化连接对象，然后将它从 Driver 发送到 Worker 中。它可能表现为序列化错误（连接对象不可序列化）或者初始化错误（连接对象应该在 Worker 中初始化）等等。

【例 7-4】对例 7-3 中的连接对象问题进一步优化，在 Worker 中创建连接对象。具体代码如下所示：

```
dstream.foreachRDD(rdd => {
rdd.foreach(record => {
    val connection = createNewConnection()
    connection.send(record)
    connection.close()
  })
})
```

但这会造成另外一个常见的错误，也就是为每一个记录创建了一个连接对象。因为创建一个连接对象有资源和时间的开支，所以为每个记录创建和销毁连接对象会导致非常高的开支，明显地减少系统的整体吞吐量，上述代码存在资源消耗严重的问题。

【例 7-5】为解决例 7-4 中资源消耗问题,利用 rdd.foreachPartition 方法为 RDD 的每个分区创建一个连接对象,优化后的代码如下所示:

```
dstream.foreachRDD(rdd => {
    rdd.foreachPartition(partitionOfRecords => {
        val connection = createNewConnection()
        partitionOfRecords.foreach(record => connection.send(record))
        connection.close()
    })
})
```

这段代码为每个分区创建一个连接对象,连接对象发送分区中的所有记录,这就将连接对象的创建开销分摊到了分区的所有记录上,出现了创建连接对象过多的问题。

【例 7-6】通过在多个 RDD 或者批数据间重用连接对象,开发者可以保有一个静态的连接对象池,重复使用池中的对象将多批次的 RDD 推送到外部系统,代码如下所示:

```
dstream.foreachRDD(rdd => {
    rdd.foreachPartition(partitionOfRecords => {
        val connection = ConnectionPool.getConnection()
        partitionOfRecords.foreach(record => connection.send(record))
        ConnectionPool.returnConnection(connection)
    })
})
```

这段代码是对上述前三段代码逐步优化后的结果,实现了资源的节约利用,进一步节省开支,这种编程方法是程序员推荐的写法。

注意:连接对象池中的连接对象应该根据需要延迟创建,并且在空闲一段时间后自动超时。这样做的目的是为了使用最有效的方式发送数据到外部系统。

本章小结

本章第一部分介绍了离线计算与实时计算的概念、应用和区别;第二部分介绍了 Spark Streaming,包括 Spark Streaming 的概念和原理、Spark Streaming 的安装及运行过程等;第三部分主要讲解 Spark Streaming 程序开发,主要包括 Spark Streaming 项目创建、Spark Streaming 核心代码以及 Spark Streaming 测试;第四部分介绍 DStream 输入操作,主要包括 DStream 离散流和输入源、数据源的两种获取方式(Receiver 方式和 Direct 方式)、文件流数据源、RDD 队列流等,着重讲解了 DStream 与 Kafka 和 Flume 等第三方组件的整合应用;第五部分主要介绍 DStream 转换操作,主要包括 DStream 无状态操作、有状态操作、窗口操作以及 DStream 输出操作。

练习七

1. 简述离线计算和实时计算的区别及应用场景。
2. DStream 输入源有哪些?
3. 简述 Spark Streaming 读取 Kafka 数据的两种方式。

4．请简述 DStream 窗口操作。

5．简述 DStream 转换操作中的两种操作及各自应用场景。

6．简述 IDEA 开发工具创建 Spark Streaming 程序步骤及注意事项。

7．结合 Flume 和 Spark Streaming，将 Linux 系统 /opt/log.txt 文件内容实时推送到 Spark Streaming 进行打印，写出实现过程。

8．使用 foreachRDD 实现计算后的结果存入 MySQL 数据库。

第 8 章　Spark MLlib 机器学习

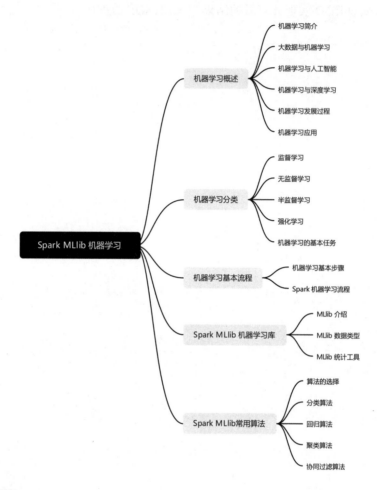

本章导读

　　本章首先介绍机器学习的基本概念及其发展历程，其次比较分析大数据、人工智能和机器学习的关系以及机器学习的应用领域，然后对机器学习的学习模式进行分类，同时对机器学习的基本流程进行讲解，最后重点阐述了 Spark MLlib 机器学习库典型的算法应用和常用算法实例。

本章要点

- ♀　机器学习概述
- ♀　机器学习分类
- ♀　机器学习基本流程
- ♀　Spark MLlib 机器学习库
- ♀　Spark MLlib 常用算法

8.1　机器学习概述

大数据、人工智能是目前行业应用的热点，在社会各行各业的应用越来越广泛，与人们生活的关系也越来越密切。大数据是人工智能的基础，通过机器学习可以对大数据进行处理，从中筛选出可以被利用的"有用数据"并使之转变为知识或生产力。要科学高效地利用大数据，除了收集整理之外，还要通过对大数据算法分析来使得数据变得有价值。前面章节学习的 Spark Core、Spark SQL、Spark Streaming 等框架是对数据进行处理，而本章开始我们将了解机器学习对数据进行预测的相关内容。

8.1.1　机器学习简介

机器学习是一门多领域交叉学科，涵盖概率论、统计学、近似理论和复杂算法理论等多门学科。机器学习专门研究计算机怎样模拟或实现人类的学习行为，以获取新的知识或技能，它重新组织已有的知识结构使之不断改善自身的性能，将现有内容进行知识结构划分并以此来提高学习效率。机器学习是人工智能核心，是使计算机具有智能的根本途径。

"机器学习是用数据或以往的经验，以此优化计算机程序的性能标准。"一种经常引用的英文定义是：A computer program is said to learn from experience E with respect to some class of tasks T and performance measure P, if its performance at tasks in T, as measured by P, improves with experience E. 解释为：某类任务 T（task）具有性能度量 P（performance），计算机程序可以从任务 T 的经验 E（experience）中学习，提高性能 P。

可以看出机器学习强调三个关键词：任务（算法）、经验（模型）、性能（评估）。其处理过程图 8-1 所示。

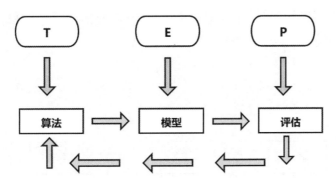

图 8-1　机器学习过程

图 8-1 表明机器学习是数据通过算法构建出模型并对模型进行评估，这个模型评估的性能如果达到要求，就可以采用这个模型来测试其他的数据，反之就要调整算法来重新建立模型并进行评估。如此循环往复，最终获得满意的经验（模型）来处理其他的数据。

8.1.2　大数据与机器学习

大数据时代，数据出现了爆炸式地增长，数据存储需要海量级的存储空间，数据处理能力需要几何级的提升。如果大数据不能被很好地分析利用，反而会成为垃圾数据，这是一种浪费。因此出现了 Hadoop、Spark 等大数据处理技术，它们为用户存储、处理大数据提供了有效的方法。大数据处理可以通过大数据分析和机器学习来进行操作，机器学习是大数据分析的组成部分。大数据分析作为一个整体，包括大数据、数据学习、统计信息等。机器学习涉及使用编程和计算算法来得出结论，而大数据分析则使用数字和统计来得出结果。两者的主要任务都是在大数据的基础上，发掘其中蕴含的"有用信息"。机器学习在语音识别、图像识别、天气预测等领域应用广泛，其特点是如果训练的数据量少则生成的模型不够准确，机器学习的效果就不好，反之，如果训练的数据量大，则机器学习效果好，因此机器学习在大数据领域的应用越来越受欢迎。

8.1.3 机器学习与人工智能

人工智能和机器学习这两个科技术语有着紧密的联系，但也不尽相同，概括说，机器学习是一种实现人工智能的方法，可以说机器学习的出现推动了人工智能领域的快速发展。

人工智能是计算机学科的一个分支，是研究和开发用于模拟、延伸、扩展人智能的理论、方法、技术及应用的一门学科，机器学习是实现人工智能的核心技术。机器学习是用算法解析数据并通过不断学习，对环境中发生的事件作出判断和预测的一项学习技术。机器学习最基本的做法是使用算法来解析数据并学习，然后对真实世界中的事件作出决策和预测。与传统的为解决特定任务、硬编码的软件程序不同，机器学习依靠大量的数据来"训练"模型，通过各种算法从数据中学会如何完成和执行任务。

【长知识】机器学习是人工智能的一个子集，目前已经发展出许多有用的方法，比如支持向量机、回归、决策树、随机森林、强化方法、集成学习、深度学习等等，一定程度上可以帮助人们完成一些数据预测、自动化、自动决策、最优化等初步替代脑力的任务。

8.1.4 机器学习与深度学习

深度学习作为机器学习的一个分支，它解决的核心问题之一就是自动将简单的特征组合成更加复杂的特征，并利用这些组合特征解决问题。它除了可以学习特征和任务之间的关联以外，还能自动从简单特征中提取更加复杂的特征。图8-2展示了深度学习和传统机器学习在流程上的差异。深度学习算法可以从数据中学习更加复杂的特征表达，使得最后一步权重学习变得更加简单且有效。

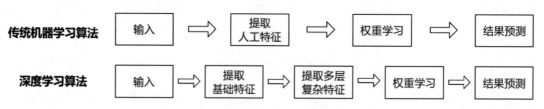

图 8-2 传统机器学习和深度学习比较

人工智能、机器学习和深度学习是紧密相关的几个领域。图8-3说明了它们之间的关系。人工智能是一类非常广泛的问题，机器学习是解决这类问题的一个重要手段，深度学习则是机器学习的一个分支。在很多人工智能问题上，深度学习的方法突破了传统机器学习方法的瓶颈，推动了人工智能领域的快速发展。

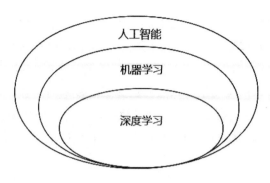

图 8-3　人工智能、机器学习和深度学习的关系

8.1.5　机器学习发展过程

机器学习作为实现人工智能的途径，在人工智能界引起了广泛的关注，特别是近十几年来，机器学习领域的研究工作发展很快，它已成为人工智能的重要课题之一。机器学习不仅在基于知识的系统中得到应用，而且在自然语言理解、非单调推理、机器视觉、模式识别等许多领域也得到了广泛应用。机器学习历经 70 年的曲折发展，以深度学习为代表，借鉴人脑的多分层结构、神经元的连接交互信息的逐层分析处理机制，自适应、自学习的强大并行信息处理能力，在很多方面收获了突破性进展，其中最有代表性的是图像识别领域。

机器学习的发展分为三个阶段。

第一阶段为逻辑推理期，以自动定理证明系统为代表，这个时期主要研究"有无知识的学习"。如西蒙与纽厄尔成功开发了逻辑理论家（Logic Theorist）和通用问题求解器（General Problem Solver）。在开发逻辑理论家的过程中，他们首次提出并成功应用信息处理语言 IPL，但是逻辑推理存在局限性。

第二阶段为知识期，以专家系统为代表，这个时期主要研究将各个领域的知识植入到系统里，用各种符号来表示机器语言，通过机器模拟人类学习的过程。E.A. 费根鲍姆等人在总结通用问题求解系统的成功与失败经验的基础上，结合化学领域的专门知识，研制了世界上第一个专家系统 dendral，可以推断化学分子结构。但此系统存在"需要人工总结出知识"和"很难'教'给系统"的问题。

第三阶段为学习期，这一时期机器学习是作为"突破知识工程瓶颈"的利器出现的，在 20 世纪 90 年代中后期，人类发现自己淹没在数据的海洋中，与此同时机器学习也从利用经验改善性能转变为利用数据改善性能。这个阶段，人们开始把学习系统与各种应用结合起来，并取得很大的成功。这个阶段的特点：机器学习已成为新的学科，它综合应用了心理学、生物学、神经生理学、数学、自动化和计算机科学等形成了机器学习理论基础；融合了各种学习方法，且形式多样的集成学习系统研究正在兴起；机器学习与人工智能各种基础问题的统一性观点正在形成；各种学习方法的应用范围不断扩大，部分应用研究成果已转化为产品。

8.1.6　机器学习应用

1. 数据分析与挖掘

"数据分析"和"数据挖掘"在许多场合被认为是可以相互替代的术语。关于数据挖掘，已有多种不同表述但含义相近的定义，例如"识别出巨量数据中有效的、新颖的、潜在有用且最终可理解的模式的过程",无论是数据分析还是数据挖掘,都可以帮助人们收集、分析数据,使之成为"有用"信息,并作出判断,因此可以将这两项合称为"数据分析与挖掘"。

数据分析与挖掘技术是机器学习算法和数据存取技术的结合,它利用机器学习提供的"统计分析"和"知识发现"等手段分析海量数据,同时使用数据存取机制实现数据的高效读写。机器学习在数据分析与挖掘领域拥有无可取代的地位,2012 年 Hadoop 进军机器学习领域就是一个很好的例子。

2. 模式识别

模式识别起源于工程领域,机器学习起源于计算机科学领域,这两个不同学科的结合带来了模式识别领域的变革和发展。模式识别研究主要集中在两个方面:

(1)研究生物体(包括人)是如何感知对象的,这属于认识科学的范畴。

(2)在给定的任务下,研究"如何用计算机实现模式识别"的理论和方法,这是机器学习的强项,也是机器学习研究的内容之一。

模式识别的应用领域广泛,包括计算机视觉、医学图像分析、光学文字识别、自然语言处理、语音识别、手写识别、生物特征识别、文件分类、搜索引擎等,在这些领域机器学习充分展示了它的强大功能。随着模式识别和机器学习被越来越广泛地应用,其二者的关系也变得越来越密切。

3. 生物信息学上的应用

随着基因组和其他测序项目的不断发展,生物信息学研究的重点正逐步从收集数据转移到解释数据。在未来,生物信息学的进一步发展将极大地依赖于机器学习在多维度和不同尺度下对多样化数据进行组合和关联的分析能力,而不再仅仅依赖于使用传统手段进行研究。生物信息收集和生成的数据是海量的,不仅在存储、获取、处理、浏览及可视化等方面,而且由于基因组数据本身也较为复杂,所以生物信息处理技术对理论算法和软件的功能都提出了更高要求。通过实践应用表明,机器学习所使用的神经网络、遗传算法、决策树和支持向量机等算法正适合于处理这种数据量大、含有噪声并且缺乏统一理论的领域。

4. 其他领域

国外的 IT 巨头正在深入研究和应用机器学习,他们把机器学习目标定位于全面模仿人类大脑,试图创造出拥有人类智慧的"机器大脑"。

2012 年,谷歌在人工智能领域发布了一个划时代的产品——人脑模拟软件,这个软件具备自我学习能力。它可以模拟脑细胞的相互交流,可以通过看 YouTube 视频学习如何识别猫、人以及其他事物。当有特定要求的数据被送达这个神经网络时,不同神经元之间的关系就会发生改变,而这种神经元的改变促使神经网络能对特定要求作出相应的反应。据悉这款软件已经实现了部分学习,获取了一定的知识,谷歌将有望在多个领域使用这一新技术,最先应用的可能是语音识别领域。

8.2　机器学习分类

机器学习分类

在机器学习或人工智能领域,人们首先会考虑算法的学习方式。这种划分方法可以让人们在建模和算法选择的时候能根据输入数据选择最合适的算法,以获得理想的结果。因此基于学习方式的分类是一种较为普遍的分类方法。机器学习按照学习方式分为监督学习、无监督学习、半监督学习、强化学习等，它们的区别在于人工参与的程度：监督学习需要提供标注的样本集；无监督学习不需要提供标注的样本集；半监督学习需要提供少量的标注样本；强化学习需要反馈机制。

【长知识】几十年来，研究发表的机器学习的方法种类很多，根据强调侧重点不同可以有多种分类方法。比如，基于学习策略的分类；基于学习方法的分类；基于学习方式的分类；基于数据形式的分类；基于学习目标的分类。

8.2.1　监督学习

监督学习是从给定的训练数据集中学习一个模型（函数），当新的数据到来时，可以根据这个模型（函数）预测结果。监督学习的训练集要求包括输入和输出，也可以说是特征和目标。训练集中的目标是由人标注（标量）的。在监督学习下，输入数据被称为"训练数据"，每组训练数据有一个明确的标识或结果，在建立预测模型时，监督式学习建立一个学习过程，将预测结果与"训练数据"的实际结果进行比较，不断调整预测模型，直到模型的预测结果达到一个预期的准确率。监督学习用于分类问题和回归问题，常见的监督机器学习算法包括支持向量机、朴素贝叶斯、逻辑回归、K 近邻、决策树、随机森林、线性判别分析等。深度学习大多数也以监督学习的方式呈现。

8.2.2　无监督学习

无监督学习是利用"无标记的有限数据"描述隐藏在"未标记数据"中的规律。无监督学习不需要训练样本和人工标注数据，这个特性便于压缩数据存储、减少计算量并提升算法速度，它还可以避免正负样本偏移引起的分类错误问题。无监督学习主要用于经济预测、异常检测、数据挖掘、图像处理、模式识别等领域。常见算法包括 Apriori 算法以及 k-Means 算法。

无监督学习与监督学习相比，样本集中既没有预先标注好的分类标签，也没有预先给定标准答案。计算机自己学习如何对数据进行分类，然后对那些正确的分类行为采取某种形式的激励。在无监督学习中，数据的分类并不被特别标识，学习模型是为了推断出数据的一些内在结构。

8.2.3　半监督学习

半监督学习是介于监督学习与无监督学习之间的一种机器学习方式，是模式识别和机器学习领域研究的重点内容。它主要考虑如何利用少量的"标注样本"和大量的"未标注样本"进行训练和分类。半监督学习对于减少标注代价、提高学习机器性能具有非常重大的实际意义。

半监督学习分类算法提出的时间比较短，还有许多方面没有深入研究。半监督学习主要用于处理人工合成数据。"无噪声干扰"的样本数据是当前大部分半监督学习方法使用的数据，而在实际应用中使用的数据大部分都是"有噪声干扰"的数据，通常纯样本数据是难以获得的，常见算法如图论推理算法和拉普拉斯支持向量机等。

【长知识】噪声就是难以轻易被区分并对输出结果产生干扰的那些数据，噪声样本在自然界中是普遍存在的，它被自然地包裹在大量数据集中，正常的数据集自然地会存在噪声。噪声其实是我们不希望存在的成分，因为它的出现往往会影响模型的准确性。

8.2.4　强化学习

强化学习又称评价学习或增强学习，用于描述和解决智能系统在与环境的交互过程中通过学习策略以达成回报最大化或实现特定目标的问题。强化学习是智能系统通过观察来学习动作完成的过程，每个动作都会对环境有所影响，学习对象根据观察到的周围环境反馈来作出判断。在这种学习模式下，输入数据作为对模型的反馈，仅仅是作为一个检查模型对错的方式，强化学习必须靠自身的经历进行学习。在强化学习下，输入数据直接反馈到模型，模型必须对此立刻作出调整。

【长知识】在企业数据应用的场景下，人们最常用的是监督学习和无监督学习。由于存在大量的非标注数据和少量的可标注数据，半监督式学习较多应用在图像识别等领域，而强化学习更多地应用在机器人控制及其他需要进行系统控制的领域。

8.2.5　机器学习的基本任务

机器学习基于数据获取新知识和新技能，它可以实现很多任务，包括分类、回归和聚类等。分类就是将新数据划归到合适的类别中；回归就是通过利用测试集数据来建立模型，再利用这个模型对新数据进行识别或预测，这两种方法都属于监督学习；聚类可以把相似或相近的数据划分到相同的组里，它是研究（样品或指标）分类问题的一种统计分析方法，同时也是数据挖掘的一个重要算法，属于无监督学习。机器学习实现分类、回归和聚类等多种任务，每一种任务可以根据应用场景可选择合适的算法，图 8-4 展示了机器学习基本任务间的关系。

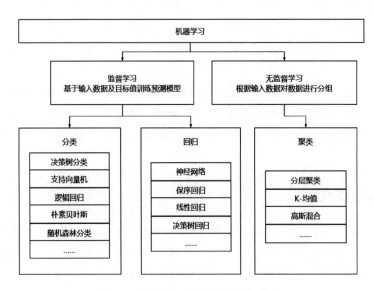

图 8-4　机器学习基本任务之间关系

机器学习基本流程

8.3　机器学习基本流程

8.3.1　机器学习基本步骤

根据业务需求和使用工具的不同，构建机器学习系统的方法可能会有些区别，不过主要流程差别不大，基本包括数据抽取、数据探索、数据处理、建立模型、训练模型、评估模型、优化模型、部署模型等阶段。

构建 Spark 机器学习系统的一般步骤如图 8-5 所示。

图 8-5　机器学习基本步骤

8.3.2　Spark 机器学习流程

Spark 机器学习的流程如图 8-6 所示，其中数据探索与预处理、训练及测试算法或建模阶段可以组装成流水线方式，模型评估及优化阶段可以采用自动化方式。

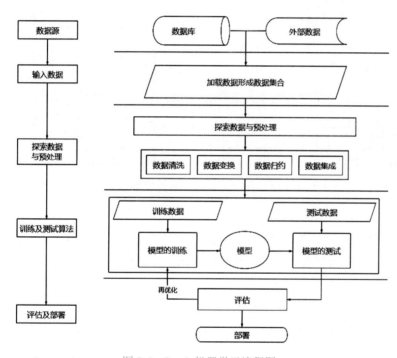

图 8-6　Spark 机器学习流程图

1. 启动集群

常见的 Spark 运行方式有本地模式、集群模式。本地模式所有的处理都运行在同一个 JVM 中，集群模式可以运行在不同节点上。本书以集群模式为例，Spark 支持 Spark-shell 来进行交互式程序编写，交互式编程在输入的代码执行后立即能得到结果，Spark-shell 运行 Spark 会自动创建一个 SparkContext 对象 scSparkContext 与驱动程序（DriverProgram）和集群管理器（ClusterManager）间的关联。

2. 加载数据

加载用户需要处理的数据，数据可来源于数据库或外部数据，首先在本地查看数据的基本信息，然后把本地文件复制到 HDFS 上形成数据集合，Spark 会读取 HDFS 上的数据。

3. 探索数据

加载的数据可能存在脏数据，比如有数据缺少和不规范等问题，所以在数据加载后且在数据建模前，要进行数据统计分析、数据质量分析、数据特征分析等操作。通过数据统计分析能对数据有一个基本的了解，如数据特征的平均值、分位数等；通过数据质量分析能够掌握数据的缺失值、异常值、不一致值、错误值等；通过对数据的特征分析可以了解特征分布、特征规范化和标准化等信息。这些信息有助于用户理解数据质量、数据构成，为数据预处理提供重要依据。最后可进行数据的可视化操作，可视化是数据探索、数据分析中的重要任务，可以帮助用户发现数据的异常值、特征分布情况等，为数据预处理提供重要支持。

4. 数据预处理

在机器学习中，大数据的预处理非常重要，往往需要多次往复操作，耗费的工作量非常大，数据预处理做得怎么样不但关系到数据的质量，更关系到模型的性能。数据预处理一般包括数据清洗、数据变换、数据集成、数据归约等，如图 8-7 所示。

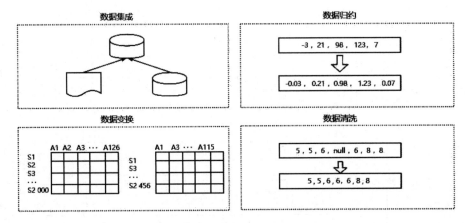

图 8-7　数据预处理

（1）数据清洗。数据清洗的主要任务是填补缺失值、光滑噪声数据、处理奇异数据、纠正错误数据、删除重复数据、删除唯一性属性、去除不相关字段或特征、处理不一致数据等噪声数据。

（2）数据变换。数据变换是对数据进行规范化、离散化、衍生指标、类别特征数值化、平滑噪声等操作，在 Spark MLlib 中有很多数据变换算法，见表 8-1。

表 8-1　Spark MLlib 自带的数据变换算法

数据预处理	算法	功能简介
特征抽取	TF-IDF	统计文档的词频 - 逆向文件频率
	Word2Vec	将文档转换为向量
特征转换	Tokenization	将文本划分为独立个体
	StopWordsRemover	删除所有停用词
	PCA	对变量集合进行降维
	Stringindexer	将字符串列编码为标签索引列
	OneHotEncoder	将标签指标映射为二值（0 或 1）向量
	Normalizer	规范每个向量以具有单位范数
	StandardScaler	标准化每个特征使得其有统一的标准差以及（或者）均值为 0、方差为 1
	VectorAssembler	将给定的多列表组合成一个单一的向量列

（3）数据集成。数据集成是将多文件或者多数据库中的数据进行合并，然后存放在一个一致的数据存储中。数据集成一般通过 join.union 等关键字把两个（或多个）数据集连接在一起，SparkSQL（包括 DataFrame）有 join 方法，数据集成往往需要耗费很多资源。

（4）数据归约。大数据往往数据量非常大，可以通过数据归约技术删除或减少冗余属性、精简数据集，数据归约技术常常使用特征选择或降维方法，虽然数据集变小，但仍接近于保持原数据的完整性。表 8-2 列举了 SparkMLlib 自带的数据归约算法。

表 8-2　Spark MLlib 数据归约算法

数据预处理	数据归约算法	功能简介
特征选择或降维	VectorSlicer	得到一个新的原始特征子集的特征向量
	RFormula	将数据中的字段转换为特征值
	PCA	使用 PCA 方法可以对变量集合进行降维
	SVD	通过 SVD 对矩阵进行分解，但是和特征分解不同，SVD 并不要求分解的矩阵为方阵
	ChiSqSelector	根据分类的卡方独立性检验来对特征排序，选取类别标签主要依赖的特征

5. 构建模型

构建模型是机器学习的核心环节，构建模型涉及到算法、设置参数、训练数据集等等，算法选择要依据数据特征、业务需要、算法适应性以及个人经验等。Spark 支持分类、回归和聚类等算法，见表 8-3。确定算法后还要设置模型参数，选择合适的数据集，一般训练数据集用于训练模型，测试数据集用于验证模型。

表 8-3　Spark MLlib 目前支持的算法

类型	Spark MLlib 支持的算法
分类	逻辑回归、决策树分类、随机森林分类、梯度提升决策树分类、多层感知机分类、一对多法分类、朴素贝叶斯
回归	线性回归、广义线性回归、决策树回归、随机森林回归、梯度提升决策树回归、生存回归、保序回归
聚类	K- 均值、高斯混合、主题模型、二分 K 均值

6. 模型评估

模型评估就是对模型的性能、精确度等进行一些测试，以此来衡量模型是否能够满足业务或商业目标。模型评估是模型开发过程中非常重要的环节，它关系到模型是否可用，是否能准确地实现机器学习，在构建模型的过程中，一个好的模型不但要有好的技术指标，更要为解决实际问题提供支持。

7. 模型优化

在 ML 中一个重要的任务就是模型选择，或者使用给定的数据为给定的任务寻找最适合的模型或参数。这个过程又称调优，调优可以是对单个阶段进行调优，也可以一次性对多个阶段进行调优。MLlib 支持使用类似 CrossValidator 和 TrainValidationSplit 这样的工具进行模型选择。

8. 模型的部署

训练、优化模型后，我们需要保存模型，然后把模型移植或部署到其他环境中。本节主要介绍如何保存模型、如何部署模型等内容。

8.4 Spark MLlib 机器学习库

Spark 是基于内存计算的、天然适应数据挖掘的迭代式计算,但是对于普通开发者来说,实现分布式的数据挖掘算法仍然具有极大的挑战性,因此,Spark 提供了一个基于海量数据的机器学习库 MLlib,它实现了分布式的常用数据挖掘算法功能。

8.4.1 MLlib 介绍

MLlib 是 Spark 对常用的机器学习算法的实现库,它简化了机器学习的工程实践工作,并方便扩展到更大规模。Spark 的设计初衷就是为了支持一些迭代的 Job,这正好符合很多机器学习算法的特点。在 Spark 官方首页中展示了 Logistic Regression 算法在 Spark 和 Hadoop 中运行的性能比较,如图 8-8 所示,从图中可以看出在 Logistic Regression 的运算场景下,Spark 比 Hadoop 快了 100 倍以上。

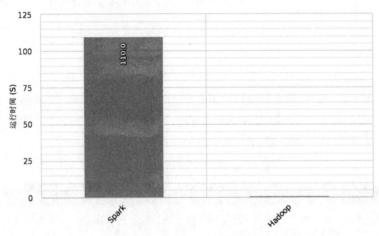

图 8-8 Spark 与 Hadoop 效率比较

MLlib 由一些通用的学习算法和工具组成,包括分类、回归、聚类、协同过滤、降维等,同时还包括底层的优化原语和高层的管道 API。具体来说,其主要包括以下几方面的内容:

- 算法工具:常用的学习算法,如分类、回归、聚类和协同过滤。
- 特征化工程:特征提取、转化、降维和选择工程。
- 管道(Pipeline):用于构建、评估和调整机器学习管道的工具。
- 持久性:保存和加载算法、模型和管道。
- 实用工具:线性代数、统计、数据处理等工具。

MLlib 目前支持 4 种常见的机器学习问题:分类、回归、聚类和协同过滤,MLlib 在 Spark 整个生态系统中的位置如图 8-9 所示。

MLlib 可以与 Spark SQL、GraphX、Spark Streaming 无缝集成,以 RDD 为基石,4 个子框架可联合构建大数据计算中心。

MLlib 是 MLBase 一部分,其中 MLBase 分为 4 部分:MLlib、MLI、ML Optimizer 和 MLRuntime。

- MLlib 是 Spark 实现一些常见的机器学习的算法和实用程序,包括分类、回归、聚类、协同过滤、降维和底层优化,该算法可以进行扩充。

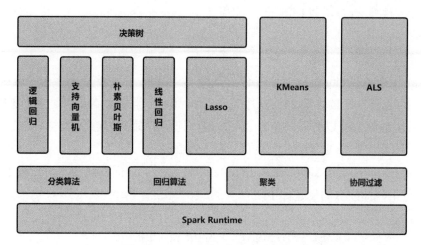

图 8-9　MLlib 在 Spark 生态中位置

- MLI 是一个进行特征抽取和高级 ML 编程抽象的算法实现的 API 或平台。
- ML Optimizer 会选择它认为最适合的已在内部实现好的机器学习算法和相关参数来处理用户输入的数据，并返回模型分析的结果。
- MLRuntime 基于 Spark 计算框架，将 Spark 的分布式计算应用到机器学习领域。

8.3.2　MLlib 数据类型

MLlib 本身就支持较多的数据格式，它支持从基本的 Spark 数据集 RDD 到部署在集群中的向量和矩阵。主要的数据包括：本地向量、标注点（Labeled Point）、本地矩阵、分布式矩阵等。其中本地向量与本地矩阵作为公共接口提供简单数据模型，底层的线性代数操作由 Breeze 库和 jblas 库提供。在正式学习机器学习算法之前，让我们先了解下这些数据类型的用法。

1. 本地向量

MLlib 使用的本地向量存储在单机上，并提供了两种类型的向量：密集型向量和稀疏向量。密集型向量使用一个双精度浮点型数组来表示其中每一维元素，而稀疏向量则是基于一个整型索引数组和一个双精度浮点型的值数组。例如，向量 (1.0, 0.0, 3.0) 的密集型向量表示形式是 [1.0,0.0,3.0]，而稀疏向量形式则是 (3, [0,2], [1.0, 3.0])，其中，3 是向量的长度，[0,2] 是向量中非 0 维度的索引值，表示位置为 0、2 的两个元素为非零值，而 [1.0, 3.0] 则是按索引排列的数组元素值。

所有本地向量的基类都是 Vectors，DenseVector 和 SparseVector 分别是它的两个实现类，故推荐使用 Vectors 工具类下定义的工厂方法来创建本地向量。请看如下实例（假设在 Spark-shell 中运行，下同）：

```
import org.apache.spark.mllib.linalg.{Vector, Vectors}
// 创建一个密集型本地向量
val dv = Vectors.dense(1.0, 0.0, 3.0)
// 创建一个稀疏本地向量
val sv1=Vectors.sparse(3, Array(0, 2), Array(1.0, 3.0))
// 另一种创建稀疏本地向量的方法
sv2 = Vectors.sparse(3, Seq((0, 2.0), (1, 3.0)))
// 方法的第二个参数是一个序列，其中每个元素都是一个非零值的元组：(index,elem)
```

这里需要注意的是，我们要显式地引入 org.apache.spark.mllib.linalg.Vectors 来使用 MLlib 提供的向量类型。

2. 标注点

标注点（LabeledPoint）是一种带有标签的本地向量，它可以是密集的或是稀疏的。无论是密集的还是稀疏的，在 MLlib 中，标记点都用于监督学习算法。我们使用 double 来存储标签，因此我们可以在回归和分类中使用标记点。对于二元分类,标签应该是 0（负）或 1（正）；对于多类分类，标签应该是从零开始的索引：0, 1, 2, …。标注点的实现类是 org.apache.spark.mllib.regression.LabeledPoint，请注意它与前面介绍的本地向量不同，并不位于 linalg 包下，标注点的创建如下：

```
import org.apache.spark.mllib.regression.LabeledPoint
// 创建一个标签为 1.0（分类中可视为正样本）的密集型向量标注点
val pos = LabeledPoint(1.0, Vectors.dense(1.0, 0.0, 3.0))
// 创建一个标签为 0.0（分类中可视为负样本）的稀疏向量标注点
val neg = LabeledPoint(0.0, Vectors.sparse(3, Array(0, 2), Array(1.0, 3.0)))
```

3. 本地矩阵

本地矩阵是由具有整型的行和列索引值及双精度浮点型的元素值组成，它存储在一台机器上。MLlib 支持密集矩阵和稀疏矩阵两种本地矩阵，密集矩阵将所有元素的值存储在一个列优先的双精度型数组中，而稀疏矩阵则将非零元素以列优先顺序、压缩稀疏列格式进行存储。MLlib 为本地矩阵提供了相应的工具类 Matrices，调用工厂方法即可创建实例：

```
import org.apache.spark.mllib.linalg.{Matrix, Matrices}
// 创建一个 3 行 2 列的密集型矩阵 [ [1.0,2.0], [3.0,4.0], [5.0,6.0] ]
dm: Matrix = Matrices.dense(3, 2, Array(1.0, 3.0, 5.0, 2.0, 4.0, 6.0))
1.0 2.0
3.0 4.0
5.0 6.0
请注意，这里的数组参数是列先序的
// 创建一个稀疏型矩阵 [[9.0, 0.0], [0.0, 8.0], [0.0, 6.0]]
val sm: Matrix = Matrices.sparse(3, 2, Array(0, 1, 3), Array(0, 2, 1), Array(9, 6, 8))
```

4. 分布式矩阵

分布式矩阵是由具有长整型的行列索引值和双精度浮点型的元素值组成，它可以分布式地存储在一个或多个 RDD 上，选择正确的格式来存储大型分布式矩阵非常重要。MLlib 提供了四种分布式矩阵的存储方案。

（1）行矩阵。行矩阵是面向行的分布式矩阵，数据存储在一个由行组成的 RDD 中，其中每一行都使用一个本地向量来进行存储。由于行是通过本地向量来表示，所以列的数量被限制在整数范围内，但实际上小得多。

```
import org.apache.spark.mllib.linalg.Vector
import org.apache.spark.mllib.linalg.distributed.RowMatrix
val dv1 : Vector = Vectors.dense(1.0,2.0,3.0)
val dv2 : Vector = Vectors.dense(2.0,3.0,4.0)
val rows: RDD[Vector] = sc.parallelize(Array(dv1,dv2))
val mat: RowMatrix = new RowMatrix(rows)
val m = mat.numRows()
val n = mat.numCols()
```

```
println(m)
println(n)
mat.rows.foreach(println)
```

以上程序运行结果如下所示：

```
2
3
[1.0,2.0,3.0]
[2.0,3.0,4.0]
```

（2）索引行矩阵。索引行矩阵与行矩阵相似，但它的每一行都带有一个有意义的行索引值，这个索引值可以被用来识别不同的行，或是进行诸如 join 之类的操作。其数据存储在一个由索引行组成的 RDD 里，即每一行都是一个带长整型索引的本地向量。

```
import org.apache.spark.mllib.linalg.Vector
import org.apache.spark.mllib.linalg.distributed.{IndexedRow, IndexedRowMatrix}
val dv1 : Vector = Vectors.dense(1.0,2.0,3.0)
val dv2 : Vector = Vectors.dense(2.0,3.0,4.0)
val idxr1 = IndexedRow(1,dv1)
val idxr2 = IndexedRow(2,dv2)
val idxrows = sc.parallelize(Array(idxr1,idxr2))
val idxmat: IndexedRowMatrix = new IndexedRowMatrix(idxrows)
idxmat.rows.foreach(println)
```

以上程序运行结果如下所示：

```
IndexedRow(1,[1.0,2.0,3.0])
IndexedRow(2,[2.0,3.0,4.0])
```

（3）坐标矩阵。坐标矩阵是一个分布式矩阵，其条目由 RDD 支持。每一个矩阵项都是一个三元组 (i: Long, j: Long, value: Double)，其中 i 是行索引，j 是列索引，value 是该位置的值。坐标矩阵一般用于矩阵的两个维度都很大，且矩阵非常稀疏的情况。

```
import org.apache.spark.mllib.linalg.distributed.{CoordinateMatrix, MatrixEntry}
val ent1 = new MatrixEntry(0,1,0.5)
val ent2 = new MatrixEntry(2,2,1.8)
val entries : RDD[MatrixEntry] = sc.parallelize(Array(ent1,ent2))
val coordMat: CoordinateMatrix = new CoordinateMatrix(entries)
coordMat.entries.foreach(println)
// 将 coordMat 进行转置
val transMat: CoordinateMatrix = coordMat.transpose()
transMat.entries.foreach(println)
// 坐标矩阵转换成一个索引行矩阵
val indexedRowMatrix = transMat.toIndexedRowMatrix()
indexedRowMatrix.rows.foreach(println)
```

以上程序运行结果如下所示：

```
MatrixEntry(3,2,1.5)
MatrixEntry(2,0,0.6)
IndexedRow(2,(3,[0],[0.6]))
IndexedRow(3,(3,[2],[1.5]))
```

（4）分块矩阵。分块矩阵是基于矩阵块 MatrixBlock 构成的 RDD 分布式矩阵，其中每一个矩阵块都是一个元组 ((Int, Int), Matrix)，其中 (Int, Int) 是块的索引，而 Matrix 则是在对应位置的子矩阵（sub-matrix），其尺寸由 rowsPerBlock 和 colsPerBlock 决定，默认值均为 1024。

分块矩阵可由索引行矩阵 IndexedRowMatrix 或坐标矩阵 CoordinateMatrix 调用 toBlockMatrix() 方法进行转换，该方法将矩阵划分成尺寸默认为 1024×1024 的分块，可以在调用 toBlockMatrix(rowsPerBlock, colsPerBlock) 方法时传入参数来调整分块的尺寸。

```
import org.apache.spark.mllib.linalg.distributed.{CoordinateMatrix, MatrixEntry}
import org.apache.spark.mllib.linalg.distributed.BlockMatrix
// 创建 5 个矩阵项，每一个矩阵项都是由索引和值构成的三元组
val ent1 = new MatrixEntry(1,1,1)
val ent2 = new MatrixEntry(2,1,2)
val ent3 = new MatrixEntry(2,2,1)
val ent4 = new MatrixEntry(3,1,1)
val ent5 = new MatrixEntry(3,3,1)
// 创建 RDD[MatrixEntry]
val entries : RDD[MatrixEntry] = sc.parallelize(Array(ent1,ent2,ent3,ent4,ent5))
// 通过 RDD[MatrixEntry] 创建一个坐标矩阵
val coordMat: CoordinateMatrix = new CoordinateMatrix(entries)
val matA: BlockMatrix = coordMat.toBlockMatrix(2,2).cache()
matA.validate()
matA.toLocalMatrix.rowIter.foreach(println)
```

以上程序运行结果如下所示：

```
[0.0,0.0,0.0,0.0]
[0.0,1.0,0.0,0.0]
[0.0,2.0,1.0,0.0]
[0.0,1.0,0.0,1.0]
```

分块矩阵 BlockMatrix 将矩阵分成一系列矩阵块，底层由矩阵块构成的 RDD 进行数据存储。需明确的是，用于生成分布式矩阵的底层 RDD 必须是已经确定（Deterministic）的，因为矩阵的尺寸将被存储下来，所以使用未确定的 RDD 将会导致错误。而且，不同类型的分布式矩阵之间的转换需要进行一个全局的 shuffle 操作，这将耗费大量的资源。因此，根据数据本身的性质和应用需求来选取恰当的分布式矩阵存储类型是非常重要的。

8.3.3 MLlib 统计工具

给定一个数据集，数据分析师一般会先观察一下数据集的基本情况，这被称为汇总统计或者概要性统计。一般的概要性统计用于概括一系列观测值，包括位置或集中趋势、展型、统计离差、分布的形状、依赖性等。除此之外，MLlib 库也提供了一些其他的基本的统计分析工具，包括相关性、分层抽样、假设检验、随机数生成工具等。

1. 摘要统计

对于 RDD[Vector] 类型的变量，MLlib 提供了一种叫 colStats() 的统计方法，调用该方法会返回一个类型为 MultivariateStatisticalSummary 的实例。

【例 8-1】利用 colStats() 的统计方法计算最大值、最小值、均值、方差和总数等。

```
import org.apache.spark.mllib.stat.{MultivariateStatisticalSummary, Statistics}
val observations = sc.parallelize(
 Seq(
   Vectors.dense(1.0, 10.0, 100.0),
```

```
    Vectors.dense(2.0, 20.0, 200.0),
    Vectors.dense(3.0, 30.0, 300.0)
  )
)
val summary: MultivariateStatisticalSummary = Statistics.colStats(observations)
println(summary.count)//
println(summary.mean)//
println(summary.variance)
println(summary.min)
println(summary.max)
println(summary.numNonzeros)
```

以上代码运行结果如下：

```
3
[2.0,20.0,200.0]
[1.0,100.0,10000.0]
[1.0,10.0,100.0]
[3.0,30.0,300.0]
[3.0,3.0,3.0]
```

2. 相关性

计算两个数据系列之间的相关性是统计中的常见操作。MLlib 为我们提供了很多系列中的灵活性，计算两两相关性。目前支持的相关方法是皮尔森（Pearson）相关系数和斯皮尔曼（Spearman）相关系数。

【例 8-2】计算某城市历年降水量和年份之间的相关性。

```
import org.apache.spark.mllib.stat.Statistics
import org.apache.spark.rdd.RDD
// 定义配置文件
val conf: SparkConf = new SparkConf().setAppName("streaming").setMaster("local[2]")
// 创建 StreamingContext
val sc = new SparkContext(conf)
val year: RDD[Double] = sc.parallelize(Array(2009, 2007, 2006, 2005, 2004, 2003, 2002, 2001, 2000,
1999, 1998, 1997, 1996, 1995, 1994, 1993, 1992, 1991, 1990, 1989, 1988, 1987, 1986, 1985, 1984, 1983, 1982,
1981, 1980, 1979, 1978, 1977, 1976, 1975, 1974, 1973, 1972, 1971, 1970, 1969, 1968, 1967, 1966, 1965, 1964,
1963, 1962, 1961, 1960, 1959, 1958, 1957, 1956, 1955, 1954, 1953, 1952, 1951, 1950, 1949))
val value: RDD[Double] = sc.parallelize(Array(0.4806, 0.4839, 0.318, 0.4107, 0.4835, 0.4445, 0.3704,
0.3389, 0.3711, 0.2669, 0.7317, 0.4309, 0.7009, 0.5725, 0.8132, 0.5067, 0.5415, 0.7479, 0.6973, 0.4422, 0.6733,
0.6839, 0.6653, 0.721, 0.4888, 0.4899, 0.5444, 0.3932, 0.3807, 0.7184, 0.6648, 0.779, 0.684, 0.3928, 0.4747,
0.6982, 0.3742, 0.5112, 0.597, 0.9132, 0.3867, 0.5934, 0.5279, 0.2618, 0.8177, 0.7756, 0.3669, 0.5998, 0.5271,
1.406, 0.6919, 0.4868, 1.1157, 0.9332, 0.9614, 0.6577, 0.5573, 0.4816, 0.9109, 0.921))
val correlation: Double = Statistics.corr(year, value, "pearson")
println(s" 相关性 : $correlation")
```

以上代码运行结果如下所示：

相关性 : -0.4385405496488675

3. 分层抽样

与其他统计功能不同，分层抽样方法 sampleByKey 和 sampleByKeyExact 可以在键值对的 RDD 上执行 spark.mllib，可以将键视为标签，将值视为特定属性。例如，键可以是男人或女人，或文档 ID，并且相应的值可以是人口中人群的年龄列表或文档中的单词列表。

sampleByKey 方法每次都得通过给定的概率以一种类似于掷硬币的方式来决定这个观察值是否被放入样本，因此一遍就可以过滤完所有数据，最后得到一个近似大小的样本，但往往并不够准确。sampleByKeyExact 采样的结果会更准确，有 99.9% 的置信度，但耗费的计算资源也更多。

【例 8-3】对比 sampleByKey 和 sampleByKeyExact 方法的区别。

```
val data = sc.parallelize(
Seq((1, 'a'), (1, 'b'), (2, 'c'), (2, 'd'), (2, 'e'), (3, 'f')))
val fractions = Map(1 -> 0.1, 2 -> 0.6, 3 -> 0.3)
val approxSample = data.sampleByKey(withReplacement = false, fractions = fractions)
val exactSample = data.sampleByKeyExact(withReplacement = false, fractions = fractions)
approxSample.foreach(println)
println("------------------")
exactSample.foreach(println)
```

以上代码运行结果如下：

```
(2,d)
(2,e)
(2,c)
------------------
(1,b)
(2,d)
(2,e)
(3,f)
```

4. 假设检验

假设检验是一种强大的统计工具，用于确定结果是否具有统计学显著性以及该结果是否偶然发生。MLlib 目前支持皮尔森（Pearson）的检验拟合优度和独立性。拟合优度检验要求输入类型为 Vector，而独立性检验要求 Matrix。

【例 8-4】拟合优度和独立性校验例子。

```
import org.apache.spark.mllib.linalg._
import org.apache.spark.mllib.regression.LabeledPoint
import org.apache.spark.mllib.stat.Statistics
import org.apache.spark.mllib.stat.test.ChiSqTestResult
import org.apache.spark.rdd.RDD
val vec: Vector = Vectors.dense(0.1, 0.15, 0.2, 0.3, 0.25)
val Result1 = Statistics.chiSqTest(vec)
println(s"$Result1 \n")
val mat: Matrix = Matrices.dense(3, 2, Array(1.0, 3.0, 5.0, 2.0, 4.0, 6.0))
val Result2 = Statistics.chiSqTest(mat)
println(s"$Result2 \n")
```

以上代码执行结果如下：

```
Chi squared test summary:
method: pearson
degrees of freedom = 4
statistic = 0.12499999999999999
pValue = 0.998126379239318
No presumption against null hypothesis: observed follows the same distribution as expected..
Chi squared test summary:
```

```
method: pearson
degrees of freedom = 2
statistic = 0.14141414141414144
pValue = 0.931734784568187
No presumption against null hypothesis: the occurrence of the outcomes is statistically independent..
```

5. 随机数生成

随机数生成对于随机算法、原型设计和性能测试很有用。MLlib 提供 RandomRDDs 工厂方法来生成随机双 RDD 或向量 RDD。

【例 8-5】生成一个随机双 RDD，其值遵循标准正态分布 N(0, 1)，然后将其映射到 N(1, 4)。

```
import org.apache.spark.mllib.random.RandomRDDs._
    val u = normalRDD(sc, 10L, 5)
    val v = u.map(x => 1.0 + 2.0 * x)
    v.foreach(println)
```

以上代码运行结果如下：

```
0.7805630214235811
2.6979843253570497
2.305306777633416
2.4276078458689
3.2977527469590004
0.16080986198295533
```

6. 密度估计

密度估计是一种用于可视化经验概率分布的技术，无需假设要从中得出观察样本的特定分布。它属于非参数估计，主要解决的问题就是在对总体样本分布未知的情况下如何估计样本的概率分布。

【例 8-6】KernelDensity 提供了根据样本的 RDD 计算密度估计值的方法。

```
import org.apache.spark.mllib.stat.KernelDensity
    import org.apache.spark.rdd.RDD
    val data: RDD[Double] = sc.parallelize(Seq(1, 1, 1, 2, 3, 4, 5, 5, 6, 7, 8, 9, 9))
    val kd = new KernelDensity()
    .setSample(data)
    .setBandwidth(3.0)
    val densities = kd.estimate(Array(-1.0, 2.0, 5.0))
    densities.foreach(println)
```

以上代码运行结果如下所示：

```
0.04145944023341912
0.07902016933085627
0.08962920127312338
```

8.5　Spark MLlib 常用算法

8.5.1　算法的选择

当用户接到一个数据分析或挖掘的任务或需求时，如果希望用机器学习来处理，首先要做的是根据任务或需求选择合适算法，选择算法的一般步骤如图 8-10 所示，可选择的算法包括分类算法、回归算法和聚类算法等。

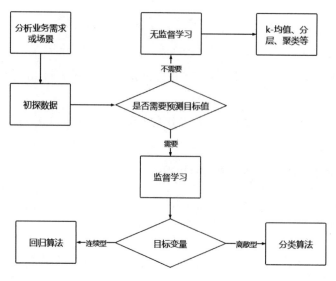

图 8-10   算法选择的步骤

8.5.2   分类算法

1. 逻辑回归

逻辑回归算法是一种常用的分类算法，它凭借着简单和高效的优势在实际应用中被广泛使用。逻辑回归算法的预测结果的值域为 [0,1]，所以可以看作一种概率模型；逻辑回归算法的输出等价于模型预测某个样本点属于正类的概率。

逻辑回归的优点在于原理简单、训练速度快、可解释性强、能够支撑大数据，即使在上亿的特征规模下，依然有较好的训练效果和很快的训练速度；缺点在于无法学习特征之间的组合，在实际使用中，需要进行大量的人工特征工程，对特征进行交叉组合。

【例 8-7】根据逻辑回归算法计算测试样本数据。

```
import org.apache.log4j.{Level, Logger}
import org.apache.spark.ml.classification.LogisticRegression
import org.apache.spark.ml.linalg.Vectors
import org.apache.spark.sql.SparkSession
object LogisticRegression {
    Logger.getLogger("org").setLevel(Level.WARN) // 设置日志级别
    def main(args: Array[String]) {
        val spark = SparkSession.builder()
        .appName("LogisticRegression")
        .master("local[2]")
        .getOrCreate()
    val sqlContext = spark.sqlContext
    // 加载训练数据和测试数据
    val data = sqlContext.createDataFrame(Seq(
        (1.0, Vectors.dense(0.0, 1.1, 0.1)),
        (0.0, Vectors.dense(2.0, 1.0, -1.1)),
        (1.0, Vectors.dense(1.0, 2.1, 0.1)),
        (0.0, Vectors.dense(2.0, -1.3, 1.1)),
```

```
      (0.0, Vectors.dense(2.0, 1.0, -1.1)),
      (1.0, Vectors.dense(1.0, 2.1, 0.1)),
      (1.0, Vectors.dense(2.0, 1.2, 1.1)),
      (0.0, Vectors.dense(-2.0, 1.0, -1.1)),
      (1.0, Vectors.dense(1.0, 2.2, 0.1)),
      (0.0, Vectors.dense(2.0, -1.3, 1.1)),
      (1.0, Vectors.dense(2.0, 1.0, -1.2)),
      (1.0, Vectors.dense(0.0, 1.2, -0.4))
    ))
    .toDF("label", "features")
    val weights = Array(0.8,0.2) // 设置训练集和测试集的比例
    val split_data = data.randomSplit(weights) // 拆分训练集和测试集
    // 创建逻辑回归对象
    val lr = new LogisticRegression()
    // 设置参数
    lr.setMaxIter(10).setRegParam(0.01)
    // 训练模型
    val model = lr.fit(split_data(0))
    model.transform(split_data(1))
    .select("label", "features", "probability", "prediction")
    .collect()
    .foreach(println(_))
    // 关闭 Spark
    spark.stop()
  }
}
```

以上代码运算结果如下：

```
[0.0,[2.0,-1.3,1.1],[0.8915301529972963,0.10846984700270372],0.0]
[0.0,[2.0,1.0,-1.1],[0.02177937099948176,0.9782206290005183],1.0]
[0.0,[2.0,1.0,-1.1],[0.02177937099948176,0.9782206290005183],1.0]
```

2. 朴素贝叶斯

朴素贝叶斯方法是基于贝叶斯定理的一类算法，主要用来解决分类和回归问题，它有严格而完备的数据推导，优点是容易实现，且训练和预测过程都很高效。朴素贝叶斯基于特征条件进行独立性假设，基于这个假设，属于某个类别的概率表示为若干个概率乘积的函数，其中这些概率包括某个特征在给定某个类别的条件下出现的概率。这样使得模型训练非常直接且易于处理。类别的先验概率和特征的条件概率可以通过数据的频率估计得到。分类过程就是在给定特征和类别概率的情况下选择最可能的类别。

3. 决策树模型

决策树算法根据数据的属性采用树状结构建立决策模型，常常用来解决分类和回归问题。决策树模型易于解释，可以处理分类特征和数值特征，能拓展到多分类场景，无须对特征做归一化或标准化，而且可以表达复杂的非线性模式和特征之间的相互关系。其诸多优点使得决策树模型被广泛使用。

8.5.3　回归算法

线性回归是利用线性回归方程的函数对一个或多个自变量和因变量之间关系进行建模的一种回归分析方法，只有一个自变量的情况称为简单回归，大于一个自变量情况的叫作

多元回归，在实际情况中大多数都是多元回归。

线性回归问题属于监督学习范畴，又称分类或归纳学习。这类分析中，训练数据集中给出的数据类型是确定的。机器学习的目标是对于给定的一个训练数据集，通过不断的分析和学习产生一个可以联系属性集合和类标集合的分类函数或预测函数，这个函数称为分类模型或预测模型。通过学习得到的模型可以是一个决策树、规格集、贝叶斯模型或一个超平面。通过这个模型可以对输入对象的特征向量预测或对对象的类标进行分类。

回归问题中通常使用最小二乘法来迭代最优的特征中每个属性的比重，通过损失函数或错误函数定义来设置收敛状态，即作为梯度下降算法的逼近参数因子。

【例 8-8】利用 Spark MLlib 库中算法建立线性模型，计算均方差评估预测值与实际值吻合度。

```
import org.apache.spark.{SparkContext, SparkConf}
import org.apache.spark.mllib.regression.LinearRegressionWithSGD
import org.apache.spark.mllib.regression.LabeledPoint
import org.apache.spark.mllib.linalg.Vectors
object LinearRegression {
    def main(args:Array[String]): Unit = {
        // 设置运行环境
            val conf = new SparkConf().setAppName("Kmeans").setMaster("local[2]")
val sc = new SparkContext(conf)
        val data = sc.textFile("D:\\bigdata\\spark-streaming\\data\\lpsa.data")
val parsedData = data.map { line =>
    val parts = line.split(',')
 LabeledPoint(parts(0).toDouble, Vectors.dense(parts(1).split(' ').map(_.toDouble)))
    }.cache()
    val numIterations = 100
    val stepSize = 0.00000001
    val model = LinearRegressionWithSGD.train(parsedData, numIterations, stepSize)
    val valuesAndPreds = parsedData.map { point =>
    val prediction = model.predict(point.features)
    (point.label, prediction)
    }
    val MSE = valuesAndPreds.map{ case(v, p) => math.pow((v - p), 2) }.mean()
    println(s"training Mean Squared Error $MSE")
    sc.stop()
    }
}
```

以上程序运行结果如图 8-11 所示。

```
LinearRegression ×
21/08/13 22:38:45 INFO SparkUI: Stopped Spark web UI at http://YST-PC:4040
21/08/13 22:38:45 INFO MapOutputTrackerMasterEndpoint: MapOutputTrackerMasterEnd
training Mean Squared Error 7.4510328101026015
21/08/13 22:38:45 INFO MemoryStore: MemoryStore cleared
21/08/13 22:38:45 INFO BlockManager: BlockManager stopped
21/08/13 22:38:45 INFO BlockManagerMaster: BlockManagerMaster stopped
```

图 8-11　运行结果

【长知识】人工神经网络算法是一种模式匹配算法，通常用于解决分类和回归问题。人工神经网络是机器学习的一个庞大的分支，有几百种不同的算法。重要的人工神经网络算法包括感知器神经网络、反向传播网络、Hopfield 网络、自组织神经网络、学习矢量量化等。

8.5.4　聚类算法

聚类算法是对一类问题或一类算法的描述。聚类有时也被翻译为簇类，是一种无监督学习问题，目标是基于某种相似性概念将实体的子集相互分组，它通常按照中心点或分层的方式对输入数据进行归并。目前聚类广泛应用于统计学、生物学、数据库技术和市场营销等领域，相应的算法也非常多。

k 均值聚类算法（k-means clustering algorithm）是一种迭代求解的聚类分析算法，它将数据分为 K 组，随机选取 K 个对象作为初始的聚类中心，然后计算每个对象与各个种子聚类中心之间的距离，把每个对象分配给距离它最近的聚类中心。聚类中心以及分配给它们的对象就代表一个聚类。

算法的核心是距离的度量，不同的距离度量方法选择的目标函数也往往不同。常用的距离度量方法有欧式距离和余弦相似度。k 均值聚类算法的时间复杂度与样本数量线性相关，算法简单高效，对大数据集有较好的可伸缩性，非常适合大规模数据的聚类。

【例 8-9】KMeans 对象将数据聚类为两个簇，所需集群的数量被传递给算法，然后计算平方误差的集合内总和。

```scala
import org.apache.spark.mllib.clustering.{KMeans, KMeansModel}
import org.apache.spark.mllib.linalg.Vectors
import org.apache.spark.{SparkConf, SparkContext}
object KMeansExample {
  def main(args: Array[String]): Unit = {
    // 设置运行环境
    val conf = new SparkConf().setAppName("Kmeans").setMaster("local[2]")
    val sc = new SparkContext(conf)
    val data = sc.textFile("D:\\bigdata\\spark-streaming\\data\\kmeans_data")
    val parsedData = data.map(s => Vectors.dense(s.split(' ').map(_.toDouble))).cache()
    val numClusters = 2
    val numIterations = 20
    val clusters = KMeans.train(parsedData, numClusters, numIterations)
    val WSSSE = clusters.computeCost(parsedData)
    println(s"Within Set Sum of Squared Errors = $WSSSE")
    clusters.save(sc, "target/org/apache/spark/KMeansExample/KMeansModel")
    val sameModel = KMeansModel.load(sc, "target/org/apache/spark/KMeansExample/KMeansModel")
    sc.stop()
  }
}
```

以上代码执行结果如图 8-12 所示。

```
21/09/27 21:56:15 INFO TorrentBroadcast: Destroying Broadcast(1
21/09/27 21:56:15 INFO BlockManagerInfo: Removed broadcast_15_p
Within Set Sum of Squared Errors = 0.11999999999994547
21/09/27 21:56:15 INFO deprecation: mapred.output.dir is deprec
21/09/27 21:56:15 INFO HadoopMapRedCommitProtocol: Using output
21/09/27 21:56:15 INFO SparkContext: Starting job: runJob at Sp
```

图 8-12　运行结果

8.5.6　协同过滤算法

协同过滤简称 CF，Wiki 上的定义是："简单来说是利用某个兴趣相投、拥有共同经验之群体的喜好来推荐感兴趣的资讯给使用者，个人透过合作的机制给予资讯相当程度的回应（如评分）并记录下来以达到过滤的目的，进而帮助别人筛选资讯，回应不一定局限于特别感兴趣的，特别不感兴趣资讯的记录也相当重要。"

协同过滤常被应用于推荐系统。这些技术旨在补充"用户—商品"关联矩阵中所缺失的部分。推荐引擎根据不同的推荐机制可能用到数据源中的一部分数据，然后根据这些数据，分析出一定的规则或者直接通过用户对其他物品的喜好进行预测计算。这样推荐引擎可以在用户进入时推荐他可能感兴趣的物品。

MLlib 目前支持基于协同过滤的模型，在这个模型里，用户和产品被一组可以用来预测缺失项目的潜在因子来描述。特别是我们实现交替最小二乘（ALS）算法来学习这些潜在的因子，在 MLlib 中的实现有如下参数：

- numBlocks 是用于并行化计算的分块个数（设置为 -1 时为自动配置）。
- rank 是模型中使用的特征数量。
- iterations 是迭代的次数。
- lambda 是 ALS 的正则化参数。
- implicitPrefs 决定了是用显性反馈 ALS 的版本还是用隐性反馈数据集的版本。
- alpha 是一个针对于隐性反馈 ALS 版本的参数，这个参数决定了偏好行为强度的基准。

【例 8-10】通过测量评分预测的均方误差来评估用户、产品和评级。

```scala
import org.apache.spark.{SparkConf, SparkContext}
import org.apache.spark.mllib.recommendation.ALS
import org.apache.spark.mllib.recommendation.MatrixFactorizationModel
import org.apache.spark.mllib.recommendation.Rating
object ALSExample {
 def main(args: Array[String]): Unit = {
  // 设置运行环境
  val conf = new SparkConf().setAppName("Kmeans").setMaster("local[2]")
  val sc = new SparkContext(conf)
  val data = sc.textFile("D:\\bigdata\\spark-streaming\\data\\test.data")
  val ratings = data.map(_.split(',') match { case Array(user, item, rate) =>
    Rating(user.toInt, item.toInt, rate.toDouble)
  })
  val rank = 10
  val numIterations = 10
  val model = ALS.train(ratings, rank, numIterations, 0.01)
  val usersProducts = ratings.map { case Rating(user, product, rate) =>
   (user, product)
  }
  val predictions =
   model.predict(usersProducts).map { case Rating(user, product, rate) =>
    ((user, product), rate)
   }
  val ratesAndPreds = ratings.map { case Rating(user, product, rate) =>
   ((user, product), rate)
  }.join(predictions)
  val MSE = ratesAndPreds.map { case ((user, product), (r1, r2)) =>
   val err = (r1 - r2)
```

```
    err * err
  }.mean()
  println(s"Mean Squared Error = $MSE")
  model.save(sc, "target/tmp/myFilter")
  val sameModel = MatrixFactorizationModel.load(sc, "target/tmp/myFilter")
 }
}
```

以上程序运行结果如图 8-13 所示。

```
Runs    ALSExample  ×
  ↑    Catalyst form:
  ↓    StructType(StructField(id,IntegerType,true), StructField(features,ArrayType(DoubleType,true),
  ≒
  ▲    21/09/27 23:10:17 INFO InternalParquetRecordReader: RecordReader initialized will read a tota
  ≡    21/09/27 23:10:17 INFO InternalParquetRecordReader: at row 0. reading next block
       21/09/27 23:10:17 INFO InternalParquetRecordReader: block read in memory in 1 ms. row count =
  ■    21/09/27 23:10:17 INFO Executor: Finished task 0.0 in stage 191.0 (TID 82). 1562 bytes resul
       21/09/27 23:10:17 INFO TaskSetManager: Finished task 0.0 in stage 191.0 (TID 82) in 24 ms on
       21/09/27 23:10:17 INFO TaskSchedulerImpl: Removed TaskSet 191.0, whose tasks have all comple
       21/09/27 23:10:17 INFO DAGScheduler: ResultStage 191 (first at MatrixFactorizationModel.scala
       21/09/27 23:10:17 INFO DAGScheduler: Job 18 finished: first at MatrixFactorizationModel.scala
       21/09/27 23:10:17 WARN MatrixFactorizationModel: Product factor does not have a partitioner.
       21/09/27 23:10:17 WARN MatrixFactorizationModel: Product factor is not cached. Prediction cou
       21/09/27 23:10:17 INFO SparkContext: Invoking stop() from shutdown hook
       21/09/27 23:10:17 INFO SparkUI: Stopped Spark web UI at http://YST-PC:4040
       21/09/27 23:10:17 INFO MapOutputTrackerMasterEndpoint: MapOutputTrackerMasterEndpoint stopped
       21/09/27 23:10:18 INFO MemoryStore: MemoryStore cleared
```

图 8-13　运行结果

本章小结

本章首先介绍了机器学习的基本概念，阐述了人工智能、大数据、机器学习和深度学习的关系，介绍了机器学习发展的三个阶段以及机器学习在各行业领域中的应用。通过对机器学习的分类，了解不同的机器学习算法，比如分类算法、回归算法和聚类算法。本章还对机器学习的基本步骤和流程进行详细讲解，包括数据源、数据预处理、模型选择和优化以及部署等阶段。最后对 Spark MLlib 机器学习库中的典型算法进行分析并举例验证，详细讲述了 Spark 生态中 MLlib 机器学习库及常用算法的实现。

练习八

1. 简述什么是机器学习？
2. 机器学习从概念上分为哪三种？
3. 请简述常见的机器学习算法有哪些？
4. 请简述机器学习应用场景。
5. 请简述 MLlib 目前支持的 4 种常见机器学习方法。
6. Spark MLlib 数据类型有哪些？
7. 简述 Spark MLlib 常用算法。
8. 简述聚类算法概念，写出一至两个常见的聚类算法实现方法。

第9章 订单交易监控系统

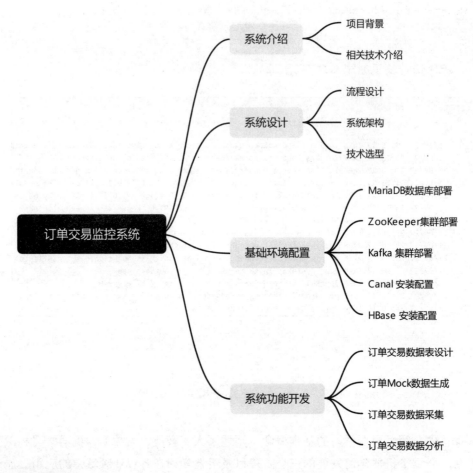

本章导读

本章首先介绍 Spark Streaming 技术开发的项目背景，阐述实际应用中对大数据系统的业务需求，然后分析大数据系统相关技术、数据采集工具、消息队列、系统设计、系统基础配置以及系统功能开发等内容。本章主要基于 Spark Streaming 完成订单交易实时监控平台的搭建，并在搭建过程中使用数据采集、数据清洗、数据分析处理及数据可视化技术。通过对这些内容的学习，读者应掌握大数据系统的工作原理和流程，通过案例分析加深对大数据系统处理过程的理解。

本章要点

- 项目背景分析
- 订单系统设计
- MariaDB、ZooKeeper、Kafka 安装部署
- Kafka、Canal、HBase 配置调试
- 订单系统数据表及数据采集
- 订单数据分析

9.1　系统介绍

本章通过 Spark Streaming 技术开发订单实时交易监控系统（该系统功能主要是利用实时分析统计不断增长的订单业务数据），带领读者学习大数据实时计算框架的开发流程，掌握 Spark 实时计算框架 Spark Streaming 在实际应用中的使用方法。

9.1.1　项目背景

"双十一"是每年 11 月 11 日的电商促销活动节，为了充分利用"双十一"节日的销售契机，电商通过打折促销等活动促进订单交易，2020 年"双十一"活动节 24 小时总成交额为 4982 亿元。现场庆典中，成交额在大屏幕中实时刷新显示，如图 9-1 所示，其中就用到了数据可视化技术。数据可视化是借助于图形化手段，将数据库中的每条数据以图像形式展示在前端页面，清晰有效地传达交易信息的方法。

图 9-1　阿里双十一成交额

9.1.2　相关技术介绍

图 9-1 中大屏幕成交额实时刷新的展示用到了数据可视化技术，大屏展示的数据和订单交易的数据关联等都离不开目前比较火热的大数据分析技术，本节主要就实现交易监控系统所用的相关技术进行简要介绍。

1. 数据可视化

数据可视化并不是简单地把数据变成图表，而是以数据的视角看待世界。换句话说，数据可视化的客体是数据，但我们想要的其实是数据视觉，即以数据为工具、以可视化为手段，目的是描述事实、探索世界。

相对于枯燥的文字，一些有视觉冲击的事物会使印象更深。如在日常的工作汇报中，将采集到的数据信息进行统计、分析，再将数据用图形的方式表达出来，这会对数据的把控更加方便，以便更直观地了解数据情况。在大数据领域常用的数据可视化技术有Echarts、Highcharts、Charts 和 D3 等等。

2. 数据统计分析

数据统计主要是对各类企业日常运营数据的汇总和统计，以辅助企业管理层来进行运营决策。典型的使用场景有周报表、月报表等提供给领导的各类统计报表，市场营销部门通过各种维度组合进行统计分析以制定相应的营销策略等。

3. 数据采集

大数据体系一般分为数据采集、数据计算、数据服务和数据应用几大层次。在数据采集层，主要分为日志采集和数据源同步。数据源同步根据同步的方式可分为直接数据源同步、生成数据文件同步、数据库日志同步。

直接数据源同步是指直接的连接业务数据库，通过规范的接口（如 JDBC）读取目标数据库的数据。这种方式比较容易实现，但如果是业务量比较大的数据源，可能会对性能有所影响。

生成数据文件同步是指从数据源系统现生成数据文件，然后通过文件系统同步到目标数据库里。这种方式适合数据源比较分散的场景，在数据文件传输前后必须做校验，同时还需要适当进行文件的压缩和加密，以提高效率、保障安全。

数据库日志同步是指基于源数据库的日志文件进行同步。现在大多数数据库都支持生成数据日志文件，并且支持用数据日志文件来恢复数据，因此可以使用数据日志文件来进行增量同步。这种方式对系统性能影响较小，同步效率也较高。

数据采集本身不是目的，只有采集到的数据是可用、能用，且能服务于最终应用分析的数据采集才是根本要求。

4. Canal 数据采集工具

Canal 是阿里巴巴旗下的一款开源项目，纯 Java 开发。Canal 基于数据库增量日志解析，提供增量数据订阅和消费，目前主要支持 MySQL（也支持 MariaDB），原理相对比较简单，主要工作过程如下：

（1）Canal 模拟 MySQL Slave 的交互协议，伪装自己为 MySQL Slave，向 MySQL Master 发送 dump 协议。

（2）MySQL Master 收到 dump 请求，开始推送 binary log 给 Slave（也就是 Canal）。

（3）Canal 解析 binary log 对象（原始为 byte 流）。

5. Kafka 消息队列

Kafka 是由 Apache 软件基金会开发的一个开源流处理平台，主要由 Scala 和 Java 语言编写。它是一种高吞吐量分布式发布订阅消息系统，主要用于在系统或应用程序之间构建可靠的传输实时数据的管道，也可用于构建实时的流数据处理程序。

9.2　系统设计

9.2.1　流程设计

大数据系统分为数据源、数据采集、数据清洗、数据分析、数据存储、数据可视化等多个流程，它们协同工作完成对数据的处理，本章订单交易监控系统的实现就是需要经过

系统设计及技术选型介绍

上述流程来完成。该系统流程按照数据流分为订单系统、数据采集、数据处理、数据存储、数据可视化等环节,如图 9-2 所示。

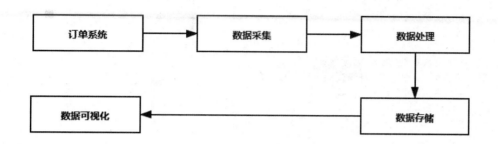

图 9-2 订单交易监控系统业务流程图

9.2.2 系统架构

大数据处理生态中有很多相关技术,这些技术按照使用场景和数据的位置可进行分层,可分为存储层(HDFS 和 Kafka)、计算层(Spark Streaming)、接入层(Kafka)和通道层(Canal)四个层次,这样可以更好地管理数据,如图 9-3 所示。

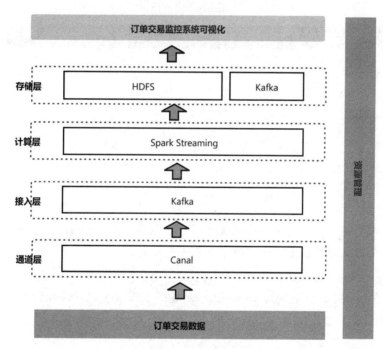

图 9-3 订单交易监控系统架构图

9.2.3 技术选型

结合订单交易监控系统需求,从成熟的技术框架里选择适合本项目的技术,技术选型及业务流程如图 9-4 所示。本项目数据源采用 MariaDB 数据库存储订单数据,通过 Canal 组件从 MariaDB 数据库中采集订单业务数据,并存入 Kafka 形成消息队列。然后由 Spark Streaming 计算框架从 Kafka 队列中消费数据并进行数据分析,分析结果以 HBase 形式存储,最后利用 Spring 框架读取数据并展示到前端。

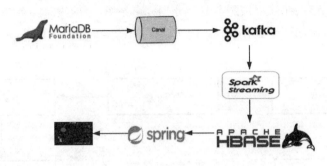

图 9-4 技术选型

基础环境的配置及启动

9.3 基础环境配置

实现订单交易监控系统需要进行基础环境配置，配置过程需要必备的组件，如 MariaDB、ZooKeeper、Hbase、Canal 和 Kafka 等。基于良好的基础环境和集群环境项目才能够顺利完成开发，本项目实施所需的基础环境包括三个节点，不同节点部署所需的组件，见表 9-1。

表 9-1 部署组件

	版本	node1	node2	node3	node4
MariaDB	8.0				√
ZooKeeper	3.4.6		√	√	√
Hbase	2.0.5	√	√	√	√
Canal	1.0.17			√	
Kafka	2.12-2.5.0		√	√	√

9.3.1 MariaDB 数据库部署

订单交易监控系统的分析数据来源于订单交易数据，MariaDB 数据库作为订单数据的存储数据库，安装运行在 Linux 集群中 node4 机器上。

1. 安装服务

首先，在 node4 机器上通过 yum 源安装 MariaDB，安装之前需保证系统可以正常连网，并且网络 yum 源配置正确无误。以上基础条件具备后通过命令安装，安装命令如下：

```
[root@node4 ~]# yum install -y mariadb-server
```

2. 设置默认编码

为了统一数据编码，数据库字符编码设置为 UTF-8，如之前安装过数据库并完成上述设置，则此步骤可省略。

（1）编辑 /etc/my.cnf。

```
[root@node4 ~]# vi /etc/my.cnf
```

（2）在 [mysqld] 标签下添加以下内容。

```
default-storage-engine = innodb
innodb_file_per_table
```

```
max_connections = 4096
collation-server = utf8_general_ci
character-set-server = utf8
```

（3）编辑 /etc/my.cnf.d/client.cnf。

```
vi /etc/my.cnf.d/client.cnf
```

（4）在 [client] 标签下添加以下内容。

```
default-character-set=utf8
```

（5）编辑 /etc/my.cnf.d/mysql-clients.cnf。

```
vi /etc/my.cnf.d/mysql-clients.cnf
```

（6）在 [mysql] 标签下添加以下内容。

```
default-character-set=utf8
```

3. 安全设置

首次安装数据库需要进行安全设置，在系统中执行如下命令：

```
[root@node4 ~]# mysql_secure_installation
```

在执行上面命令后按 Enter 键，并在弹出的提示框内根据需要输入 Y 或 N。

注意：上述命令执行时，会依次出现设置新密码、禁用远程登录、删除测试数据库、刷新数据库四种操作，建议依次输入 Y、N、Y、Y。

4. 授权

设置完相关配置后输入如下命令启动服务，启动完成后验证服务状态，如图 9-5 所示。

```
[root@node4 ~]# systemctl start mariadb
[root@node4 ~]# systemctl enable mariadb
[root@node4 ~]# systemctl status mariadb
```

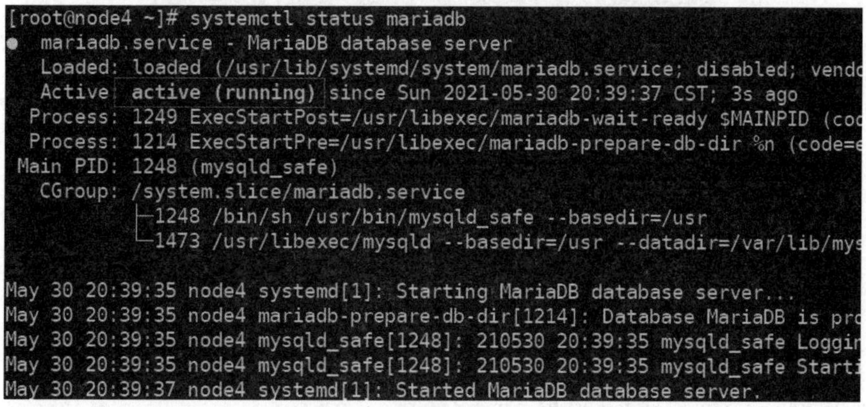

```
[root@node4 ~]# systemctl status mariadb
● mariadb.service - MariaDB database server
   Loaded: loaded (/usr/lib/systemd/system/mariadb.service; disabled; vendo
   Active: active (running) since Sun 2021-05-30 20:39:37 CST; 3s ago
  Process: 1249 ExecStartPost=/usr/libexec/mariadb-wait-ready $MAINPID (cod
  Process: 1214 ExecStartPre=/usr/libexec/mariadb-prepare-db-dir %n (code=e
 Main PID: 1248 (mysqld_safe)
   CGroup: /system.slice/mariadb.service
           ├─1248 /bin/sh /usr/bin/mysqld_safe --basedir=/usr
           └─1473 /usr/libexec/mysqld --basedir=/usr --datadir=/var/lib/mys

May 30 20:39:35 node4 systemd[1]: Starting MariaDB database server...
May 30 20:39:35 node4 mariadb-prepare-db-dir[1214]: Database MariaDB is pro
May 30 20:39:35 node4 mysqld_safe[1248]: 210530 20:39:35 mysqld_safe Loggin
May 30 20:39:35 node4 mysqld_safe[1248]: 210530 20:39:35 mysqld_safe Starti
May 30 20:39:37 node4 systemd[1]: Started MariaDB database server.
```

图 9-5 MariaDB 数据库启动

服务正常启动后登录数据库并进行授权操作，授权完成后进行查看，查看结果如下：

```
[root@node4 ~]# mysql -uroot -p123456
MariaDB [mysql]> GRANT ALL PRIVILEGES ON *.* TO 'root'@'%' IDENTIFIED BY '123456' WITH
GRANT OPTION;
CREATE USER canal IDENTIFIED BY 'canal';
GRANT SELECT, REPLICATION SLAVE, REPLICATION CLIENT ON *.* TO 'canal'@'%';
MariaDB [mysql]> flush PRIVILEGES;
```

5. 开启 binlog

对于自建 MariaDB 数据库，需要先开启 binlog 写入功能，配置 binlog-format 为 ROW 模式，my.cnf 中配置如下：

```
[root@node4 ~]vi /etc/my.cnf.d/server.cnf
[mysqld]
log-bin=mysql-bin    # 开启 binlog
binlog-format=ROW  # 选择 ROW 模式
server_id=1  #server_id 为配置 MySQL replaction，不要和 canal 的 slaveId 重复
[root@node4 ~]# systemctl restart mariadb
```

6. 验证

最后登录数据库进行验证，保证所有配置均已生效。

（1）使用 MySQL 命令登录数据库。

```
[root@node4 ~]# mysql -u root -p123456
```

-u 参数后面为用户名，这里是 root 用户；-p 参数后面为密码，此处密码为 123456，但实际工作中必须满足密码复杂要求。

【长知识】设置复杂密码建议满足以下规则：①数字、大写字母、小写字母、特殊符号，4 个类别最少选择 3 个类别；②密码长度尽可能足够长，一般大于 7 位；③最好使用随机字符串，不要使用易记的字符串；④要定期进行密码更换，一般是两个月；⑤密码的循环周期要大，比如你不能把密码更换为最近使用过的密码。

（2）验证 binlog 是否开启（图 9-6）。

```
MariaDB [(none)]> show variables like "%bin%";
```

```
MariaDB [(none)]> show variables like "%bin%";
+-----------------------------------------+----------------------+
| Variable_name                           | Value                |
+-----------------------------------------+----------------------+
| binlog_annotate_row_events              | OFF                  |
| binlog_cache_size                       | 32768                |
| binlog_checksum                         | NONE                 |
| binlog_direct_non_transactional_updates | OFF                  |
| binlog_format                           | ROW                  |
| binlog_optimize_thread_scheduling       | ON                   |
| binlog_stmt_cache_size                  | 32768                |
| innodb_locks_unsafe_for_binlog          | OFF                  |
| log_bin                                 | ON                   |
| log_bin_trust_function_creators         | OFF                  |
| max_binlog_cache_size                   | 18446744073709547520 |
| max_binlog_size                         | 1073741824           |
| max_binlog_stmt_cache_size              | 18446744073709547520 |
| sql_log_bin                             | ON                   |
| sync_binlog                             | 0                    |
+-----------------------------------------+----------------------+
15 rows in set (0.00 sec)
```

图 9-6 查看 binlog 状态

（3）查看授权状态（图 9-7）。

```
MariaDB [(none)]> select User, host from mysql.user;
```

```
MariaDB [(none)]> select User, host from mysql.user;
+-------+-----------+
| User  | host      |
+-------+-----------+
| canal | %         |
| root  | %         |
| root  | 127.0.0.1 |
| root  | ::1       |
| root  | localhost |
| root  | node4     |
+-------+-----------+
6 rows in set (0.00 sec)
```

图 9-7 查看授权情况

9.3.2　ZooKeeper 集群部署

由于系统中 Kafka 和 HBase 均已使用 ZooKeeper 来实现元数据保存，所以需要提前安装 ZooKeeper。本节为了数据的可靠，使用了三台机器作为 ZooKeeper 集群，安装的主机节点请参见表 9-1，安装过程如下：

1. 主机 hosts 文件

在已有主机名基础上添加如下映射，如果已存在该映射，则此步骤可以省略。

```
[root@node2 conf]# vi /etc/hosts
127.0.0.1      localhost  # 当前 ip 地址和 localhost 进行映射
```

2. 解压

在 ZooKeeper 安装之前，先从网站上下载适合 Linux 版本的 tar 包，下载地址参考 ZooKeeper 官方网站，本节使用 zookeeper-3.4.6 版本。下载后把安装包上传到 node2 上，并解压安装包到 /opt 目录下。

```
[root@node2 ~]# tar -zxvf zookeeper-3.4.6.tar.gz -C /opt/
[root@node2 ~]# mv /opt/zookeeper-3.4.6/ /opt/zookeeper
```

3. 修改配置文件

在 conf 目录下修改配置文件，在修改之前要进行备份，以免出现故障时恢复配置文件。

```
[root@node2 ~]#cd /opt/zookeeper/conf/
[root@node2 conf]#cp zoo_sample.cfg zoo.cfg
[root@node2 conf]#vi zoo.cfg
dataDir=/hadoop-full/zookeeper # 12 行修改为如下内容
server.1=node2:2888:3888      # 服务器 1 主机名及通信端口
server.2=node3:2888:3888      # 服务器 2 主机名及通信端口
server.3=node4:2888:3888      # 服务器 3 主机名及通信端口
```

以上配置中 dataDir 为 ZooKeeper 数据存储目录，server 的值是 ZooKeeper 集群主机名及端口号。

4. 添加环境变量

为了全局使用 ZooKeeper 命令，在环境变量中添加如下配置：

```
[root@node2 ~]# vi /etc/profile.d/hadoop.sh
export JAVA_HOME=/opt/jdk #Java 环境安装目录
export HADOOP_HOME=/opt/hadoop #Hadoop 安装目录
export ZOOKEEPER_HOME=/opt/zookeeper #ZooKeeper 安装目录
export PATH=$PATH:$JAVA_HOME/bin:$HADOOP_HOME/sbin:$HADOOP_HOME/bin: $ZOOKEEPER_
HOME/bin # 环境变量输出
```

5. 创建工作目录

在指定目录下创建 ZooKeeper 工作目录，并把配置文件中服务器顺序对应写到 myid 文件中。

```
[root@node2 ~]# mkdir -p /hadoop-full/zookeeper
[root@node2 ~]# echo 1 >/hadoop-full/zookeeper/myid
```

6. 分发文件到 node3 和 node4 两台主机

在 node2 机器中配置完成以后，把配置好的安装目录和配置文件远程拷贝到 node3 和 node4 中，并在 node3 和 node4 中修改 myid 文件。

```
[root@node2 conf]# scp /etc/hosts node3:/etc/hosts
[root@node2 conf]# scp /etc/hosts node4:/etc/hosts
[root@node2 ~]# scp /etc/profile.d/hadoop.sh node3:/etc/profile.d/
[root@node2 ~]# scp /etc/profile.d/hadoop.sh node4:/etc/profile.d/
[root@node2 ~]# scp -r /opt/zookeeper node3:/opt/
[root@node2 ~]# scp -r /opt/zookeeper node4:/opt/
[root@node2 ~]# scp -r /hadoop-full/zookeeper node3:/hadoop-full/
[root@node2 ~]# scp -r /hadoop-full/zookeeper node4:/hadoop-full/
[root@node3 ~]# echo 2 >hadoop-full/zookeeper/myid
[root@node4 ~]# echo 3 >hadoop-full/zookeeper/myid
```

7. 编译环境变量

配置完成以后在 node2、node3 和 node4 主机上执行 source，让环境变量生效。

```
[root@node2 ~]# source /etc/profile
[root@node3 ~]# source /etc/profile
[root@node4 ~]# source /etc/profile
```

8. 启动集群

在 node2、node3、node4 三台机器上执行启动命令。

```
[root@node2 ~]# zkServer.sh start
[root@node3 ~]# zkServer.sh start
[root@node4 ~]# zkServer.sh start
```

9. 查看集群状态

查看服务状态来确认 ZooKeeper 是否正常启动，启动后状态如图 9-8 至图 9-10 所示。

```
[root@node2 ~]# zkServer.sh status
[root@node3 ~]# zkServer.sh status
[root@node4 ~]# zkServer.sh status
```

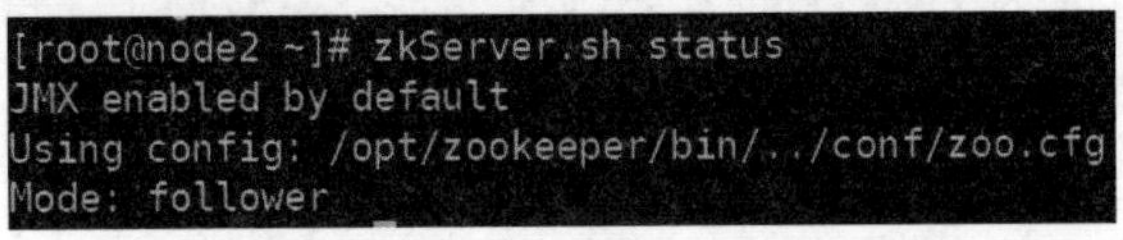

图 9-8　node2 的 ZooKeeper 服务状态

图 9-9　node3 的 ZooKeeper 服务状态

图 9-10　node4 的 ZooKeeper 服务状态

图 9-9 中服务为 leader 状态，图 9-8 和图 9-10 中服务为 follower 状态。

10. 登录 ZooKeeper

成功启动后，使用 ZooKeeper 提供的客户端进行登录验证，验证结果如图 9-11 所示。

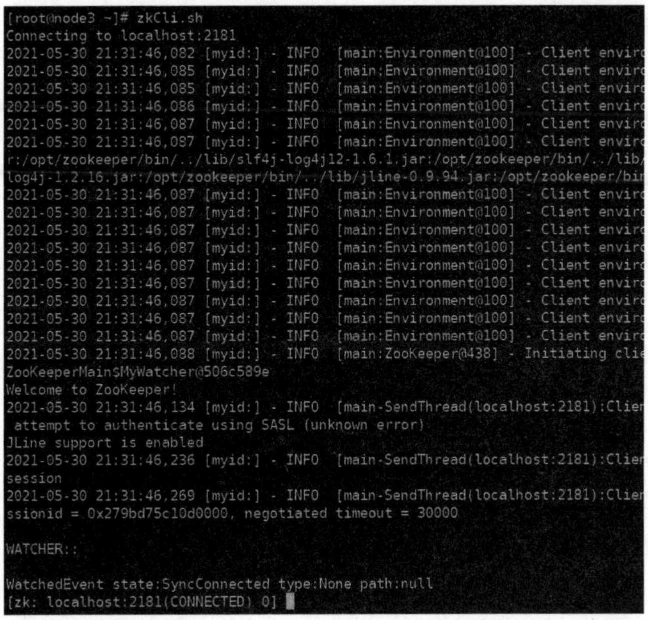

图 9-11　登录 ZooKeeper

9.3.3　Kafka 集群部署

越来越多的互联网公司在项目中采用 Kafka 作为消息队列解决方案。本项目从 MariaDB 数据库中采集订单数据，然后由 Canal 组件存储到 Kafka 集群的队列中，并等待 Spark Streaming 进行消费。本节介绍如何安装和配置 Kafka。

1. 下载 Kafka 并解压

官方网站提供最新版本为 2.8.0，使用版本与所采用 Scala 语言版本也有关系，为了兼容整个项目，这里使用的是 Kafka 2.5.0 版本，读者也可以从官方网站下载进行解压，也可以使用本书提供的 tar 包直接解压。

```
[root@node3 ~]# tar -zxvf kafka_2.12-2.5.0.tgz -C /opt/
[root@node3 kafka]# mv /opt/kafka_2.12-2.5.0 /opt/kafka
```

2. 修改配置文件

进入 Kafka 安装目录下的 config 文件夹，打开 server.properties，修改如下配置：

```
listeners=PLAINTEXT://192.168.30.113:9092
broker.id=1
log.dirs=/tmp/kafka-logs
```

以上配置中 listeners 是 ZooKeeper 的链接信息，broker.id 是当前 Kafka 实例的 id，log.dirs 是 Kafka 存储消息内容的路径。

3. 启动 Kafka

进入 Kafka 根目录执行 bin/kafka-server-start.sh config/server. properties，此命令告诉 Kafka 启动时使用 config/server.properties 配置项。

启动 Kafka 后，如果控制台没有报错信息，那么 Kafka 启动成功，可以通过查看 ZooKeeper 相关节点值来确认，步骤如下：

（1）启动 ZooKeeper 的 client，进入 ZooKeeper 根目录，执行 bin/zkCli.sh，启动成功后如图 9-10 所示。

（2）输入命令 ls /brokers，显示信息如图 9-12 所示。

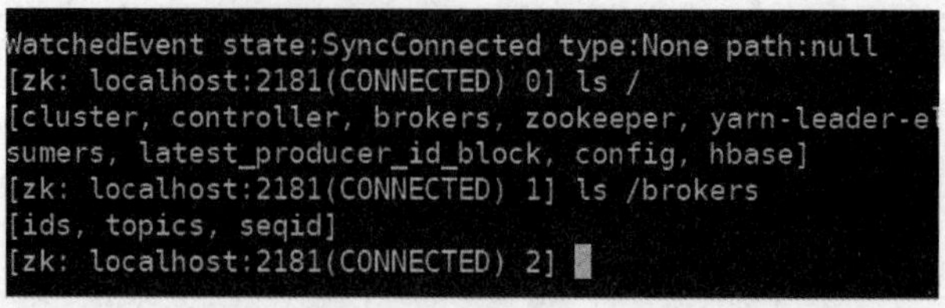

```
WatchedEvent state:SyncConnected type:None path:null
[zk: localhost:2181(CONNECTED) 0] ls /
[cluster, controller, brokers, zookeeper, yarn-leader-e
sumers, latest_producer_id_block, config, hbase]
[zk: localhost:2181(CONNECTED) 1] ls /brokers
[ids, topics, seqid]
[zk: localhost:2181(CONNECTED) 2]
```

图 9-12　ZooKeeper brokers 节点

这些子节点存储 Kafka 集群管理的数据，broker 是 Kafka 的一个服务单元实例。

9.3.4　Canal 安装配置

1. 下载并解压

下载 Canal，解压缩 tar 包。

```
[root@node3 ~]#wget https://github.com/alibaba/canal/releases/download/canal-1.0.17 /canal. deployer- 1.0.17.tar.gz
[root@node3 ~]#mkdir /opt/canal
[root@node3 ~]#tar zxvf canal.deployer-1.0.17.tar.gz  -C /opt/canal
```

解压完成后，进入 /tmp/canal 目录，显示如下结构。

```
[root@node3 canal]# ll
total 4
drwxr-xr-x 2 root root   93 Jul 19 21:03 bin
drwxr-xr-x 5 root root  144 Jul 18 12:08 conf
drwxr-xr-x 2 root root 4096 May 23 12:18 lib
drwxrwxrwx 4 root root   34 May 23 12:34 logs
drwxrwxrwx 2 root root  177 Apr 19 16:15 plugin
```

2. 修改 Canal 配置文件

```
[root@node3 ~]#vi /opt/canal/conf/canal.properties # 配置文件名称 canal.properties
#canal.serverMode = kafka  # 指定服务模式
#canal.mq.servers = 192.168.30.112:9092,192.168.30.113:9092,192.168.30.114:9092
# 集群配置
canal.mq.retries = 0
canal.mq.batchSize = 16384
canal.mq.maxRequestSize = 1048576
canal.mq.lingerMs = 1
canal.mq.bufferMemory = 33554432
canal.mq.canalBatchSize = 50 # 批次大小默认 50K
canal.mq.canalGetTimeout = 100 # 数据的超时时间
canal.mq.flatMessage = false  # 是否为 flat JSON 格式对象
canal.mq.compressionType = none
canal.mq.acks = all
canal.mq.transaction = false # kafka 消息投递是否使用事务
[root@node3 ~]#vi /opt/canal/conf/example/instance.properties
...
canal.instance.master.address=192.168.1.20:3306 # 按需修改成自己的数据库信息
...
canal.instance.dbUsername = canal   # 数据库的用户名
canal.instance.dbPassword = canal   # 密码
...
```

```
canal.mq.topic=example  # 队列配置
#canal.mq.dynamicTopic=mytest,.*,mytest.user,mytest\\..*,.*\\..*
# 针对库名或者表名发送动态 topic
canal.mq.partition=0
# hash partition config
#canal.mq.partitionsNum=3
# 库名 . 表名 : 唯一主键，多个表之间用逗号分隔
#canal.mq.partitionHash=mytest.person:id,mytest.role:id
```

（1）canal.mq.dynamicTopic 参数。除了指定特定的 topic 外，还可以支持动态 topic，支持配置格式为 schema 或 schema.table，多个配置之间使用逗号或分号分隔，具体配置案例见表 9-2。

表 9-2　canal.mq.dynamicTopic 表达式说明

表达式	说明
test\\.test	指定匹配的单表，发送到以 test_test 为名字的 topic 上
.*\\..*	匹配所有表，每个表都会发送到各自表名的 topic 上
test	指定匹配对应的库，一个库的所有表都会发送到库名的 topic 上
test\\..*	指定匹配的表达式，针对匹配的表会发送到各自表名的 topic 上
test,test1\\.test1	指定多个表达式，会将 test 库的表都发送到 test 的 topic 上，test1\\.test1 的表发送到对应的 test1_test1 topic 上，其余的表发送到默认的 canal.mq.topic 上

注意：可以结合业务需求设置匹配规则，建议开启消息队列系统自动创建 topic 的功能。

（2）canal.mq.partitionHash 参数。支持分区配置格式为 schema.table:pk1^pk2，多个配置之间使用逗号分隔，具体配置见表 9-3。

表 9-3　canal.mq.partitionHash 表达式说明

表达式	说明
test\\.test:pk1^pk2	指定匹配的单表，对应的 hash 字段为 pk1 + pk2
.*\\..*:id	正则匹配，指定所有正则匹配的表对应的 hash 字段为 id
.*\\..*:pk	正则匹配，指定所有正则匹配的表对应的 hash 字段为表主键（自动查找）
.*\\..*	不指定 pk 信息的正则匹配，将所有正则匹配的表，对应的 hash 字段为表名
test\\.test:id,.\\..*	针对 test 的表按照 id 散列，其余的表按照 table 散列

注意：可以结合业务需求设置匹配规则，多条匹配规则之间按照顺序进行匹配（命中一条规则就返回）。

3. 启动 Canal

```
[root@node3 ~]#cd /opt/canal/
[root@node3 ~]#sh bin/startup.sh
```

启动结果如图 9-13 所示。

4. 查看日志

（1）查看 logs/canal/canal.log。

```
[root@node3 ~]# vi /opt/canal/logs/canal/canal.log
```

图 9-13　Canal 启动结果

（2）查看 instance 的日志。

```
[root@node3 ~]# vi /opt/canal/logs/example/example.log
```

5. 关闭

```
[root@node3 ~]#cd /opt/canal/
[root@node3 ~]#sh bin/stop.sh
```

9.3.5　HBase 安装配置

1. HBase 解压安装

```
[root@node1 ~]# tar -zxvf hbase-2.0.5-bin.tar.gz -C /opt/
[root@node1 opt]# mv hbase-2.0.5 hbase
[root@node1 ~]# rm -rf /opt/hbase/docs/
```

2. 环境变量设置

```
[root@node1 opt]# vi /etc/profile.d/hadoop.sh
export HBASE_HOME=/opt/hbase
export PATH=$PATH:$JAVA_HOME/bin:$HADOOP_HOME/sbin:$HADOOP_HOME/bin:$HBASE_
          HOME/bin
[root@node1 ~]# source /etc/profile
```

3. 修改配置文件

（1）修改 hbase-site.xml 文件。

```
[root@node1 ~]# vi /opt/hbase/conf/hbase-site.xml
<configuration>
    <property>
<!-- hbase 开启分布式集群模式 -->
        <name>hbase.cluster.distributed</name>
        <value>true</value>
    </property>
    <property>
<!--hbase 根目录 -->
        <name>hbase.rootdir</name>
        <value>hdfs://mycluster/hbase</value>
    </property>
```

```
        <property>
<!-- 指定 zookeeper 集群地址 -->
        <name>hbase.zookeeper.quorum</name>
        <value>node2:2181,node3:2181,node4:2181</value>
        </property>
        <property>
<!-- 指定 zookeeper 数据目录 -->
        <name>hbase.zookeeper.property.dataDir</name>
        <value>/usr/local/zookeeper</value>
        </property>
</configuration>
```

（2）修改 hbase-env.sh 文件。

```
[root@node1 ~]# vi /opt/hbase/conf/hbase-env.sh # 修改文件名
export HBASE_MANAGES_ZK=false  # 修改 125 行
```

（3）修改 backup-masters 文件。

```
[root@node1 ~]# vi /opt/hbase/conf/backup-masters
node2
```

4. 复制配置文件及安装目录至 node2、node3 和 node4 主机

```
[root@node1 ~]# cp /opt/hadoop/etc/hadoop/core-site.xml /opt/hbase/conf/
[root@node1 ~]# cp /opt/hadoop/etc/hadoop/hdfs-site.xml /opt/hbase/conf/
[root@node1 ~]# scp -r /opt/hbase node2:/opt/
[root@node1 ~]# scp -r /opt/hbase node3:/opt/
[root@node1 ~]# scp -r /opt/hbase node4:/opt/
[root@node1 ~]# cd /opt/hadoop/share/hadoop/yarn/lib/
[root@node1 lib]# mv jline-0.9.94.jar /opt/
```

5. 启动 HBase 及验证

```
[root@node1 ~]# start-hbase.sh
```

输入网址 http://192.168.30.111:16010，弹出页面如图 9-14 所示。

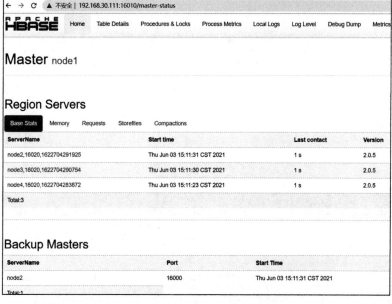

图 9-14 HBase 启动界面

9.4　系统功能开发

9.4.1　订单交易数据表设计

订单交易监控系统围绕着订单系统进行开发，需要从 MariaDB 数据库中采集订单相关数据，表 9-4 至表 9-8 是订单相关数据表及相关说明。

1.　产品类别表

产品类别表是产品表数据中所关联的产品类别 ID 所在外键表，主要存储产品类别名，如电器、衣服等产品分类信息，见表 9-4。

表 9-4　产品类别表

字段名	字段类型	备注
id	INT	主键
name	VARCHAR(50)	类别名称
create_time	DATETIME	创建时间
update_time	DATETIME	修改时间

2.　产品表

产品表主要存储用户名、类别 ID、产品类别、产品价格、创建时间和修改时间等信息，见表 9-5。

表 9-5　产品表

字段名	字段类型	备注
id	INT	主键
name	VARCHAR(50)	用户名
category	INT	产品类别
price	DECIMAL	产品价格
create_time	DATETIME	创建时间
update_time	DATETIME	修改时间

3.　用户表

用户表主要存储用户信息，如用户名、手机号、所在城市、注册时间等信息，见表 9-6。

表 9-6　用户表

字段名	字段类型	备注
id	INT	主键
username	VARCHAR(100)	用户名
mobile	VARCHAR(11)	手机号
city	INT	所在城市

字段名	字段类型	备注
register_time	DATETIME	注册时间
create_time	DATETIME	创建时间
update_time	DATETIME	修改时间
sex	INT	性别

4. 城市表

城市表主要存储城市信息，如城市名称、主键 ID 和上级城市等信息，见表 9-7。

表 9-7　城市表

字段名	字段类型	备注
id	INT	主键
name	VARCHAR(100)	城市名称
keys	INT	上级城市
create_time	DATETIME	创建时间
update_time	DATETIME	修改时间

5. 订单表

订单表是本项目分析数据指标所用的关键的表，本表存储订单相关信息，如订单号、用户 ID、产品 ID、订单时间、订单状态、总金额等信息，字段信息见表 9-8。

表 9-8　订单表

字段名	字段类型	备注
id	INT	主键
orderno	VARCHAR(20)	订单号
product_id	INT	产品 ID
user_id	INT	用户 ID
order_time	DATETIME	订单时间
order_status	INT	订单状态
buy_count	INT	购买数量
total_price	DECIMAL	总金额
create_time	DATETIME	创建时间
update_time	DATETIME	修改时间

9.4.2　订单 Mock 数据生成

在 9.4.1 节中完成了订单系统相关表结构及字段的设计，在本节中要完成订单表及用户表数据生成，数据通过 Spring Boot 项目测试类生成，并通过 JdbcTemplate 写入数据。

1. Spring Boot 项目构建

首先在 IDEA 工具中新建 Spring Boot 项目，构建过程如图 9-15 所示。

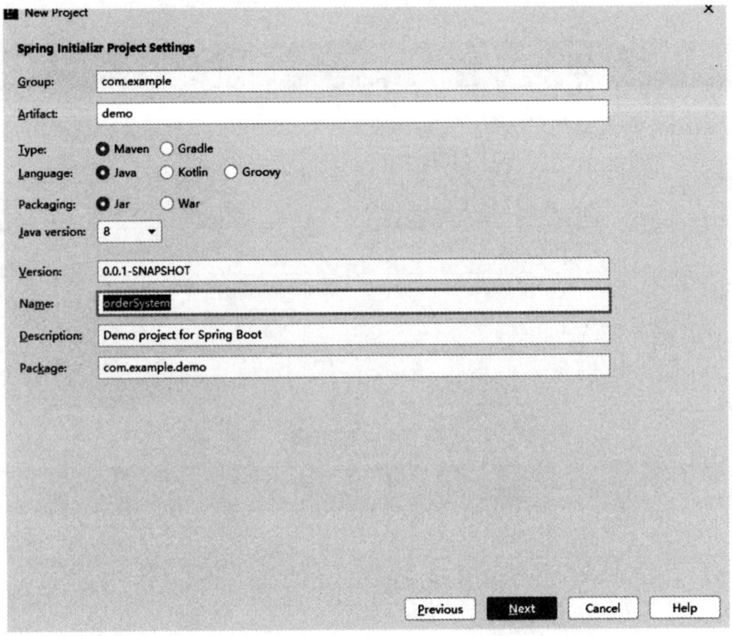

图 9-15　Spring Boot 项目构建

创建项目后在 pox.xml 中添加相关数据库依赖，添加依赖如下：

```xml
<dependencies>
  <dependency>
    <groupId>org.springframework.boot</groupId>
    <artifactId>spring-boot-starter-jdbc</artifactId>
  </dependency>
  <dependency>
    <groupId>mysql</groupId>
    <artifactId>mysql-connector-java</artifactId>
    <scope>runtime</scope>
  </dependency>
  <dependency>
    <groupId>org.springframework.boot</groupId>
    <artifactId>spring-boot-starter-test</artifactId>
    <scope>test</scope>
</dependency>
</dependencies>
```

2. 用户信息

在 Spring Boot 项目单元测试中添加模拟用户数据 registerUser 方法，其核心代码如下：

```java
package com.yaosutu;
import org.junit.jupiter.api.Test;
import org.springframework.beans.factory.annotation.Autowired;
import org.springframework.boot.test.context.SpringBootTest;
import org.springframework.jdbc.core.JdbcTemplate;
import org.springframework.jdbc.core.RowMapper;
import java.math.BigDecimal;
import java.sql.ResultSet;
import java.sql.SQLException;
import java.text.SimpleDateFormat;
import java.util.Date;
import java.util.List;
```

```
@SpringBootTest
class OrderdataApplicationTests {
  @Test
  void registerUser() throws InterruptedException {
    int m=0;
    while (m<200)// 注册 200 个模拟用户
    {
      String username = Utils.getStringRandom(9); // 用户名
      String mobile =Utils.getPhone(); // 手机号
      Date time = Utils.randomDate("2020-01-01", "2021-06-01");// 注册时间
      int cityId=Integer.parseInt(Utils.getRandom(1,3500)); // 城市 ID
      int sex=Integer.parseInt(Utils.getRandom(1,1));
      int result = jdbcTemplate.update("insert into `user`(username,mobile,register_time,`city`,create_
time,sex)values(?,?,?,?,?,?)",
          username, mobile, time, cityId, time,sex
      );
      if(result>0)
      {
        System.out.println(" 用户 :"+username+"---> 注册成功 ");
        m++;
      }
    }
  }
}
```

执行以上代码并进行模拟用户添加，用户注册程序结果如图 9-16 所示，用户注册数据库结果如图 9-17 所示。

图 9-16　用户注册程序结果

图 9-17　用户注册数据库结果

3. 模拟订单数据

在 Spring Boot 项目单元测试中添加模拟订单数据 productOrder 方法，其核心代码如下：

```java
package com.yaosutu;
import org.junit.jupiter.api.Test;
import org.springframework.beans.factory.annotation.Autowired;
import org.springframework.boot.test.context.SpringBootTest;
import org.springframework.jdbc.core.JdbcTemplate;
import org.springframework.jdbc.core.RowMapper;
import java.math.BigDecimal;
import java.sql.ResultSet;
import java.sql.SQLException;
import java.text.SimpleDateFormat;
import java.util.Date;
import java.util.List;
@SpringBootTest
class OrderdataApplicationTests {
@Autowired
  private JdbcTemplate jdbcTemplate;
  @Test
  void productOrder() throws InterruptedException {
    int n=1;
    while (n<1000)
    {
String orderNo=Utils.getOrderIdByTime(); // 模拟订单号生成
Date date = Utils.randomDate("2021-06-05", "2021-06-06");// 生成订单时间
SimpleDateFormat sdf=new SimpleDateFormat("yyyy-MM-dd HH:mm:ss");
String format = sdf.format(date);
int userid = Integer.parseInt(Utils.getRandom(1, 200)); // 用户 ID
    int productId = Integer.parseInt(Utils.getRandom(1, 25)); // 产品 ID
int buy_count = Integer.parseInt(Utils.getRandom(1, 3));// 购买数量
BigDecimal db = new BigDecimal(Math.random() * 100);
double total=buy_count * getProduct (productId).getPrice() ; // 订单总金额
StringBuilder sql=new StringBuilder();
sql.append("insert into `order`");
sql.append("(orderno,product_id,user_id,");
sql.append("order_time,order_status,buy_count,");
sql.append("total_price,create_time)");
sql.append("values(?,?,?,?,?,?,?,?)");
int result = jdbcTemplate.update(sql.toString(),
    orderNo, productId, userid, date, 8, buy_count,total , date);
  if(result>0){
    System.out.println("======= 第 "+(n++)+" 条数 =======");
    System.out.println(" 数据信息：订单号 :"+orderNo+", 产品 ID:"+productId+", 用户 ID:"+userid+",
订单时间 :"+format+", 订单状态 :8,购买数量 :"+buy_count+", 总金额 :"+total);
    }
    Thread.sleep(3000);
   }
  }
}
```

执行以上代码并进行模拟用户添加，订单生成程序结果如图 9-18 所示，订单生成数据库结果如图 9-19 所示。

图 9-18　订单生成程序结果

图 9-19　订单生成数据库结果

9.4.3　订单交易数据采集

订单交易数据采集使用了开源数据库数据采集组件 Canal，该组件安装部署在 9.3 节中已讲解，本节主要介绍数据采集所需配置文件及结果演示。

1. Kafka 集群启动

因为本项目中 Canal 从 MariaDB 数据库中采集的数据存储到 Kafka 集群中，所以 Canal 启动前必须启动 Kafka 集群，启动命令如下：

```
[root@node2 ~]# cd /opt/kafka/
[root@node2 kafka]# sh bin/kafka-server-start.sh config/server.properties
[root@node3 ~]# cd /opt/kafka/
[root@node3 kafka]# sh bin/kafka-server-start.sh config/server.properties
[root@node4 ~]# cd /opt/kafka/
[root@node4 kafka]# sh bin/kafka-server-start.sh config/server.properties
```

为了测试数据的准确性，启动集群后把原来的 topic 数据删除。

```
[root@node3 bin]# sh kafka-topics.sh --delete --zookeeper node2:2181 --topic example
```

2. Canal 软件配置及启动

在完成 Kafka 集群启动后，需要配置和启动 Canal 软件，启动前需要配置 canal. properties 文件，该文件设置如下：

```
[root@node3 bin]# vi  /opt/canal/conf/canal.properties
............
# tcp, kafka, rocketMQ, rabbitMQ
```

```
canal.serverMode = kafka
............
kafka.bootstrap.servers = 192.168.30.112:9092,192.168.30.112:9093,192.168.30.114:9092
kafka.acks = all
kafka.compression.type = none
kafka.batch.size = 16384
kafka.linger.ms = 1
kafka.max.request.size = 1048576
kafka.buffer.memory = 33554432
kafka.max.in.flight.requests.per.connection = 1
kafka.retries = 0
kafka.kerberos.enable = false
kafka.kerberos.krb5.file = "../conf/kerberos/krb5.conf"
kafka.kerberos.jaas.file = "../conf/kerberos/jaas.conf"
#instance.properties 文件配置如下：
[root@node3 bin]# vi /opt/canal/conf/example/instance.properties
vi  /opt/canal/conf/example/instance.properties
............
canal.instance.mysql.slaveId=1234
............
canal.instance.filter.regex=.*\\..*
............
canal.mq.topic=example
```

启动 Canal 软件，该软件能以集群形式启动，支持单机启动。本节使用单机启动。

```
[root@node3 ~]# cd /opt/canal
[root@node3 bin]# sh startup.sh
```

通过 Kafka 可视化工具连接 Kafka，并查看队列中是否有正常数据进入（本文中使用 Offset Explorer 工具），显示结果如图 9-20 所示。

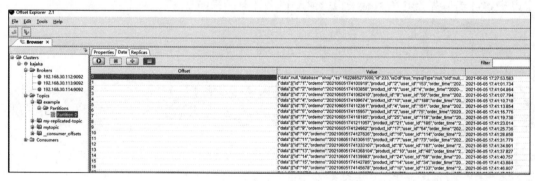

图 9-20　Kafka 队列数据

订单交易数据分析代码讲解

9.4.4　订单交易数据分析

在 9.4.3 节中把 MariaDB 数据库中新添加的订单数据放入 Kafka 队列中，在本节将从 Kafka 队列中消费订单交易数据，利用 Spark Streaming 进行分析。项目构建过程在第七章中有详细介绍，所以这里不再赘述。

1. 分析实时交易数据

该模块为分析实时交易数据，从 Kafka 消息队列中实时获取交易数据并进行分析，分析代码如下所示：

```scala
package metric_compute
import com.alibaba.fastjson.{JSON, JSONArray, JSONObject}
import org.apache.kafka.common.serialization.StringDeserializer
import org.apache.spark.SparkConf
import org.apache.spark.streaming.dstream.DStream
import org.apache.spark.streaming.kafka010.ConsumerStrategies.Subscribe
import org.apache.spark.streaming.kafka010.KafkaUtils
import org.apache.spark.streaming.kafka010.LocationStrategies.PreferConsistent
import org.apache.spark.streaming.{Seconds, StreamingContext}
import java.text.SimpleDateFormat
object MetricComputeJob {
 def main(args: Array[String]): Unit = {
  val conf: SparkConf = new SparkConf()
  .setAppName("metric")
  .setMaster("local[2]")
  .set("spark.serializer", "org.apache.spark.serializer.KryoSerializer")// 定义配置文件
  val ssc: StreamingContext = new StreamingContext(conf,Seconds(5))// 创建 StreamingContext
  ssc.checkpoint("D:\\bigdata\\spark-streaming\\data\\checkpoint")
  ssc.sparkContext.setLogLevel("ERROR") // 日志级别为 ERROR
  val kafkaParams = Map[String, Object](
    "bootstrap.servers" -> "192.168.30.112:9092,192.168.30.113:9092,192.168.30.114:9092",
    "key.deserializer" -> classOf[StringDeserializer],
    "group.id" -> "groupId",
    "value.deserializer" -> classOf[StringDeserializer],
    "auto.offset.reset" -> "latest"
  )//Kafka 配置信息
  val topics = Array("example") // 从指定 topic 读取 Kafka 数据
  val kafkaStreaming=KafkaUtils.createDirectStream[String,String](
    ssc,
    PreferConsistent,
    Subscribe[String, String](topics, kafkaParams)
  )//kafka dsStream
  val orderStream = kafkaStreaming.map[JSONObject](line => {
    JSON.parseObject(line.value)
  }).filter(jsonObject => {
    null != jsonObject && "shop".equals(jsonObject.getString("database")) && "order".equals(jsonObject.
getString("table"))
  }).map(jsonObject => {
    val data: JSONArray = jsonObject.getJSONArray("data")
    JSON.parseObject(data.get(0).toString)
  }).map(jsonData => {
    val orderno =jsonData.get("orderno").toString
    val order_time = jsonData.get("order_time").toString
    val total_price =BigDecimal.apply(jsonData.get("total_price").toString)
    val user_id = BigInt.apply(jsonData.get("user_id").toString)
    val product_id =BigInt.apply(jsonData.get("product_id").toString)
    val buy_count = BigInt.apply(jsonData.get("buy_count").toString)
    val sdf = new SimpleDateFormat("yyyy-MM-dd HH:mm:ss")
    val tmp = sdf.parse(order_time)
    val date = sdf.format(tmp)
    (orderno,date,user_id,product_id,buy_count, total_price)
  })// 订单离散流
```

```
val orderDs: DStream[(String, String, String, String, String, String)] = orderStream.map(x => {
  ("时间:"+x._2,"用户:"+x._3,"产品:"+x._1,"订单号:"+x._1,"购买数量:"+x._5,"总金额:"+x._6)
})
orderDs.print()
ssc.start()
ssc.awaitTermination()
  }
}
```

上述代码的主要功能是把订单系统中交易信息实时输出到控制台，实现结果如图 9-21 所示。

```
-------------------------------------------
Time: 1622952785000 ms
-------------------------------------------
(时间:2021-06-06 22:46:22,用户:20,产品:2021060612130010106,订单号:2021060612130010106,购买数量:1,总金额:6299.0)
(时间:2021-06-06 09:39:37,用户:10,产品:20210606121303265,订单号:20210606121303265,购买数量:3,总金额:536.10)

-------------------------------------------
Time: 1622952790000 ms
-------------------------------------------
(时间:2021-06-06 17:28:02,用户:9,产品:20210606121306577,订单号:20210606121306577,购买数量:2,总金额:499.80)
(时间:2021-06-06 00:12:06,用户:17,产品:202106061213091087,订单号:202106061213091087,购买数量:3,总金额:749.70)
```

图 9-21　当日订单实时交易

2. 分析当日订单总金额

该模块实现了当日订单总交易额的输出，其代码如下所示：

```
val day_total: DStream[(String, BigDecimal)] = orderStream.map(x => {
  val sdf = new SimpleDateFormat("yyyy-MM-dd")
  val tmp = sdf.parse(x._2)
  val date = sdf.format(tmp)
  (date, x._6)
}).updateStateByKey(
  (seq: Seq[BigDecimal], buffer: Option[BigDecimal]) => {
    Option(seq.sum + buffer.getOrElse(0))
  }
)// 当日总交易金额
day_total.print()
ssc.start()
ssc.awaitTermination()
```

当日订单总交易金额实现结果如图 9-22 所示。

```
Debugger   Console  ⌂ ≥ ⌃ ⌄ ⊥ ⊣ ⊢ ⟩| ▭ ⊞
-------------------------------------------
Time: 1622903265000 ms
-------------------------------------------
(2021-06-05,47477.30)

-------------------------------------------
Time: 1622903270000 ms
-------------------------------------------
(2021-06-05,52212.30)
```

图 9-22　当日订单交易总额

3. 分析当日订单总数

该模块实现了订单总数统计功能，其代码如下所示：

```
val order_count: DStream[(String, Int)] = orderStream.map(x => {
    val sdf = new SimpleDateFormat("yyyy-MM-dd")
    val tmp = sdf.parse(x._2)
    val date = sdf.format(tmp)
    (date, 1)
}).updateStateByKey(
  (seq: Seq[Int], buffer: Option[Int]) => {
   Option(seq.sum + buffer.getOrElse(0))
  }
)// 当日订单总数
order_count.print()
```

订单 Mock 数据生成后运行该分析程序，程序运行结果如图 9-23 所示。

```
-------------------------------------------
Time: 1622950860000 ms
-------------------------------------------
(2021-06-06,22)


-------------------------------------------
Time: 1622950865000 ms
-------------------------------------------
(2021-06-06,24)


-------------------------------------------
Time: 1622950870000 ms
-------------------------------------------
```

图 9-23　当日订单交易总数

4. 当日热门商品 Top5

商品销售排名前 5 名商品为热销商品，在原有的数据源上分析产品销售排名情况，其代码如下所示：

```
val updateDs: DStream[(String, Int)] = orderStream.map(x => {
  (x._2 + "_" + x._4, 1)
}).updateStateByKey(
  (seq: Seq[Int], buffer: Option[Int]) => {
   Option(seq.sum + buffer.getOrElse(0))
  }
)// 当日热门商品 Top5
val top5 = updateDs.map({
  case (k, sum) => {
   val fields: Array[String] = k.split("_")
   (fields(0), (fields(1), sum))
  }
}).groupByKey()
 .mapValues({
   x => x.toList.sortBy(-_._2).take(5)
 })
top5.print()
```

以上代码是在前面案例代码基础上添加的代码，运行结果如图 9-24 所示。

```
------------------------------------------------
Time: 1622951545000 ms
------------------------------------------------
(2021-06-06,List((10,3), (25,3), (3,3), (8,2), (15,2)))


------------------------------------------------
Time: 1622951550000 ms
------------------------------------------------
(2021-06-06,List((25,4), (10,3), (3,3), (8,2), (15,2)))
```

图 9-24　当日热销商品 Top5

5. 近 30 秒订单交易额统计

除了实时统计、总量统计外，还可以进行某时间段分析统计，本模块实现了最近 30 秒内订单交易总金额的走势分析，在原代码基础上取消 checkpoint，并添加时间段分析代码，代码如下所示：

```scala
val dataDs: DStream[(String, BigDecimal)] = orderStream.map(x => {
  val sdf = new SimpleDateFormat("HH:mm")
  val date = sdf.format(x._2)
  (date, x._6)
})
val windowDs: DStream[(String, BigDecimal)] = dataDs.window(Seconds(30), Seconds(5))
// 窗口大小 30s，滑动窗口 5s
val day_total: DStream[(String, BigDecimal)] = windowDs.reduceByKey(_+_)// 当日总交易金额
day_total.print()
ssc.start()
ssc.awaitTermination()
```

执行以上代码后运行结果如图 9-25 所示。

```
------------------------------------------------
Time: 1622956545000 ms
------------------------------------------------
(13:15,43840.10)
(13:13,1933.50)
(13:14,46730.20)


------------------------------------------------
Time: 1622956555000 ms
------------------------------------------------
(13:15,51354.90)
(13:13,715.80)
(13:14,46730.20)
```

图 9-25　近 30 秒订单交易走势

本章小结

本章以电商平台订单交易监控系统开发为综合案例进行讲解，利用 Spark 生态体系的技术解决实际问题，利用了分析大数据系统需要的数据可视化技术、数据统计技术、数据采集技术、Canal 数据采集工具和 Kafka 消息队列；总体流程围绕数据采集、数据处理、数据存储以及数据可视化来进行；系统架构包括通道层、接入层、计算层和存储层；技术上涵盖了 MySQL 数据库、Canal 数据采集工具、Kafka 消息队列、Spark Streaming 计算框架、Hbase 数据库以及基于 Spring 的可视化；在基础环境配置时，为 MariaDB 数据库、ZooKeeper 组件、Hbase 数据库、Canal 数据采集工具和 Kafka 消息队列进行了文件配置以及系统部署；最终以实现一个订单交易监控系统为示例进行了整体过程的功能演示。

练习九

1．根据同步方式可以将数据源同步分为哪几种？说明各自优缺点。

2．简单描述 Canal 数据采集工具原理。

3．简述大数据系统流程分为哪些步骤？

4．请编写 Canal 配置文件，要求将采集数据传送到 Kafka，只采集 test 数据库中 test 表的相关数据。

5．编写获取 Kafka 队列中数据的 Spark Streaming 程序。

6．从 Kafka 队列中查询 topic 列表，删除 topic 是 example 的数据，写出相关语句。

7．请总结本章订单交易系统中用到的技术，分析相关技术各自解决了哪些问题。

参考文献

[1] 张伟洋. Spark 大数据分析实战 [M]. 北京：清华大学出版社，2020.

[2] 彼得·泽斯维奇，马可·波纳奇. Spark 实战 [M]. 郑美珠，田华，王佐兵，译. 北京：机械工业出版社，2019.

[3] 林大贵. Hadoop+Spark 大数据巨量分析与机器学习整合开发实战 [M]. 北京：清华大学出版社，2016.

[4] 林子雨，赖永炫，陶继平. Spark 编程基础：Scala 版 [M]. 北京：人民邮电出版社，2018.

[5] 肖芳，张良均. Spark 大数据技术与应用 [M]. 北京：人民邮电出版社，2018.

[6] 夏俊鸾. Spark 大数据处理技术 [M]. 北京：电子工业出版社，2015.

[7] 高彦杰，倪亚宇. Spark 大数据分析实战 [M]. 北京：机械工业出版社，2015.

[8] 穆罕默德·古勒. Spark 大数据分析：核心概念、技术及实践 [M]. 赵斌，马景，陈冠诚，译. 北京：机械工业出版社，2017.

[9] NicholasEcho. SparkRDD 函数详解 [EB/OL]. [2020-12-30]. https://blog.csdn.net/weixin_41615494/article/details/79533042.

[10] 陌涂. spark 基本命令 [EB/OL]. [2020-12-30]. https://blog.csdn.net/suixinlun/article/details/ 81630842.

[11] Running_Tiger. RDD 操作详解（一）基本转换 [EB/OL]. [2020-12-30]. https://blog.csdn.net/qq_41455420/article/details/79462653.

[12] 念念不忘_. RDD 示例 [EB/OL]. [2020-12-30]. https://blog.csdn.net/bb23417274/article/details/87447925.

[13] CSDN. 王联辉：Spark 在腾讯 TDW 的实战 [EB/OL]. [2021-5]. https://www.sohu.com/a/7689336_115128.

[14] 匿名. Spark Streaming 简介及原理 [EB/OL]. [2021-5]. https://www.cnblogs.com/fishperson/p/10447033.html.

[15] Charles_yy. Hadoop 和 Spark 的区别 [EB/OL]. [2021-5]. https://blog.csdn.net/u010899985/ article/details/81503542.

[16] sinat_36710456. RDD 的检查点（checkpoint）机制 [EB/OL]. [2021-5]. https://blog.csdn.net/sinat_36710456/article/details/84954704.

[17] 学 zaza. Spark 存储体系 [EB/OL]. [2021.5]. https://blog.csdn.net/u013928917/article/details/76611396.

[18] 黄美灵. Spark MLlib 机器学习：算法、源码及实战详解 [M]. 北京：电子工业出版社，2016.

[19] Nick Pentreath. Spark 机器学习 [M]. 蔡立宇，黄章帅，周济民，译. 北京：人民邮电出版社，2015.

[20] 王晓华. Spark MLlib 机器学习实践 [M]. 北京：清华大学出版社，2015.

[21] 刘永川. Apache Spark 机器学习 [M]. 闫龙川，高德荃，李君婷，译. 北京：机械工业出版社，2017.